森林 어메니티학

숲과 인간의 건강과학

나무사이로 비치는 햇살,
상쾌한 아침의 숲 산책로(좌)
숲의 산책로 오래된 벤치

녹음의 숲과 하천

풍도목을 이용하여 만든 벤치

다양한 단풍의 색을 즐기는 늦가을의 삼림

다양한 나무의 제품, 상품이 개발되어 있음

숲의 열매를 식재로 사용한 향토요리

숲에서의 그룹 카운슬링

지역의 인공림을 활용한 건강증진 활동

병원근처의 방치림을 활용한 재활치료

SHINRIN AMENITY-GAKU MORI TO HITO NO KENKO KAGAKU

by Iwao Uehara, Yuko Shimizu, Kazuhiro Sumitomo, Norimasa Takayama

First published in Japan by Asakura Publishing Company, Ltd., Tokyo.

This Korean edition published by arrangement with Asakura Publishing Company, Ltd., Tokyo in care of Tuttle-Mori Agency, Inc., Tokyo through Imprima Korea Agency, Seoul.

이 책의 한국어판 출판권은

Tuttle-Mori Agency, Inc., Tokyo와 Imprima Korea Agency를 통해

Asakura Publishing Company, Ltd.와의 독점계약으로 전남대학교출판문화원에 있습니다.

숲과 인간의 건강과학

森林アメニティ学

森林 어메니티학

上原 巖 · 清水 裕子 · 住友 和弘 · 高山 範理 공저
안기완 · 백을선 · 김은일 · 김민희 공역

전남대학교출판문화원

執筆者

上原　巖	東京農業大学(제 1~5, 7, 8, 10, 12장)
清水 裕子	森林風致計画研究所(제 9장)
住友 和弘	東北医科薬科大学(제 6장)
高山 範理	森林研究·整備機構 森林総合研究所(제 11장)

(　)는 담당 章

시작하며

삼림의 보건휴양효과에 관한 조사연구는 다수 진행되었으며 그 서적도 지금까지 다수 출판되어왔다. 그렇지만 그 대부분이 한정된 공간에 있어서 특정한 피험자를 대상으로 한 단발의 실험결과가 많고, 다시 말하면 「폐쇄된 환경설정」에서의 보고이며, 실제 삼림을 활용한 보양·휴양·의료측면, 복지측면, 심리측면에 있어서 효과에 접근한 것은 많지 않다. 특히, 지역병원, 사회복지시설 등 지역의료, 지역복지의 현장에 있어서 구체적인 실제 사례연구나 사례보고가 여전히 부족하다.

이러한 점에서 이 책은 국내·외의 다양한 지역, 삼림, 대상자의 실질 사례, 사례연구를 중심으로 그 구체적인 효과나 수법, 또한 금후의 가능성, 전망에 대해 기술하는 것을 큰 특징으로 하였다.

집필자는 여전히 삼림의 보건휴양이나 삼림이 가지는 어메니티(쾌적성)에 대한 실제적인 조사연구를 행하고 있는 연구자이며 구체적인 실제 경험이 풍부한 연구자이다.

또한, 전국 각 지역에는 건전한 삼림뿐 만 아니라 숲 관리가 부족한 방치림 등의 불건전한 삼림도 산재하고 그것들은 지역사회에 있어서 부정적인 환경문제로 나타나고 있다. 이 책에서는 「보건휴양용의 특별한 삼림」을 대상으로 하지 않고 극히 일반적인 또한 각 지역의 방치림을 활용, 활용수법에 대해서도 대상으로 하고 앞으로 지역의 삼림, 지역사회에 있어서 새로운 패러다임을 제언하는 것을 목적으로 하였다.

이러한 점으로부터 이 책은 각 지역의 삼림을 활용한 보건휴양에 관한 구체적인 사례를 사진, 그림, 표, 데이터, 수법을 정리하여 의료, 복지, 교육, 심리관계자를 비롯한 학생, 주부, 일반의 모든 분들에게도 널리 이용되도록 편찬하였다.

2017년 입하(立夏)

집필자 대표 上原 嚴

| 차례 |

제1장

삼림어메니티학이라는 것은?

「어메니티」라는 말은 오늘날, 일반적으로 접할 수 있게 되었다. 다양한 「어메니티·상품」 시장도 번창하고 있다. 「어메니티(amenity)」의 본래 의미는 「쾌적성, 기분좋음」이다. 이 장에서는 이 책의 서두인 어메니티를 삼림환경의 관점으로부터 다각적으로 생각해 보자. 삼림환경의 어메티니, 쾌적성, 기분좋음에는 어떤 것이 있는 것일까?

1.1 삼림환경이 가진 어메니티의 특징과 종류

1.1.1 어메니티란?

「어메니티」라는 말이 있다. 「어메니티·상품이 풍부하다」, 「이 호텔은 어메니티가 풍부하다」 등 요즘은 일반적으로 접하고 있다. 실제 현재는 다양한 「어메니티·상품」이 시판되고 있다(사진 1.1).

그렇지만 「어메니티(amenity)」의 본래의 의미는 「쾌적성, 기분좋음」을 나타낸다.

이 책에서는 그 어메니티를 삼림환경의 관점에서 다각적으로 생각해 보고 싶다. 삼림환경이 가지고 있는 어메니티, 쾌적성, 기분좋음에는 어떤 것이 있는가를 생각하는 것이 이 책의 목적이다.

1.1.2 스트레스 사회와 어메니티

현대는 「스트레스 사회」라고 불린다. 그러나 현대는 태고부터 인공적인 생활환경을 창출한 인류생활의 최첨단이기도 하다. 냉난방 에어컨 설비를 지닌 오늘의 거주 공간이 그 대표적 예이다. 높은 편리성을 찾아 만들어진 그 인공환경에서는 분명히 아늑하고 보다 나은 생활을 할 수 있다. 그렇지만, 우리 인간은 만들어진 인공공간 안에서만 머무른다면 결국 심신에 부조화(不調和)나 상태가 바뀌게 되는 모순을 갖는 생명체이기도 하다. 그 원인에는, 인공 공간에는 자연에 있는 것 같은 이른바 「흔들림 구조」나 「무작위성」이 부족하며(武者(1998)), 또한 애초에 인간은 자연에서 태어난 생물이기 때문에 이러한 것은 당연한 귀결이라 할 수 있을 것이다.

앞에서 「어메니티」라는 말을 기술하였다. 이 어메니티는 인위적으로 만들어 낼 수 있고, 물론 자연 속에서도 존재한다. 그리고 현재는 그 어메니티라는 사상에 있어서도 인공적인 생활환경으로부터 자연 속으로 그것을 강하게 요구하는 모순을 가지는 시대이다.

삼림이 가진 어메니티는 특히 다양하고 폭이 넓으며 동시에, 우리 심신에 유익한 것이 많다. 이를테면 우리생활, 건강, 심지어 종교에 이르기까지 삼림의 어메니티에 의해 지원되고 있다고 해도 과언이 아니다. 특히 우리들의 생활은 숲의 은혜, 어메니티에 실로 강하게 밀접해 있다.

【사진 1.1】 시판되고 있는 다양한 삼림에 관련된 「어메니티·상품」

삼림의 CD, DVD(A)와 간벌재로 만들어진 여러가지 제품(B)(高知県 馬路村), 수목을 정유로 만든 아로마 스프레이(C)(奈良市).

예를 들면, 좋은 일의 경사나 생활의 행사 시에는 팥밥을 먹는 일도 있다. 그 팥밥 위에는 남천 잎이 곁들여 질 수 있다. 남천의 잎은 붉은 밥 위에 빛날 뿐만 아니라, 그 잎 자체가 향균 작용을 한다(上原(2010a)). 또한 계절의 절기에 과자를 받는다. 벚꽃 잎으로 감싼 벚꽃 떡에는 오오시마(大島) 벚나무의 절인 잎이 쓰이고, 벚꽃 떡과 함께 그 잎도 통째로 먹는 것이 가능하다. 잎을 씹을 때의 바삭한 촉감은 물론이거니와 벚꽃 잎의 향 또한 독특하고 특별하다. 그 향은 소금에 절인 벚꽃 잎에 함유된 쿠마린(coumarin)이라는 방향 성분이 바탕이 되어 있다(사진 1.2). 또 벚나무 꽃을 이용한 벚꽃 음료(桜湯)도 있다(사진 1.3).

【사진 **1.2**】 벚꽃 떡

벚꽃 향을 즐기면서 먹는다.

【사진 **1.3**】 벚꽃을 띄운 벚꽃 차

이렇듯 일본인은 예로부터 자연, 숲의 은혜를 받아 누려왔다. 최근에 산속의 작은 마을 가운데에는, 「한계집락[1]」이라고 불리는 고령화, 과소화가 진행된 지역이 보이지만 각 지역에 산재하고 있는 그러한 작은 산촌이야말로 실제 현대인의 생활습관, 건강을 재고(再考)하고 재생할 수 있는 요소, 가능성이 잔존하고 있을 것이라고 생각된다(사진 1.4)(日本森林保健学会(2012)).

---

1) 한계 집락: 극단적인 과소(過疎) 상태로, 공동체로 존재하기가 어려운 취락(인구의 반수 이상이 65세 이상 노인인 경우 등).

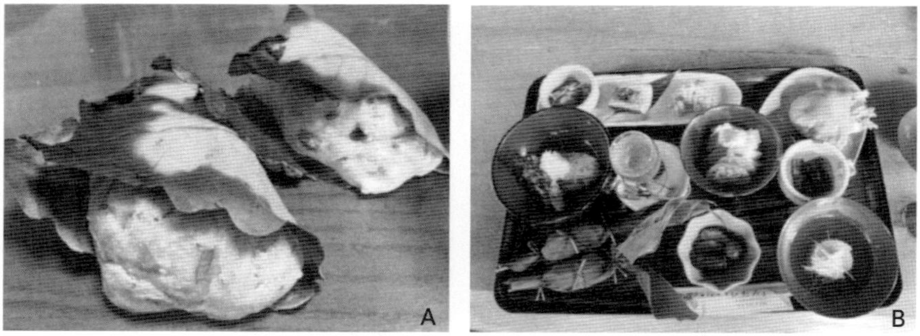

【사진 1.4】 과소화 산촌에 전해져 내려오는 향토 요리

떡갈나무잎 구이(A): 야채를 썰어 넣은 된장떡을 떡갈나무 잎으로 싸서 구운 것, 과거 산에서 일할 때의 휴대식이었다(長野県 北相木村).

도토리를 사용한 향토 요리(B): 식물 섬유가 많고 저염분, 저칼로리이다(長野県 王竜村).

산촌지역에서 볼 수 있는 것처럼 전통적인 숲과 나무의 은혜로운 활용은 아니지만 도시생활에 있어서도 숲, 수목이 주는 은혜, 어메티니는 일상적으로 보인다. 사진 1.5는 플리마켓(벼룩시장) 등에서 흔히 볼 수 있는 나무제품이다. 솔방울과 나무의 잔가지가 여기에서는 생활에 보탬을 주는 제품으로 판매되고 있다. 어느 것이나 삼림, 수목에 가깝게 존재하는 산촌지역 사람들의 관점에서 보면 극히 평범한 것들이지만, 도시지역의 공예전문점 등에서는 비싼 값이 붙어 판매되고 있는 경우도 있다.

【사진 1.5】 마을 플리마켓 등에서 흔히 볼 수 있는 나무의 판매물

東京都 渋谷区

사진 1.6은 관동(関東)의 어느 사철역(私鉄駅)에 놓여있는 벤치와 역의 화장실 사진이다. 모두 지역 목재인 삼나무와 편백의 간벌재가 활용되고 있다. 그 지역 목재의 유용한 활용뿐만 아니라 이것 또한 어메니티 활용에 관한 하나의 예라고 할 수 있다.

【사진 1.6】 지역 간벌재를 사용한 벤치나 화장실

埼玉県 飯能駅(2016년 11월 촬영)

사진 1.7은 간벌재 집성재를 사용한 천정장식의 사진이다. 모두 목재 고유의 나무 결이나 옹이 등을 그대로 활용하여 「자연」의 분위기를 자아내고 있다.

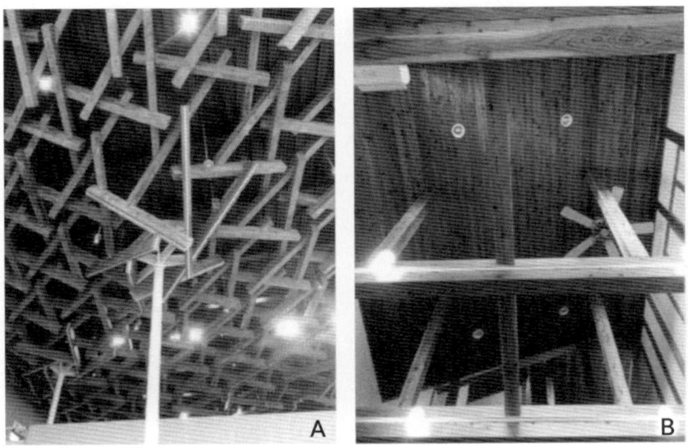

【사진 1.7】 간벌재의 집성재를 사용한 천장

대학식당(A)과 민가(B)

사진 1.8은 도쿄내 한 카페의 모습이다. 가게 안은 나무가 많이 쓰였고 안에는 식물, 녹색을 가게 내부공간의 연출에 이용하고 있는 카페도 보인다. 「쾌적성, 기분좋음」의 연출 요소에 나무, 목재가 사용되고 있다. 이러한 모습을 보아도 얼마나 현대인이 삼림, 나무의 어메니티를 기본적으로 필요로 하고 있는지를 엿볼 수 있다.

【사진 **1.8**】 東京都내의 카페

목재가 충분히 사용되고 있다.

그리고 물론, 삼림환경이 가지는 풍경 자체도 큰 어메니티이다(사진 1.9). 삼림, 수목의 풍경화, 사진집 등의 예술작품은 오래전부터 많다.

【사진 **1.9**】 삼림풍경

삼림의 풍경 그 자체가 한 폭의 예술작품이다(岩手県 岩泉町(A), 長野県 戸隠村(B)

1.1.3 건강과 삼림

현대는「건강 붐」이기도 하다. 운동, 식사, 수면에 이르기까지 다양한 건강 가꾸기, 건강증진의 정보가 넘치고 있다. 그렇다면, 보건휴양의 환경으로 삼림에는 어떤 특징이 있을까?

삼림은 다양한 생명체가 모여 형성하고 있는 세계, 환경공간이다. 그 숲에는 새와 곤충 등 다양한 생명체들의 울음소리가 있지만, 당연히 우리 인간의 음성은 없다. BGM(Back Ground Music)도 없다. 삼림은 말 없는 세상이다. 그것은 오늘의 정보가 범람한 시끄러운 도시생활과는 다른 이차원의 세계이며 일상생활로부터의「전지효과[2)]」가 초래되는 것이다.

삼림에서는 시간의 흐름을 느리게 하고 있다. 초 단위로 움직이는 도시지역의 인공환경에 비하여 그 차분한 시간의 흐름은 현대인에게 무엇보다도 치유가 될 것이다. 또한 숲의 형성·성립에 오랜 시간이 걸리며 그 지역, 지방 풍습의 역사성이나 기후풍토도 현저하게 반영하고 있다. 장기간에 걸쳐 형성되었던 삼림풍경에는 위엄과 장중한 분위기가 감돌고, 심신을 다잡는 작용을 하는 것도 있다.

또한, 삼림에는 여름에는 시원하고 겨울에는 따뜻함과 같은 온도조절 기능이 있어 직접 자외선을 막는 수관 아래는 쾌적한 산책을 할 수 있는 장소가 제공된다. 삼림 내에는 오르막길·내리막길로 되어있는 곳을 비롯해 다양한 지형이 있고, 그 지형을 걷는 것은 모르는 사이에 지형요법(Terrainkur)과 운동요법(Bewegungstherapie) 및 재활작용을 가져온다(Reimann und Brock(1991)).

1.1.4. 힐링

이처럼 생각해보면 삼림에는 그 환경에 특징적인 보건휴양효과가 있는 것으로 인식할 수 있다. 그럼에도 불구하고 어떤 작은 삼림이라고 해도 그 삼림환경은 똑같지 않다. 우리 인간도 마찬가지다. 그런 삼림은, 어떤 사람을 어떤 환경 하에 있어 그 스트레스를 감소시키는 장이 될 수 있지만, 어떤 다른 사람에게는 반대로 스트레스를 증가시키는 장소일지도 모른다. 이런 점에서 자주 사용되는「과학적 방법」도 또한 아직 발전의 단계에 있다고 말할 수 있다.

---

2) 전지효과(転地效果): 일상생활을 벗어나 산과 바다의 온천지에 가면 정신적으로 상쾌한 기분이 든다. 이것은 평소와 다른 환경에서 인간의 오감이 자극을 받아, 자율신경의 중추에 작용하고 있는 것이다. 스트레스 해소나 병요양에도 도움이 되는데 이것을 "전지 효과"라고 한다. 정신적으로 기분이 상쾌해진다.

「힐링」이라는 단어는 어메니티, 스트레스, 건강 등의 언어와 함께 자주 보고 들을 수 있게 되었다. 「힐링, 뮤직」, 「저 사람은 치유계(系)」 등의 말을 일상회화 중에서도 가끔 듣게 된다. 삼림, 수목도 또한 그 힐링의 상징, 이미지로 다루어지는 것이 많다. 유럽에서는 「신-자연·삼림-인간」이라는 관계를 가지고, 수목은 그 힐링·이미지, 심볼로서 신화 속에서도 자리잡고 있다. 인간은 창조주에 의해 형성되었고, 그 인간을 위한 은혜로운 자연은 신으로부터 베풀어 받았다. 따라서 그 자연 중에, 우리존재의 밸런스를 꾀하는 것이다 라고 하는 생각이 있으며, 현대의 리조트 등에서도 그 계승의 틈이 보인다(사진 1.10, 上原(2011a)).

【사진 **1.10**】 숲 속에 우뚝 솟은 너도밤나무의 거목(A)과 보리수(B)

게르만문화, 켈트 문화와 같이 너도밤나무(Buche)는 「숲의 어머니」의 이미지를 가지고 제사에도 사용되며, 오래된 문학을 각인하기에 그 목재가 사용되어 Buch(本)의 어원이 되었다. 보리수는 그 잎이 하트모양이어서 게르만신화 안에서는 「사랑의 나무」로 불려진다.

일본은 산과 숲의 신을 비롯하여 수목의 신, 신목 등이 있다. 일본의 숲과 수목의 신에는 오곡풍약(곡물이 풍부하게 열매 맺음)을 시작으로 하는 수확이나 생활, 생활에 대한 보살핌, 혹은 컨트롤하는 존재로서의 의미가 강하다. 대체로 마을 숲의 작고 높은 모퉁이나 오지에 그러한 신은 듬직하게 자리하고 있다(사진 1.11).

현대의 도시생활은 지금까지의 시대보다도 더욱 바쁘고 소란스러운 세계이다. 그런 도시 환경에서 벗어나 세속적인 산물로부터 거리를 두고 조용하게 숲에서 지낸다. 그리고 「자기자신의 속에 있는 본래의 자연」을 발견해, 자기 본래의 살아가는 기준을 되찾아간다. 이렇듯이 일상생활에는 한 획을 긋는 힐링과 치유의 장으로서 삼림의 존재 의의가 더욱 높아지고 있다고 할 수 있다.

【사진 1.11】 일본의 신들

산의 신(A, 奈良県 川上村)와 신목(B, 長野県 飯田市).

1.1.5. 삼림의 어메니티란?

삼림의 어메니티란 그 삼림의 풍경, 색조, 음, 지형, 토양, 공기, 방향물질, 기온, 습도, 산출되는 목재, 산나물 등의 모든 것을 포함하는 것이다. 넓은 의미로는 삼림생태계 그 자체가 삼림 어메니티라고 할 수 있고, 삼림 어메니티는 삼림의 풍요로움을 가르치는 지표의 하나라고 말할 수 있다. 앞 장에서 말한 것처럼 산촌, 도시를 불문하고 삼림 수목 어메니티의 중요도가 높아진 현재로서는 그 지표도는 큰 의의를 가진다고 말할 수 있겠다. 그리고 「삼림 어메니티학」이라는 것은 그 삼림이 가지고 있는 다양한 요소에 대한 학문체계이다.

삼림의 어메니티는 도시화가 진행된 현대 생활에 있어 사람이 삼림에 가서 보건휴양 및 건강증진을 꾀하거나 삼림과 인간의 좋은 관계를 회복하는 것이라 할 수 있다. 그 삼림은 웅장하고 장엄한 삼림을 비롯하여, 인근에 위치하는 마을 숲, 잡목림, 지역에 아직 남아있는 사당의 신, 그리고 각 지역의 방치된 숲 등 유명과 무명을 불문한다. 해당하는 지역의 삼림에 자신의 심신을 맡기고 평소의 생활이나 자기 자신을 조용히, 천천히 되돌아보면서 자기의 생명력, 자기 치유력을 회복시켜나가는 것이다. 현재 전국 각지에는 「병 들어있는 삼림」이 있지만 그 삼림을 관리하고 보육작업을 행하여 삼림건강을 회복시키고 있다. 그 작업자체가 작업요법, 심신 재활의 하나이라고 할 수 있다(사진 1.12, 上原(2012a)).

삼림의 어메니티는 본래, 이와 같이 다방면에 걸쳐 개개의 목적, 체력, 희망 등에 따라서 누릴 수 있는 삼림의 혜택이다.

【사진 1.12】 지역 삼림에 있어서 보육작업을 작업요법으로 시행한 사례

神戸市의 사회복지 시설(A)과 苫小牧市의 지역 병원(B)

1.1.6 삼림 어메니티의 사례

그러면 현재 각 지역에서 실천하고 있는 삼림의 어메니티는 구체적으로 어떤 형태가 있는가? 먼저 복지, 의료, 심리 분야의 삼림 어메니티가 있다. 이것들은 지역의 사회복지시설이나 병원 등에서 우리 주변의 가까운 마을 숲이나 삼림, 방치림에서 활동하고 재생을 시도하는 동시에 그 활동은 작업요법, 재활로써 행하고 그러한 활동환경 내에서 카운슬링이나 그룹 교류를 하고 있는 타입이 있다. 구체적인 사례로 질환치료와 장애인 치료교육활동의 일환으로서 삼림에서 산책이나 삼림에서의 작업활동을 전개하고 있는 곳이 각 지역에 있다. 치매환자의 회상법(回想法)으로 삼림산책을 도입하고 있는 산간지역의 진료소나 고혈압이 있는 고령환자를 대상으로 삼림산책을 도입하고 있는 지역병원, 재활의 일환으로 야외산책을 도입하고 있는 온천병원, 병원주변의 활엽수 2차림과 침엽수 방치림을 환자와 함께 정비하면서 삼림의 어메니티를 누리고 있는 지역병원 등이 있다(사진 1.13, 上原(2009, 2011a. 2012a)).

【사진 1.13】 지역에서 삼림을 활용한 사회복지 시설과 지역병원의 대응

간벌목을 이용한 작업요법(A, 飯山市의 사회복지 시설), 방치림을 손질한 공간 만들기(B, 福井県 高浜町), 방치림을 활용한 재활요법(C, 霧島市 지역병원), 방치림을 활용한 요양 활동(D, 柳川市의 사회복지 시설)

다음으로 지역주민의 건강증진 장소로써 삼림의 어메니티를 들 수 있다. 각 지역의 마을회관 활동 등을 중심으로 하여 지역의 고령자가 정기적, 계속적으로 마을 숲을 중심으로 삼림산책을 하고 있는 사례, 일을 열심히 하는 회사원과 교원, 공무원 보건활동의 일환으로서의 시도, 일반시민을 대상으로 사유지를 활용한 작업요법과 삼림산책, 휴식을 병합한 활동 등의 사례가 보고되고 있다(사진 1.14, 上原(2009, 2012a)).

또한 에코·투어리즘 등의 생태계 서비스, 자연휴양지 등도 삼림 어메니티이다. 각 지역에 남아있는 귀중하고 특징적인 삼림환경을 중심으로 한 서비스와 비즈니스, 맑고 깨끗하며 휴양에 적합한 환경조건이나 인재 및 하드웨어까지 전반적으로 체류기반이 갖추어진 휴양지 경영, 그리고 후지미(富士見) 고원요양소 등의 결핵요양소나 해변보양소 등의 보양, 요양측면에서의 어메니티이다(사진 1.15).

【사진 1.14】 지역 삼림을 활용한 건강증진 대응

지역 근처의 삼나무, 편백나무 인공림을 활용한 건강증진 활동(A, 日高市), 지역 삼림공원을 활용한 중학교 선생님의 보건 활동(B, 山梨県 北杜市), 교외의 삼림공원을 활용한 기업의 보건 활동(C, 奈良市), 삼림의 정비활동과 보건휴양 활동을 혼합한 활동(D, 秩父市).

【사진 1.15】 해변 휴양지의 독일 Gehlen시

해변 휴양지와 내륙 보건휴양림의 두 가지 환경을 함께 갖추고 있다. 우측은 숲속에 설정된 보행수조(水槽)에 들어가기 전에 준비 체조하는 보양객이다.

1.1.7 삼림 어메니티 이후의 전망「地森地健」

지금까지 서술한 것 외에도 현재 일본에 방치림이나 마을 숲, 휴경지 등이 각지에 산재하고 있으며, 그러한 삼림은 지역주민의 건강 가꾸기나 복지활동, 그리고 의료이용의 일환으로 재생할 가능성이 잠재해 있다. 특히 의료 복지분야 시점에서는, 우리와 가까운 지역 삼림에서의 활동을 중심으로 지역커뮤니티를 재형성해 가고 있는 것이 이 이후의 새로운 의료·복지나 보건휴양의 하나의 형태, 패러다임이 될 수 있는 가능성을 가지고 있다.「지산지소(地産地消)」라는 말이 있으나,「지역의 건강 가꾸기는 지역의 삼림에서; 地森地健」라는 시대가 도래 할지 모른다. 실제로 우리에게 가까운 삼림공원이나 마을 숲을 활용한 시민의 건강 가꾸기 등의 시도는 벌써 각 지역에서 시작되고 있다(사진 1.16, 上原(2009, 2012a, 2017)).

가까운 삼림에서 주민 스스로가 자주적으로 즐길 수 있는 생활을 지금부터 조금씩 시민 자신의 손에 의해 전국에서 싹트게 될 것으로 기대된다.

【사진 **1.16**】 지역삼림을 활용한 건강증진 대응

지역삼림을 정비하고, 휴양공간을 만들어 정기적으로 활동·휴양한다(青梅市).

1.2 삼림의 보건휴양기능의 수치화 방법

삼림의 보건휴양효과에 대해서는 생리적 연구부터 시작하여 심리적, 사회학적 측면 등 다각적인 접근에서 연구되어 왔다. 그러나 그 효과의 평가방법에 대해서는 각각의 영역상의 평가가 산발적으로 진행되고 있으며 지금까지 포괄적인 평가방법은 없다.

평가방법에 대해서는 이 책 제11장에서 상세히 서술하고 있지만, 이 절에서도 개략적으로 살펴보자.

1.2.1 과거의 연구

삼림의 보건휴양 효과에 관한 과거연구에는 삼림환경의 방향과 소리(音)환경에 대한 신체반응 연구를 비롯하여 기분변화, 의식조사 등 생활습관병 예방의 시도나 심리적인 휴양효과, 카운슬링, 어린이를 대상으로 한 삼림활동 효과에 관한 조사·연구 등 다양한 조사·연구가 지금까지 행해져 왔다. 이것을 크게 나누면 생리적 연구, 심리적 연구, 의식조사 3개로 나눌 수 있을 것 같다.

생리기능관련 조사연구에서는 피시험자의 타액 아밀라아제와 코르티솔 등 스트레스 반영물질의 변화연구를 비롯하여 내추럴킬러(NK) 세포, 면역 글로불린 등의 면역계의 연구와 혈당치, 콜레스톨, 혈청 트리글리세라이드, 인지질 등의 혈액 관련연구 및 혈압, 심박수, 심전도, 뇌파측정, 자율신경측정 등에 대한 조사연구가 이루어지고 있다. 삼림욕과 실내운동 기구를 사용한 운동 전 혈청 트리글리세라이드, 인지질의 변화를 조사하는 연구 등이 이루어지고 있다.

다음으로 심리적인 연구는 주로 기분프로필검사인 POMS(Profile of Mood States)와 기분평가표 등을 사용한 피실험자의 기분변화에 대한 연구가 많다.

그 외에도 장애인 치료교육 요육(療育)분야에서 신체, 지적, 정신, 발달 등 각각의 장애를 앓고 있는 대상자의 장애행동 빈도와 커뮤니케이션의 변화 등에 대한 실천연구가 행해지고 있다. 의료 분야에서는 PTSD(심리적 외상 후 스트레스 장애)와 치매, 종합실어증 등을 앓고 있는 환자의 행동변화, 커뮤니케이션의 변화에 대한 임상 연구 등이 행해지고 있다(森本 외(2006), 高山(2012), 上原(2010c, 2013)).

또한 일본에서는 적은 수의 그룹을 대상으로 한 조사연구가 압도적으로 많은 것에 반하여 유럽과 미국에서는 지역주민을 대상으로 한 광역적인 기초연구가 많다(Nilsson et al.(2010)).

1.2.2. 삼림어메니티를 생각하는데 있어 큰 과제; 다양성, 복층성, 개인차

그러나 이 보건휴양효과 연구에 있어서 가장 큰 과제는, 삼림이라고 하는 환경이 갖는 다양성과 인적 환경의 다양성에 의해 그 「효과」의 단순한 측정이나 비교 연구는 곤란하다는 것이다. 단적으로 「삼림」이라고 해도 그 현황이나 조건은 천차만별이며 당연히 하나로 묶을 수 없다. 「어느 삼림이 더 우수하다」라는 단순한 비교를 실시하는 것도 쉽지 않으며, 각 피험자가 갖는 개인성, 특성에 있어서도 마찬가지이다.

삼림에는 하층식생으로부터 각 입목의 나뭇가지의 퍼진 상태, 수간의 다층 구조, 임간의 깊이, 풍경, 색채라는 시각적 요소를 비롯하여 임내 향, 바람, 잎이 스치는 소리나 시냇물 소리, 흙과 낙엽의 감촉, 동물들의 움직임과 울음소리 등 여러 다양한 요소들이 중층적, 복층적으로 존재하며 그 조합만으로 방대한 것이지만, 그곳에서 보내는 사람의 개인차 특성을 고려하여 생각해 보면, 더욱 더 천문학적인 숫자가 될 것이다. 이러한 여러 조건을 고려해 보아도 단순히 「삼림보건 휴양효과의 측정」을 실시하는 것이 어려운 것은 자명하다.

예를 들어 자주 묻는 질문 중 하나로 「숲이 건강에 좋다고 하는데 도대체 숲의 무엇이 건강에 좋게 작용합니까?」 라는 질문이다. 이 가장 소박한 의문에 「그것은 숲에는 피톤치드가 있기 때문입니다」, 「녹색은 눈에 좋기 때문입니다」 등의 단 한마디로 정확하게 대답하기 어렵고, 진지한 사람일수록 앞에서 서술한 삼림이 가진 각 요소를 하나하나 나열하여 대답하게 되며 「그렇다면, 결국 숲의 무엇이 효과가 있는지 알 수 없군요」 라는 감상으로 이어질 것이다, 즉, 한마디로 명쾌하게 삼림보건 휴양효과의 「이유」, 「근거」를 설명하는 것은 현재에도 여전히 매우 어려운 일이다.

1.2.3 평가의 과제

그리고 나아가 「효과」 그 자체의 평가에 대해서도 큰 과제가 존재한다. 그 이루어진 평가가 정말로 삼림의 보건 휴양효과를 반영하여 표현하고 있는가 하는 과제다.

현재 「평가」에는 여러 가지가 있으나 어떤 척도를 사용하는가가 우선 중요한 포인트이다.

평가는 객관적 평가와 주관적 평가 두 종류로 크게 나뉜다.

주관적인 평가는 어디까지나 피험자의 주관에 의하며, 말하자면 자유의사에 의한 평가이므로 그 피험자의 평가를 그대로 신뢰한다는 것이 전제이다. 피험자 자신의 의사에서는 조작할 수 없는 「객관적인 수치 데이터」와는 다르기 때문에 주관적인 평가는 일반적으로 낮게 보는 경우가 많으나, 반대로 측정기기 등에 의해서 도출된 수치의 경우는 그대로 신뢰하는 것이 많다. 그러나 측정기기에 반영되지 않는 「효과」의 요소도 많이 있어 주관적인 평가가 오히려 「정확」하게 제시되지 않은 경우도 있다. 예를 들면, 피험자가 느끼는 「그리움」과 「평온」, 미의식, 애착, 감동 등을 측정기기로 정확하게 파악하는 것은 불가능하다. 또한 피험자가 「평가」를 실시하는 경우, 거기에는 여러가지 요소가 영향을 주고 있다는 것도 간과할 수 없는 포인트이다. 평가자 개인이 가지는 삼림, 수목에 대한 기호성을 비롯하여 타고난 감성과 과거의 개인적 경험, 삼림을 평가하는 것에 대한 능동성, 나아가 평가에 대한 사례금이나 쾌적한 숙박시설, 식사 등을 제공받은 경우에는 그 이후 평가에 영향을 미친다는 것은 언급할 필요조차 없다.

다음은 객관적인 평가로 현재 여러가지 측정기기를 사용하여 측정수치를 평가치로서 제시하고 있다. 2017년 현재, 자주 사용되고 있는 간편한 측정척도로는 타액 아밀라아제 측정(사진 1.17)이나 코르티솔 등이 있다.

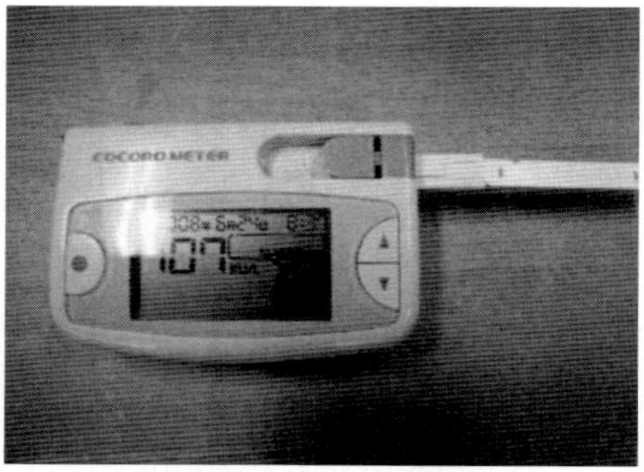

【사진 1.17】 간단한 생리적 데이터 측정에 사용되는 타액 아밀라아제 측정기

도시부의 교통량이 많은 곳에 피험자들이 일정 시간 앉아 수치들을 계측하고 그것과 비교되는 환경으로 조용한 삼림을 선택하여 그곳에서 앉아 있을 때의 값을 계측하는 대조 실험이 흔히 실시되었다. 일반적으로도 알기 쉬운 단순한 비교실험의 방법으로(사진 1.18), 그 결과는 「도시지역에서의 환경의 수치와 비교하여 삼림 내에서는 스트레스 값이 저하된 것이 확인되었다. 따라서 "과학적"으로 이 삼림에는 "치유효과"가 있다」고 평가되는 경우가 있지만, 이 점에서도 그 수치가 「그 삼림이 갖는 효과」로서의 수치라고 단순하게 단언할 수 없는 부분이 몇 가지 있다. 공기가 나쁘고 끊임없이 소음이 있으며 시각적으로도 어지러운 사람의 왕래가 많은 도시부의 장소에 있어서는 프라이버시(사생활)적으로도 남의 눈에 띄며 일정 시간 앉아 있어야 하는 것 자체가 스트레스를 가지며, 한편 정적인 환경을 비롯하여 공기도 좋으며 남의 눈도 적고 차분하게 앉아 있을 수 있다는 것이 삼림 내 환경조건에서는 실험조건의 비교설정의 차이가 기본적으로 크다. 삼림의 효과라기보다는 「소음」, 「나쁜 공기」, 「사생활의 부재」와 「정적」, 「청정한 공기」, 「사생활」 라고 하는 요소의 편성에 의해서 이루어진 결과일 수도 있다. 또한, 「두개 비교」의 실험으로부터 「삼림의 효과」로 간편하게 제시할 수 없는 것도 있다. 시험삼아 그 「도시부」의 환경에 있어 상쾌한 바람이 불고 전망이 좋은 빌딩

의 옥상과 테라스, 또 기분좋게 지낼 수 있는 길가의 카페 등과의 비교해 본다면 어떨까. 게다가 두 비교가 아닌 아름다운 해변이나, 상쾌한 고원의 초원, 온천 등 복수의 자연환경설정에서의 비교라면 어땠을까? 바로 그 삼림에서 보내는 것보다 양호한 수치를 얻을 수 있는 가능성이 어느 경우에도 있지 않겠는가.

또한 삼림은 여러가지 장소가 있다. 조도가 낮고 습도가 높으며 전망도 좋지 않고 파리나 모기가 많은 울창한 임내였다면 어땠을까, 앞의 주관적 평가와 마찬가지로 객관적으로 여겨지는 그 측정 수치에 있어서도 피험자의 삼림에 대한 기호성이나 능동성이 적지 않게 영향을 주는 것도 생각할 수 있다.

그리고 무엇보다 사람이 갖는 개인차가 크다. 만인에 있어서 보건휴양효과가 인정되고 더구나 그 보건휴양효과에 재현성이 있는 삼림환경이란 우선 존재할 수 없는 것이 아닐까.

또한 만약 그 숲이 만인에 있어서 보건휴양을 가져오는 곳이고 「치유의 장소」라면 삼림·임업직에 있는 사람은 다른 누구보다 삼림을 접하고 머무는 시간이 길다. 그렇지만 그러한 사람들의 스트레스가 하나같이 낮고 건강도가 높은가라고 물으면, 결코 그러한 결과는 얻을 수 없다.

이와 같이 고려해 봐도, 삼림의 보건휴양의 효과를 측정하려면 그 삼림 환경과 피험자가 각기 다양한 조건을 갖기 때문에 단순하게는 행할 수 없음을 재확인 할 수 있을 것이다.

【사진 **1.18**】 삼림환경에서의 생리적 데이터 측정 풍경

1.2.4. 삼림보건 휴양효과의 평가모델

여기까지 기술한 바와 같이 삼림이 가진 보건휴양 기능의 평가는 보통의 방법으로 묶여지지 않는 면이 다분히 있다. 그렇지만 이 장에서는 전술한 바와 같이 곤란성, 불완전성을 전제

로 하면서도 굳이 삼림의 보건휴양효과 평가방법의 한 모델을 제시하고 싶다. 그 모델은 삼림환경, 인적환경, 평가척도 3가지 카테고리에서 성립한다.

(1) 삼림환경

우선, 그 삼림 자체의 조건·요소이다. 가능한 치밀하게 숲이 지닌 다면성을 파악해보면 계절, 기후, 기상(기온, 습도, 풍력, 대기의 청정도 등), 표고 등으로 시작되어 일시의 경과에 따른 변화, 인공림인가 천연림인가, 조림지인가 천연갱신지인가, 임분밀도, 임내조도, 임상색채, 임간의 깊이감, 임지의 지형, 경사도, 수종, 수형, 수고, 지하고, 직경, 정비상태(풀 깎기, 제벌, 간벌, 덩굴 끊기, 가지치기 등), 임령, 수령, 하층식생, 소리환경, 임상의 감촉, 임내 생물 등의 각 요점을 하나 하나의 데이터로서 매트릭스적으로 바꾸어 갈 필요가 있다(사진 1.19).

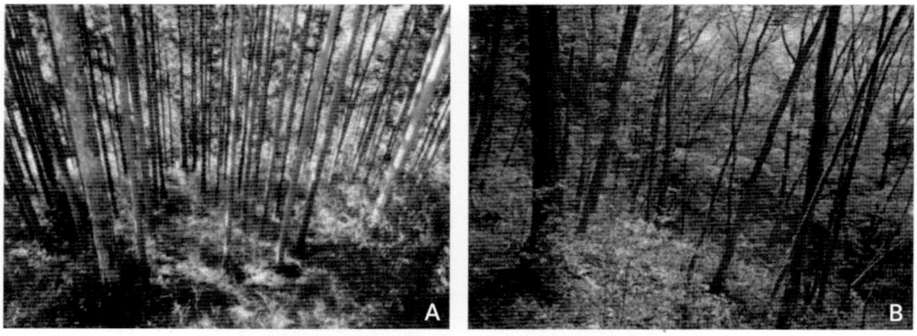

【사진 1.19】 삼림환경의 파악은 다양한 요소를 매트릭스적으로 파악할 필요가 있다.
삼나무·편백나무의 인공림(A), 낙엽 활엽수 2차림(B, 東京都 奥多摩町)

그렇지만 그 평가 포인트의 설정 또한 어렵다. 예를 들면 습도라고 하는 요소 하나를 보면, 임내는 다습, 혹은 건조 등의 경우가 있으며 습도가 높은 편을 선호하는 방문객이 있고, 습도가 낮은 상태에서 지내는 것을 좋아하는 방문객도 있기 때문이다. 따라서 일률적으로 한 방향으로 평가 포인트의 높낮이를 정할 수는 없다.

하지만 그 토지 대기의 청정도, 대기 부유물질(SPM) 등의 수치를 측정하는 것은 가능하다. 여기서는 이러한 모순점을 굳이 그대로 포함하면서 기후, 기상, 계절 등 그 토지의 자연조건을 X축으로, 지형, 수종 등의 요소를 Y축으로, 그리고 인위적으로 통제가 가능한 삼림보육상황을 Z축으로 설정해 3차원적으로 삼림환경을 평가하는 방법을 제시한다(그림 1.1).

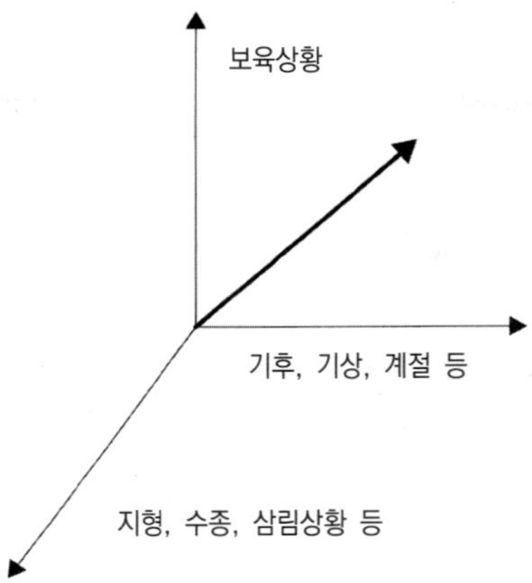

【그림 1.1】 삼림환경의 3차원적 평가

(2) 인적환경

다음 평가는 보건휴양과 관련된 인적요소이다. 이것은 보건휴양을 누릴 대상자뿐만 아니라 이와 관련된 인적환경도 가리킨다. 개인 특성을 비롯하여 몸의 상태, 기분, 신체능력, 삼림의 경험, 기호, 평소의 생활 습관, 그리고 보건휴양에 대한 요구 등의 요소를 대상자는 갖고 있다.

한편, 그 대상자에 보건휴양 제공자, 지원자가 관여할 경우 역시 그 관련자의 특성을 비롯해 전문성, 커뮤니케이션 능력, 보건휴양 프로그램의 입안 및 그 제공 상황은 물론, 외모,

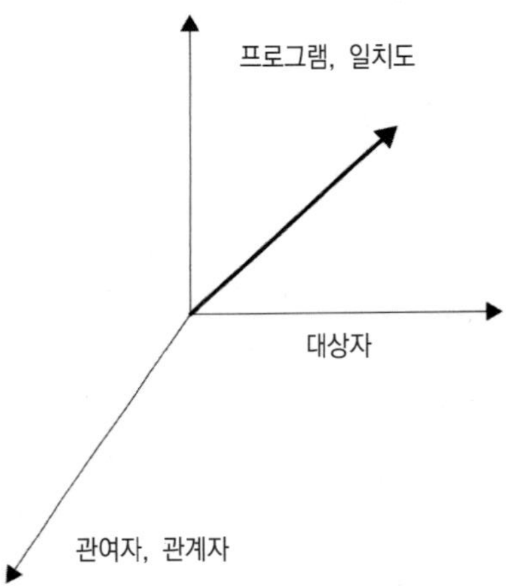

【그림 1.2】 인적환경의 3차원적 평가

목소리, 말투, 분위기 등의 요소도 대상자의 쾌감 또는 불쾌감을 좌우하는 조건이라고 생각된다. 또한 그 장소에 있는 그 외의 사람들이 주는 분위기, 인원수, 발생하는 소리 등도 당연하지만, 대상자의 심리, 생리 양측에 영향을 미칠 것이다. 그리고 그 휴양프로그램이 어떠한 내용이며 대상자의 희망, 요구에 어느 정도 일치할 수 있었는가 하는 점도 중요하다.

따라서 여기에서는 대상자를 X축, 관련 인물·관계자를 Y축, 프로그램의 내용과 일치도를 Z축으로 설정하는 평가 척도를 파악해 보았다.

(3) 측정척도

3번째는 측정의 척도이다. 지금까지 삼림의 보건 휴양효과를 측정하는 척도, 수법이 수없이 시도되어 왔음은 앞에서도 기술하였다. 여기에서는 이러한 방법을 정리하여 신체·생리 척도(뇌파, 맥박, 타액 아밀라아제, 스트레스 호르몬, 혈당치, BMI 등), 제3자에 의한 대상자의 행동 습관, 표정, 말의 변화 등의 평가, 그리고 대상자 자신의 주관적 평가의 3가지로 정리하고 그 3가지 요소로 X, Y, Z의 좌표축을 만들 것을 제안한다.

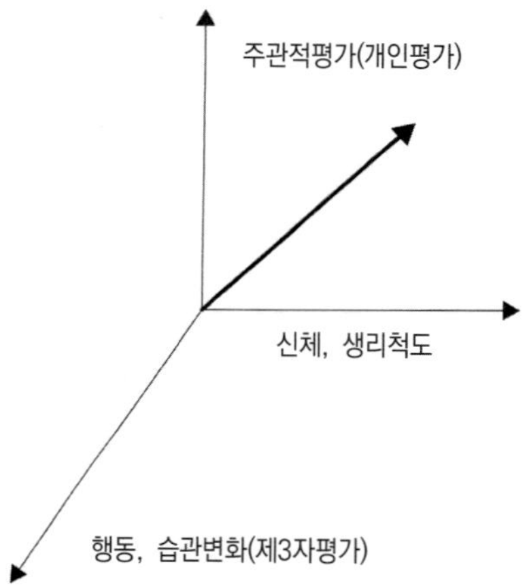

【그림 1.3】 측정척도의 3차원적 평가

(4) 종합평가

지금까지 서술한 삼림환경, 인적환경, 측정척도 3개를 각각 X축, Y축, Z축으로 설정하고, 각각 포인트의 좌표로부터 종합 평가를 결정한다. 예를 들면 삼림환경이 적합한 포인트 수이라도 인적환경이 낮은 포인트일 수도 있으며 측정 척도가 낮은 경우도 있을 것이다.

지금까지는 타액 아밀라아제 수치의 증감이나 기분평가 수치로 보건휴양 효과를 추측하여 판단하는 경우가 많았으나, 이 3단계에 의한 3차원 평가방법을 이용하면 각 척도, 영역, 현상(事象) 어느 것에 편중되는지 판단하는 것이 가능하다. 또한, 좌표축, 벡터를 사용하는 것보다 선형대수, 선형모델을 제시하는 것도 가능하다.

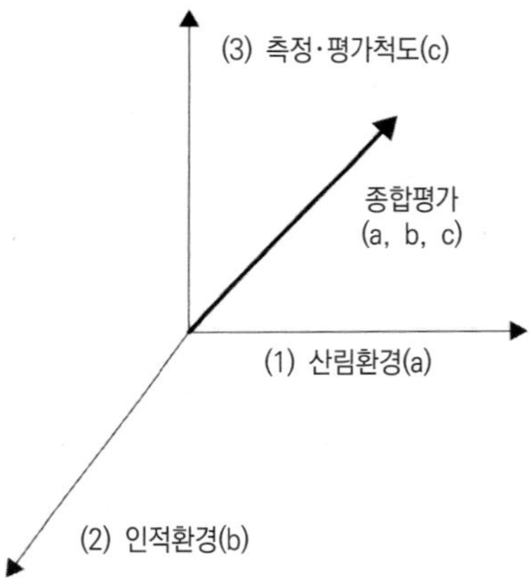

【그림 1.4】 종합평가의 3차원적 평가

(5) 3단계의 3차원적 평가 가능성

자연환경과 인적환경을 고찰하는 복합적인 평가는 유럽과 미국에서는 이미 실시되고 있는 곳이 있다. 독일의 자연휴양지 인정은 그 토지의 기후, 기상 조건, 습도의 높낮이, 일조율, 공기의 청정도, 휴양환경요인의 측정을 비롯하여 확실한 휴양·체류시설, 휴양전문자격증을 갖고 있는 인재환경, 그리고 휴양효과를 나타내고 휴양지로서 문제가 없음을 최소 10년 이상의 기간을 거쳐 증명하는 것을 필요로 하는 휴양지 조건을 지닌 경우를 볼 수 있다.

그에 대해 일본에서는 최근 각 지역에서 만들어진 인스턴트적인 신규 휴양지 중에는 그러한 기후, 기상 조건, 공기 청정도 등의 기초적인 요소는 물론, 휴양지로서의 믿을 수 있는 실행 능력도 묻지 않은 채, 「과학적」인 「인정」, 「인증」을 받고 있는 곳도 엿볼 수 있지 않을까.

다시 한번 원점으로 되돌아가 확실한 평가를 하는 것이 그러한 보양지에 있어서야 말로 중요할 것이다.

이 3단계의 3차원적 평가모델은 그 일조가 될 수도 있다. 본 장에서는 삼림환경, 인적환경, 측정척도의 3가지 요소·척도로부터 삼림의 보건휴양효과를 평가하는 방법을 제안했다.

다양성, 복층성을 가지는 삼림의 환경 및 그 효과의 평가에도 역시 다양성, 복층성을 가지는 것이 필요로 여겨진다. 본 모델은 그 실마리가 될 것인가. 독자 여러분의 유력한 모델구축을 더욱 기대하고 싶다.

(上原 巌)

과제

(1) 삼림의 어메니티에는 도시와 지역에 있어서 그 수요에는 어떤 차이가 있는 것일까? 또한, 국가에 따라서 삼림의 어메니티에는 어떠한 차이가 있는 것일까?

(2) 삼림의 어메니티을 둘러싸고 현재 어떠한 과학적 또한 사회학적인 문제, 과제가 있는 것일까? 또한, 삼림의 어메니티에 있어서 미해결 문제에는 어떠한 것이 있는 것일까?

제2장

지역복지에 있어 삼림보건 활동

「지방자치시대」라고 일컬어지게 된 지 오래이며, 지방뿐 만 아니라 전국의 선거 시에도 「지방자치시대」, 「지역창생(創生)」, 「지역복지」 등의 말이 계속해서 사용된다. 그렇지만, 그 실태나 구체적인 모습은 어떻게 나타나고 있는 것일까. 지역사회의 복지는 장애인, 고령자, 어린이 등, 사회적인 약자가 주된 대상이 되고 있다. 이 장에서는 그 지역복지에 있어서의 삼림 이용, 「삼림보건 활동」의 여러 지역의 사례를 들며, 복지 측면에서의 삼림 어메니티를 생각해 보자.

2.1 장애인 복지와 삼림이용

2.1.1 요육[1]에 대하여

「요육(療育, treatment)」이라는 말이 있다. 치료의 「요(療)」와 교육의 「육(育)」을 조합해 만들어진 말이나, 「치료교육」은 「신체 및 지적, 정신 발달장애아나 병약아(病弱児)에 대한 의학적 치료, 보육, 교육을 포함한 생활활동 전체의 것」을 가리킨다(五十嵐 외 (1984)).

치료교육은 장애아 교육의 발전 및 변천과 함께 생겨난 개념이다. 장애의 종류와 경중, 연령 등에 따라 다르며 지적장애나 정신발달장애처럼 의학적으로도 그 발병원인과 치료방법이 아직 확정되지 않은 장애에 대해서는 보육이나 교육활동을 주축으로 하며 그 증상을 경감 혹은 극복해 나가는 방법을 취하는 것이 일반적이다.

치료교육 환경의 중요성 또한 그 장애의 내용과 수준에 따라 높아질 것으로 생각되며 (Carter(1995)), 현재 장애인의 치료 활동은 실내치료교육과 야외치료교육의 두 가지로 크게 나뉘어져 있다. 야외치료교육으로는 삼림요법과 원예요법으로 대표되는 작업활동과 자연산책이나 캠프활동으로 대표되는 야외레크리에이션이 포함된다.

---

1) 요육(療育): 치료교육

야외에 있어서 활동의 치료교육적 의의로 야외·자연 환경 속에서 활동함으로써 스스로 심신의 재활훈련을 실시, 자기 치유력을 높여 장애 때문에 내면으로 향하기 쉬운 의식을 외부로 향하게 하는 것을 들 수 있다(茂木(1990)). Carter(1995)는 장애인 야외활동에 있어서 장애의 내용이나 수준에 따라 다양한 접근방법과 단계가 있음을 보여주고 장애인이나 고령자의 신체적 및 정신건강 향상을 위한 도구로서의 농림업활동의 「치유」 효과(下村(1998), 上原(2001a))나 자연환경을 이용한 복지시설 활동 가능성 등에 대해서도 제언하였다(中川(1998)). 또한 국내외에는 원예나 삼림작업, 야외레크리에이션 등 야외치료교육 프로그램을 실천하고 있는 지적 장애인 치료교육시설도 많다(瀨(1997)). 그렇지만 야외치료교육 활동 의의에 관한 보고는 적으며, 아직은 사례 수집의 단계에 있다고 생각한다(Kaplan(1993), Chang(1998)).

2.2 삼림치료교육

야외치료교육 중에서도 지역 삼림환경을 활용한 치료교육 활동을 「삼림치료교육」이라고 부른다(上原(1999a)). 지금까지 보고되어 온 삼림치료교육 활동 내용으로는 삼림산책을 비롯하여 삼림환경 레크리에이션 활동, 표고버섯 원목의 생산·운반, 간벌통나무나 낙엽 반출, 가지치기나 관목 등의 보육작업, 그룹단위 나무심기활동 등 작업활동이 주를 이루고 있으며, 그것은 「걷는다」, 「찾는다」, 「들다」, 「나르다」, 「받다」 등의 단순 명쾌하고 특별한 요령이나 기술을 필요로 하지 않는 것이 많다(사진 2.1.) 이러한 삼림치료 활동을 장기간 진행한 결과 보행능력, 작업능력, 인지판단능력 등의 「신체능력」을 비롯하여 회화 이해도·커뮤니케이션 의욕·의미 전달능력 등의 「커뮤니케이션 능력」, 폭발 행위나 이상 행동의 감소·표정, 감정측면에서의 안정성 등 「감정 안정도」, 생활 리듬·식사조절·자발적 행동 등 「기본적 생활능력」에 있어서 향상적인 변화가 인정된 것들이 각 사례에서 공통적으로 보고되고 있다. 또한 그러한 보고에서는 특별한 삼림을 구태여 조성, 설정, 준비한 것이 아니고 각 사례를 살펴보면 근처에 있는 삼림을 활용한 활동이다. 이러한 점에서 어떠한 삼림에 있어서도 그곳에 종사하는 실행자의 창의와 근로자에 의해 치료교육환경이 형성된다는 것이 제시되고 있다.

복지 분야에서는 앞으로도 「노멀라이제이션[2]」 등의 시책이 더욱 확대·전개될 것으로 예상되며, 특히 유럽과 미국에서는 특정 장애인 시설로 「수용하는 복지」에서 지역주민과 「공생하는 복지」로의 전환 정책도 이미 진행되고 있다(사진 2.2). 일본도 자연·삼림에서의 활동을

2) 고령자나 장애인이 그렇지 않은 사람들과 함께 정상적으로 생활하도록 한 상태(역자주)

핵심으로 지역 커뮤니티와 연결해 가는 것은 향후의 새로운 복지 활동의 한 형태가 될 수도 있는 가능성을 가지고 있다고 할 수 있다(사진 2.3).

【사진 **2.1**】 작업요법의 일환으로서의 통나무 운반
(Sweden Lund시의 자폐증 치료교육 시설)

【사진 **2.2**】 삼림공원을 산책하고 있는 지적장애인 시설 이용
(England Wendover 마을)

【사진 **2.3**】 마을·숲의 정비활동도 작업요법의 일환으로서도 행할 수 있다.
(神戸市 교외의 사회 복지 시설)

2.3 복지분야의 실제

지역의 사회복지시설 등의 실천사례를 살펴보면, 주변과 가까운 야산이나 삼림, 방치림에서 활동하며 또는 재생을 시도하면서 동시에 그 활동을 작업요법, 재활치료로서 실시하고, 그러한 활동환경 내에서 작업능력과 커뮤니케이션 능력을 높여 나가는 유형이 많다. 이러한 활동은 복지와 의료, 심리, 교육 등의 전문성, 전문직을 가진 인재가 삼림관계자와 협력하여 진행되며, 삼림을 가까이에 두도록 하고 삼림의 회복과 인간성의 복원을 함께해 가는 자세이다. 작업과 산책을 동시에 정기적으로 실시함으로써 그 그룹의 커뮤니케이션이 촉진될 뿐만 아니라, 지역 내의 사람과 사람을 연결하여 커뮤니티 형성에도 파급되어 현대 생활에서 소홀해지고 있는 산림과 인간과의 커뮤니케이션 또한 재생 촉진될 수 있는 가능성을 가지게 된다.

실천적 사례로 지역의 사회복지 시설 등에 있어서 지적장애 및 발달장애 등을 가진 사람들이 장기적이면서 정기적으로 지역의 마을 숲·삼림으로 나가 산책이나 통나무 운반 등의 작업 활동에 임한 결과, 패닉이나 장해 행동이 감소하여 정신적인 면과 감정적인 면에도 안정을 보이며 커뮤니케이션이 활발해진 사실이 지금까지 국내외에 보고되고 있다(上原(2001a)). 특히 커뮤니케이션을 변용하여 아스퍼거 장애(한스 아스퍼거(1906년 - 1980년), 고기능성 자폐증)를 가진 의뢰인을 대상으로 한 사례에서도 삼림 산책을 하면서 카운슬링을 정기적으로 실시한 결과, 자폐성이 완화되고 커뮤니케이션 능력이 향상된 경우가 보고되었다(Uehara et al. (1999)).

또한 이러한 치료교육 활동은 각각 지역의 마을숲의 재생활동을 복지와 관련지어 행해지고 있는 것도 특징적이다. 삼림 관리상의 관점에서 봐도 가지치기, 제벌 등 삼림의 보육 작업을 작업요법의 일환으로서 도입할 수 있는 것도 하나의 매력이다.

2.4 일본에서의 장애인 정의 - 분류

현재 일본에서는 「장애인」이란 "신체장애, 지적장애 또는 정신장해가 있어 계속적으로 일상생활 또는 사회생활에 상당한 제한을 받는 사람을 말한다"고 정의하고 있다(장애인 기본법(1970)).

더불어 「신체장애인」이란 ①시각장애 ②청각 또는 평형기능의 장애 ③음성기능, 언어기능

그리고 이 저작기능[3]의 장애 ④지체부자유 ⑤내부장애를 가진 자이며, 「정신장애인」이라 함은 통합실조증, 정신작용물질에 의한 급성중독 또는 의존증, 지적장애, 정신병질, 기타 정신질환을 가진 자를 말한다.

또한 2004년에 생긴 「발달 장애인 지원법」에서는 「발달 장애」란 자폐증, 아스퍼거 증후군 및 그 외의 광범성 발달장애, 학습장애, 주의결함다동성장애 외의 이것과 유사한 뇌기능의 장애로 증상이 통상 저연령에 나타나는 것을 정령(政令)으로 정하는 것을 말한다, 라고 되어 있다.

2012년 현재 일본의 장애인은 366.3만 명, 지적장애인은 54.7만 명, 정신장애자는 320.1만 명으로 알려져 있다(후생노동성(2013)).

이 장에서는 이러한 장애인과 지역삼림과의 연계를 통한 복지 이용 사례를 중심으로 보고한다.

2.5 삼림 치료교육활동의 사례

2.5.1 주택지 인접의 2차림 재생과 삼림 치료교육활동의 융합 시도

전국 각 지역에서 일반 시민에 의해 마을 숲 재생 봉사활동이 행해지며 복지적인 활동으로 이용의 시도가 시작되고 있다(上原(1999a, 2006a)). 그렇지만 도시 근교나 주택지에 위치한 마을 숲 등에 지역 주민이 참가한 복지활동의 사례는 그다지 많이 보고되지 않았다. 이 장에서는 코베시(神戸市) 교외의 신흥 주택지에 잔존하고 있던 2차림에 있어서, 동 삼림에 인접한 사회복지시설 이용자, 직원과 지역주민이 협동 작업을 추진하면서 삼림요법을 실시한 사례를 보고한다.

(1) 조사대상지와 삼림 치료교육활동의 내용

대상지가 된 곳은 코베시(神戸市)의 신흥 주택지에 인접한 사유림과 사회복지 시설이다. 사유림의 면적은 약 4.5 ha, 수종의 주구성은 상층부는 소나무, 졸참나무, 굴참나무 등 이었으며, 하층부는 오리나무, 철쭉과 관목, 사스레피나무, 산철쭉, 예덕나무 등이었다. 예전 신탄림의 2차림이며, 소나무, 굴참나무는 흉고직경 30 cm 이상의 대경목과 수고 20 m 전후의 교목

3) 咀嚼: 뜻을 이해하다, 내용을 음미하다.

도 산재하고 있었다. 이 삼림은 마을의 신흥 주택지를 관리하는 부동산 회사가 소유하고 있었으나, 2005년에 같은 지구의 사회복지법인의 복지이용과 지역주민의 보건휴양을 목적으로 무상으로 양도되었다. 또한 이 법인에서는 지적, 발달, 정신장애의 각 장애인의 생활지원 데이서비스(day + service)[4] 및 과자상자 생산 등의 실업사업을 실시하고 있다.

이 시설에서 삼림치료교육 활동은 2005년 3월부터 매월 1회, 휴일 오전 중 2시간정도 이루어졌다. 당초에는 쓰레기 줍기, 고목 제거, 하층목 제거, 소나무, 졸참나무 간벌, 벌도목 조각내기, 운반작업, 산책길 정비 등이 중심적으로 이뤄졌다(사진 2.4).

【사진 **2.4**】 임분 내의 청소 모습

쓰레기줍기(A, 2005년 3월)와 장애인과 지역 자원봉사자의 협동에 의한 고사목 제거 작업(B, 2005년 5월)

특히 임내, 임상조도를 높여 임간의 전망을 양호하게 하고 풍치·휴양효과를 높이는 것이 삼림작업의 목적이었다. 삼림정비, 재생활동의 진도에 따라 같은 해 5월 이후에는 임내 레크리에이션과 네이처 게임, 휴식 등도 병행하여 실행하였다(사진 2.5).

주요 참가자는 사회복지시설 이용자(지적, 발달, 정신장애인) 외에 시설직원, 현지 교직원, 주택지 내 거주 장애인과 그 보호자, 도우미, 지역주민 자원봉사자, 대학생, 삼림 해설가(instructor) 등으로 연령은 유아부터 고령자까지로 폭이 넓고 다양하였다. 각 활동은 참가자 가운데 자원봉사자가 매회 강사를 담당하며, 2005년 12월까지 계속되었다.

사회복지법인 이용자인 지적장애인, 발달장애인, 정신장애인을 대상으로 하고 삼림치료교육의 활동 전후에 기분 조사표(坂野 등, 1994)를 사용하여 회답이 가능한 참가자에게 기분 평가를 실시하였다. 덧붙여 2005년 4, 5월에는 회답이 가능한 참가자를 임의로 선정하여 「워크

4) 재택 노인을 양로원 등에 보내어 목욕이나 간호·식사 등을 제공하는 지원

【사진 2.5】 임내 레크리에이션

임내에서의 네이처 게임(A, 2005년 4월)과 relaxation(B, 2005년 11월)

숍을 체험하기 전과 비교하여」라고 설명한 후에 「고민과 문제가 완화되었습니까?」, 「몸 상태가 좋아졌습니까?」, 「삼림에 대한 의식이 높아졌습니까?」, 「대화는 부드럽게 됩니까?」, 「팀워크는 높아졌습니까?」 「자기자신을 받아들일 수 있게 되었습니까?」의 6가지 관점에 대해서 플러스 방향과 마이너스 방향의 2쌍 평가, 총 8단계의 척도를 이용해 워크숍 활동 전후에 자기평가를 실시하였다.

2006년 4월부터는 지적장애, 정신장애자만을 대상으로 삼림치료교육 활동을 실시하였다. 프로그램 내용은 임내에 산재한 통나무나 가지의 릴레이, 제벌작업, 임상에서의 휴식, 체조, 삼림산책이다(사진 2.6).

【사진 2.6】 장애인 대상 삼림요법 프로그램을 실시중의 모습(2006년 6월)

(2) 삼림치료교육 활동의 효과

워크숍 전후의 참가자 기분변화를 1년간 조사해 보았다. 그러나 활동 참가자가 매회 일정하지 않았으며, 활동내용도 동적인 활동(산책, 작업 등)과 정적인 활동(휴식 등)이 혼합되어 매회 다르기 때문에 비교나 평가 판단을 일률적으로 할 수는 없었지만 「긴장과 흥분」, 「우울감」, 「피로감」, 「불안감」 등이 완화되면서 상쾌한 느낌이 높아지는 경향이 항상 나타났다고 보고되었다. 특히 상쾌감의 향상과 불안감의 감소가 현저하게 나타났다.

여기에서는 2005년 6월 4일에 실시한 활동의 결과는 한 예로서 그림 2.1과 같다.

당일 활동사항은 인근 지하철역부터 사회복지시설까지 약 30분의 삼림 하이킹 코스를 걷고 난 후, 삼림 내에서 간벌, 벌목을 작게 자르는 작업을 하고 코스터(coaster), 네임플레이트(name plate) 작성작업을 임내에서 진행하였다. 상쾌감의 향상과 불쾌감, 불안감이 감소되는 결과가 나타났다(유의차 $p<0.01$). 흥분과 긴장, 피로감도 감소되었지만 유의차는 인정되지 않았다(유효 응답 $n=28$).

활동에 따른 시설이용자의 반응에서는 마을 숲을 지적, 정신의 양측 장애인이 함께 하는 정기적 활동장소의 하나로서 인식하고, 지금까지 경험한 적이 없었던 이용자라고 할지라도 정비의 진행으로 삼림을 부담없이 친근한 생활습관도 생긴 것이 이용자의 말과 행동으로부터 나타났다.

참가한 다동(多動)경향의 아동인 경우에는 숲에서는 부모에 대한 애착의존도(업어주고 안아주는 등)가 감소하였으며 자립하고 또한 놀이에 집중하고 있는 모습이 관찰되었다.

정비에 있어서, 지역 자원봉사 참가자의 변화로서는 지역의 자연·자원에 대한 인식도와 친근감이 높아졌으며 과거 자연체험의 상기나 활동을 통한 자기재인식, 장애인과 복지활동에 대한 새로운 인식을 가지게 된 경향을 각 활동 후의 감상으로부터 알 수 있었다.

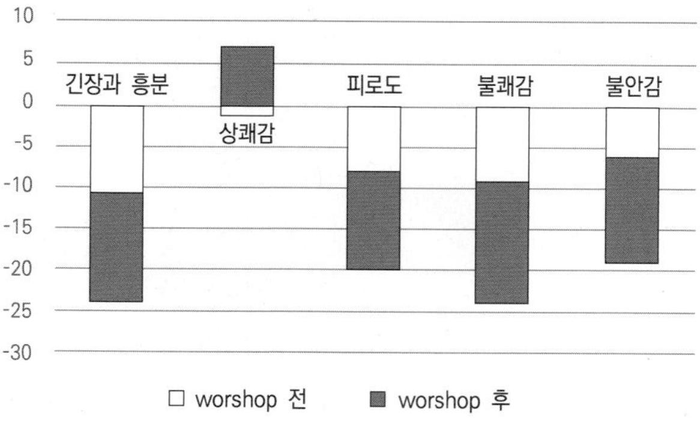

【그림 2.1】 2005년 6월 실시된 workshop 전후의 참가자 기분변화 평균값

(3) 정기적 삼림활동에 의한 변모

2006년 4월부터는 지적장애, 발달장애, 정신장애자를 대상으로 한 삼림활동을 매월 2회 실시하였다.

프로그램 내용은 대인 커뮤니케이션의 부활을 목적으로 임내에 산재한 통나무나 가지를 모으거나 제벌작업 등의 작업요법, 임상에서 휴식에 의한 자율신경의 밸런스 회복, 스트레칭, 삼림산책 등 이었다. 활동은 매회 7명의 특정 멤버에 의한 소인원으로 이루어졌다. 활동 실시 중에는 참가자의 행동, 커뮤니케이션의 모습 등을 관찰하고 활동 후에는 활동에 참가하였던 2명의 시설직원과 공동으로 워크숍 중 참가자의 행동이나 커뮤니케이션에 대해 고찰했다.

참가자의 변화를 살펴보면 지적, 발달장애인의 경우에는 ①다동(多動)경향의 감소 ②이상행동의 감소, ③작업에 대한 집중시간 증가, ④커뮤니케이션의 촉진 ⑤감정의 안정화, ⑥감정의 표출화, ⑦흥미·관심의 확대, ⑧의존도의 감소 등의 변모를 나타냈고, 시설에서 하루의 일상행동에 있어서 다동 경향이나 자신의 얼굴을 두드리는 등 이상행동이 많았던 대상자의 다동, 이상행동이 감소하고 차분한 행동을 취할 수 있게 되는 부분이 특히 인정되었다.

정신장애자의 경우에는 ①감정의 안정화, ②자기내면의 표현, ③자율성의 함양, ④자기긍정감의 향상, ⑤능동적인 커뮤니케이션의 발현, ⑥생활 패턴의 일환으로서 삼림활동의 정착, ⑦감성의 회복, ⑧고집성의 감소 등 활동을 통해서 언동의 변화를 엿볼 수 있었다.

각 장애인 모두 다른 사람과의 커뮤니케이션이 촉진되어 2차림의 정비 진행과 더불어 다동이나 이상 행동을 취하는 것이 감소하고, 임내에서는 차분하게 지내는 모습이 관찰되었다. 제벌 작업 등에서는 개시 당초는 서투르던 톱의 조작 등에도 점차 익숙해졌고 벌채나 통나무자르기 작업을 끝까지 해, 그 달성 후에는 큰 기쁨을 표현하는 모습을 볼 수 있게 되었다. 임분 정비와 더불어 삼림환경이 가지는 어메니티 효과가 더욱 발휘되게 되어 간 것 또한 대상자에게 변화를 가져온 요인으로서 추측되었다.

(4) 복지시설과 지역주민과의 협동에 의한 삼림정비와 새로운 커뮤니티의 형성

이번 사례를 통해 가까운 마을 숲이나 2차림도 적절한 관리를 통해 레크리에이션은 물론, 휴식이나 작업요법의 장소로서 활용할 수 있음을 보여주었다. 또한 삼림정비와 더불어 복지이용이라고 하는 목표가 부가된 활동에서는 구체적인 목표설정이 쉬웠으며, 다양한 인재가 모이는 것도 나타났다. 앞에서 언급한 각 이용자뿐 만이 아니라 지역주민에게도 또한 ①지역의 삼림·자연에 대한 인식 향상, ②삼림에 대한 친근감의 향상, ③과거 체험의 상기 ④자기의 재인식, ⑤복지 활동에 대한 긍정감, ⑥삼림이 정신적인 근거가 되는 등의 요소가 참가자의 감상으로부터 나타났다.

이러한 활동의 운영에 있어서 과제는 참가자의 안전 확보가 첫째이며, 그룹의 공통 목적과 그것을 실현하기 위한 방법을 찾아내는 것, 참가자의 기호, 능력 등과 균형을 맞춰가는 것, 그것들에 대응할 수 있는 인재 확보 등을 들 수 있다.

가벼운 우울증이나 적응장애 치료에 간단한 작업요법이 시행될 수 있으며(山根, 2004), 신체운동과 동시에 가시적인 성과 활동을 거듭함으로써 심신을 활성화하는 작업요법은 삼림환경 하에서 더욱 효과가 변모하는 것도 생각할 수 있다.

또한 본 사례는 주택지, 사회복지시설, 2차림의 3가지 요소가 서로 겹쳐져 보건 휴양효과를 나타낸 사례이지만(그림 2.2), 이것은 향후의 새로운 지역 커뮤니티를 형성할 수 있는 가능성도 가지고 있다고 말할 수 있을 것이다.

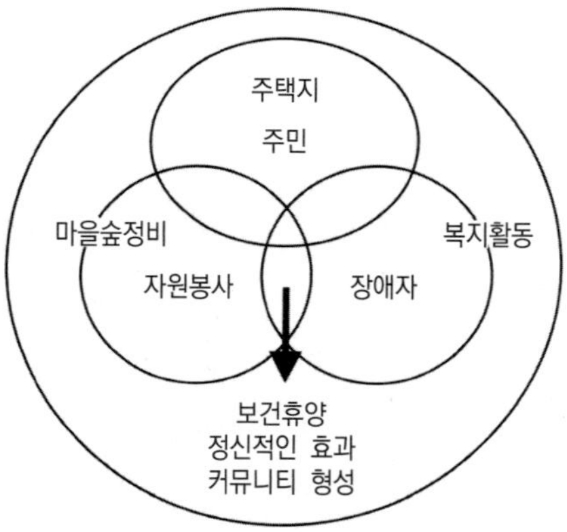

【그림 2.2】 본 사례에 있어서 삼림보육활동의 특징

2.5.2 지역 삼림공원을 활용한 숲 치료교육 활동

앞 장에서는 주택가 인근 숲을 활용한 삼림치료교육 활동의 사례를 보고하였으나, 삼림공원을 활용한 사례를 다음과 같이 보고한다. 일반적으로 벌목이나 작업을 수반하는 활동을 삼림공원에서 하는 것은 제한이 있지만, 이 절에서는 야마나시현(山梨県)의 공립공원에서 지역 장애인 복지시설의 이용자가 정기적으로 작업을 수반한 치료교육활동 사례를 보고한다.

(1) 야마나시현립(山梨県立) 삼림공원 「타케다(武田)의 숲」의 개요

山梨県立 삼림공원의 「武田의 숲」은 1973년에 개설되어 총 면적은 2,500 ha, 표고 300~1000 m에 위치하고 있으며 수목원이나 캠프 사이트 및 총 40 km의 산책로가 정비되어 있다.

본 사례의 삼림치료교육 활동 대상자는 「武田의 숲」에서 약 1.5 km 떨어진 장소에 위치하는 지적장애인 수산시설(授産施設)[5] 「상수리나무 숲」의 이용자로, 주된 장애는 지적, 발달장애 등이다.

상수리나무 숲은 1980년 창립되었으며 주요사업은 봉투만들기, 세탁, 빵 제조이다.

2008년 11월부터 매월 1회, 2009년 1월부터는 매월 2회, 상수리나무 숲 이용자가 타케다(武田)의 숲을 방문해 간벌, 운반, 표고버섯 원목 작업 외 삼림산책이나 낙엽을 활용한 휴식활동 등을 실시했다(사진 2.7).

【사진 2.7】 武田의 숲에서의 삼림치료교육

산책(A), 표고버섯 원목 만들기(B), 통나무 운반 릴레이(C), 낙엽풀장(D).

5) 실업자에게 일을 주어 생계를 이어나갈 수 있도록 해주는 시설(직업훈련원)

삼림치료교육에 참가한 이용자는 남녀 5명씩, 평균연령은 26.6세(±8.0)이였다. 그 참가자의 작업, 커뮤니케이션, 정신, 자율·집단행동, 신체생활의 5가지 측면을 3단계 평가에 의해 수치화하여 고찰을 실시했다.

활동에는 매회 8~10명 정도의 이용자가 참가하였으며 2~4명의 공원직원, 시설직원, 자원봉사자와 같은 진행요원이 동행했다.

(2) 삼림공원을 활용한 치료교육활동의 효과

타케다(武田)의 숲에서 이루어진 치료교육활동을 통해 이용자의 작업, 커뮤니케이션, 생활습관 등의 척도에서 변화를 나타냈다. 그러나 개인차가 크고 개인별 평가의 균형도 다양하였다. 그림 2.3~2.7은 그 평가의 변화를 나타냈으며, 표 2.1은 평가 카테고리 간의 상관계수를 나타낸 것이다.

카테고리 간의 상관관계에서는 작업측면과 정신측면, 정신측면과 자율·집단행동의 2개의 카테고리 간에 특히 높은 상관관계가 보였으며 작업, 정신, 자율·집단행동에서 밀접한 상호영향이 있음을 보였다.

그렇지만 실내의 통상적 생활에서는 볼 수 없는 풍부한 표정의 변화나 톱이나 도구를 사용한 작업에 대한 능동성이 보이는 부분도 관찰되었고, 활동 중에는 감정이 고조되는 모습도 보였다. 또한 활동을 거듭할수록 일상에서도 적극적으로 걷는 등 생활 습관이 변화되었으며 작업 중, 활동 중의 이용자 상호 커뮤니케이션이 활성화되고 장애측면의 변화로서는 다동성, 고집의 완화나 감정의 안정화 등이 나타났다.

활동함에 따라 이용자에게 새롭게 발견된 면으로서는, 새로운 활동과 작업에 관심을 갖고 능동적인 자세를 나타내는 이용자가 있던 것과, 실업자 구제 정책 시설에서 일하는 이용자에게는 일반 시설에서 벗어나 휴식과 기분 전환을 도모할 수 있는 시간이 되었다는 것이 이번에 밝혀졌다.

활동의 문제점으로서는 장애인의 치료교육활동에 대해 서투르게 받아들이는 체제를 비롯하여 각 이용자의 장애 및 희망에 입각한 프로그램의 배분이 어려웠던 것을 들 수 있다.

그러나 이 사례는 공적인 삼림공원을 사회복지시설(지적 장애인시설)로 활용한 실천이며, 삼림공원 직원과 사회복지직을 연계한 시도이었다는 점이 특징이다. 활동의 첫 시작에는 공적인 지원과 코디네이터, 전문가의 지도 등이 필요하지만 향후 각 지역의 지역복지 문제 등을 포함, 이 같은 지역의 공적공유공간인 삼림공원을 활용한 복지활동의 가능성도 나타났다고 말할 수 있다.

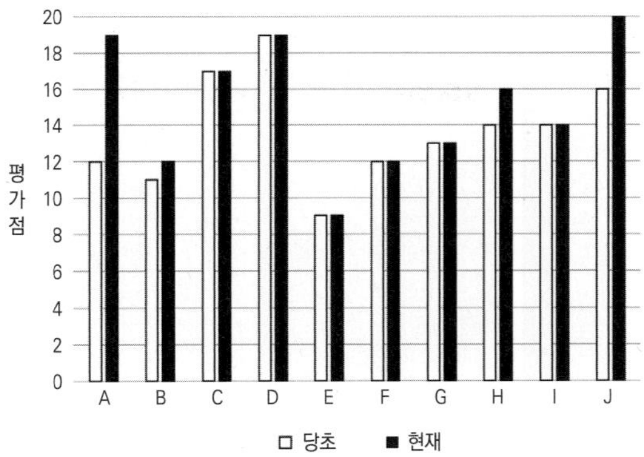

【그림 2.3】 작업측면에서의 평가 변화

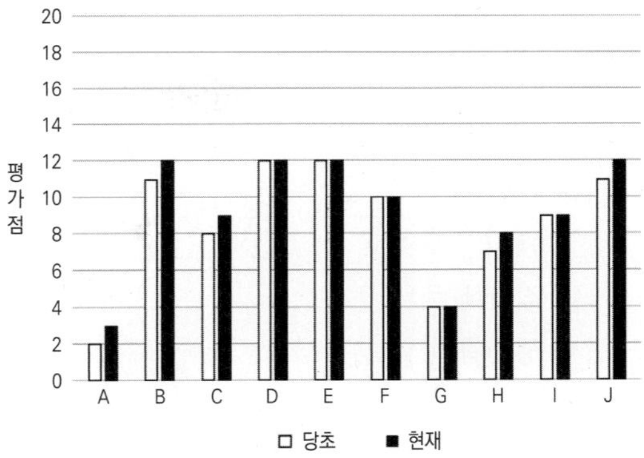

【그림 2.4】 커뮤니케이션측면의 평가 변화

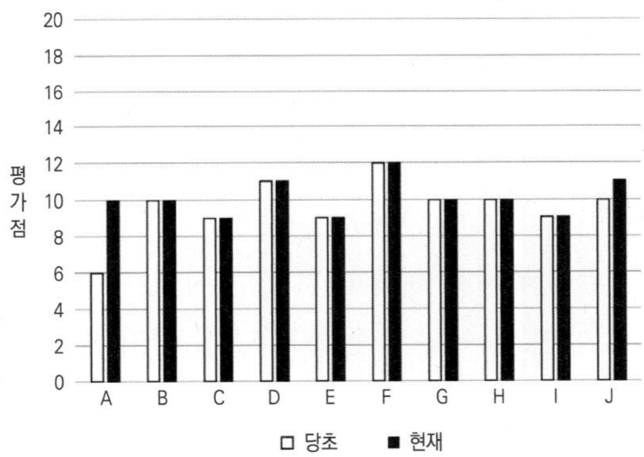

【그림 2.5】 정신측면의 평가 변화

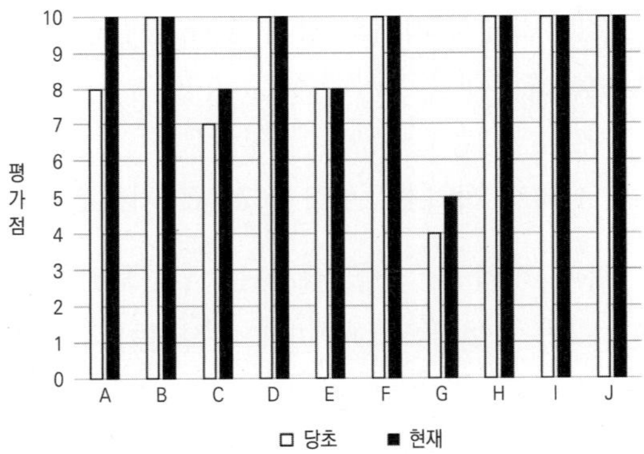

【그림 2.6】 자율·집단 행동의 평가 변화

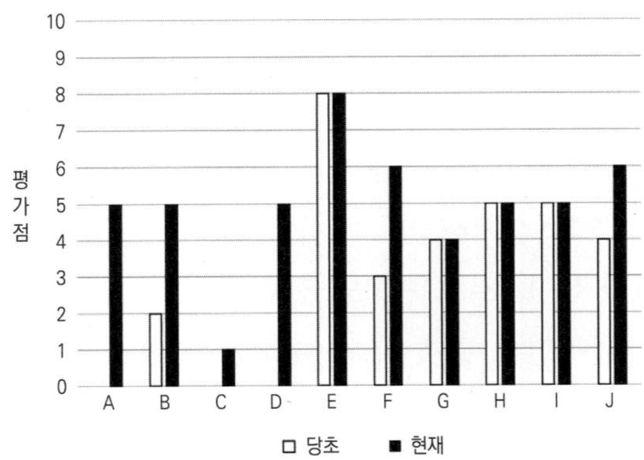

【그림 2.7】 신체·생활측면의 평가 변화

【표 2.1】 평가 카테고리 상호간의 상관계수

	커뮤니케이션	정신측면	자율·집단행동	신체·생활측면
작업측면	0.132	0.956	0.234	0.478
커뮤니케이션		0.415	0.301	0.156
정신측면			0.752	0.541
자율·집단행동				0.268
신체·생활측면				

2.5.3 지역 복지 작업소의 숲 치료교육 도입의 시도

여기까지는 주택 인접의 삼림 및 삼림공원 활용 사례를 보고하였으나 다음은 시가지의 복지 작업소에서 지역의 방치 숲과 삼림공원을 활용하면서 치료교육활동을 시도하였던 사례를 보고한다.

(1) 복지 작업소 「보물 상자」와 치료교육활동 실시의 삼림

복지 작업소 「보물 상자」는 후쿠오카현 야나가와시(福岡県 柳川市)의 시가지에 위치하고 있다. 이 작업장은 1987년에 개설되어 주로 지적 장애인, 장애인이 일하고 있다. 과자 만들기가 주요사업이며 자립생활 지원을 주된 목적으로 하고 있고 2013년 3월 현재, 이용자 28명, 직원 13명의 체제로 근무시간은 매일 10:00~15:00이다.

본 작업소는 2009년에 삼림에서 치료교육활동을 하도록 결정하였으며, 같은 해 연수회를 열고 지역의 방치된 삼림을 조사하여 삼림치료교육활동 도입을 검토하였다.

치료교육활동이 이루어지고 있는 곳은 편백나무의 방치림이었다. 임분은 해발 400 m에 위치한 지역재산구역으로 편백나무의 평균 높이는 약 12 m, 평균 DBH(흉고직경)는 18 cm이었다.

활동은 주로 산책, 간벌과 반출 작업, 나무 재료, 부엽토 생산, 숲 바닥에 쉼터만들기 등으로(사진 2.8), 2010년 봄부터 매주 1회, 1~2시간 정도 실시하였다.

그림 2.8은 삼림치료교육에 참가한 10명 이용자의 삼림치료교육 도입 전후의 평가 변화이다.

모든 평가에서 향상되었고 작업측면과 신체·생활측면은 통계적으로 유의차가 인정되었다(t검정, $p<0.01$).

삼림작업의 치료교육상 이점으로는 ①삼림 내에서는 주위의 시선을 의식하지 않고 행동할 수 있다, ②작업소 내에서는 알 수 없었던 각 이용자의 개성과 의지를 발견하였다, ③이용자와의 장소 공유가 가능하였고 직원과의 관계가 깊어졌다, ④이용자의 발언, 커뮤니케이션이 적극적으로 되었다, ⑤이용자의 표정이 풍부해졌다는 5가지를 이점으로 들 수 있다. 반대로 삼림 작업에서의 불이익은 ①활동에 수반되는 리스크가 항상 있다(넘어지거나, 도구에 의한 상처 등), ②길을 잃어버린 사람이 있었다, ③목적, 작업내용이 이용자에게 이해하기 어려운 것 등을 들 수 있었다.

【사진 2.8】 복지 작업장 내 치료교육활동

제벌작업(A) 낙엽 모으기, 부엽토 만들기(B), 땔감 모으기(C), 숲에서 쉼터 만들기(간벌재 이용, D, E)

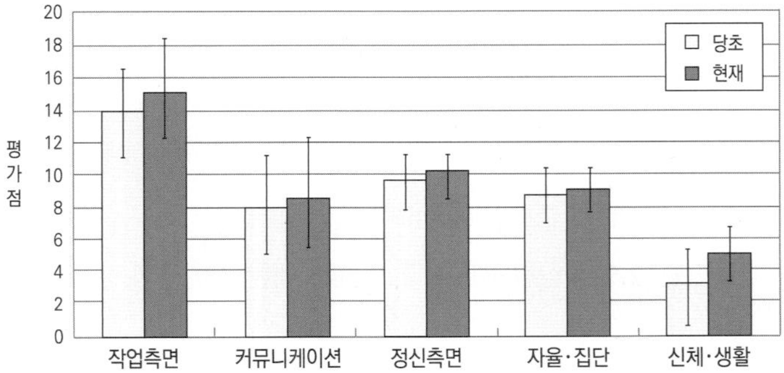

【그림 2.8】 삼림치료교육 도입 전후 10명 이용자의 각 평가 변화

다음은 직원 대상으로 실시한 삼림치료교육 도입에 대한 평가 앙케이트 결과는 그림 2.9와 같다.

도입의 장점으로는 ①「숲 속의 작업소」라는 새로운 목표가 생겼다, ②업무로부터의 해방감이 있다, ③자기 자신의 마음을 건강하게 만들 수 있다, ④이용자와 보다 가깝게 마주 볼 수 있게 되었다, ⑤직장에 대한 조바심이 감소했다, ⑥직원 자신도 즐길 수 있다, ⑦자연스럽게 흥미를 가질 수 있게 되었다, ⑧휴일에도 자연스럽게 가게 되었다. 등을 들 수 있다.

반대로 단점은 ①위기관리 문제가 항상 있다, ②이용자에 대한 주의가 부족한 경우가 있다, ③자연, 수목, 식물에 관한 지식이 부족하다, ④방치림 정비의 방법과 목표를 모른다. ⑤삼림에서의 살아가는 방법을 모른다, ⑥이용자 자신의 감상에 대한 식견이 부족하다, ⑦작업소(숲)에서 전체 활동의 약 3할 정도만 머무르고 있다. 등을 들 수 있었다.

이상 본 사례를 정리하면 근처의 방치림을 시가지의 작업소로 활용한 사례이며 방치림 활용을 삼림조사 → 정비계획 → 실천 → 평가 → 피드백이라는 흐름으로 실시한 결과 이용자, 직원 모두 기분전환을 할 수 있으며 일상생활에도 적합한 변화를 가져왔다.

향후에는 장애별, 개인차에 의한 프로그램을 설정하거나 삼림치료교육 실시의 장점과 단점을 조절하여 지역 작업소로서의 특색을 PR해 나가는 것이 과제로서 거론되고 있다. 그것을 위해서는 삼림 전문인재의 서포트가 필요하다고 생각되며, 복지 분야와 삼림분야 쌍방의 인재 협력이 불가결하다는 것이 재증명되었다.

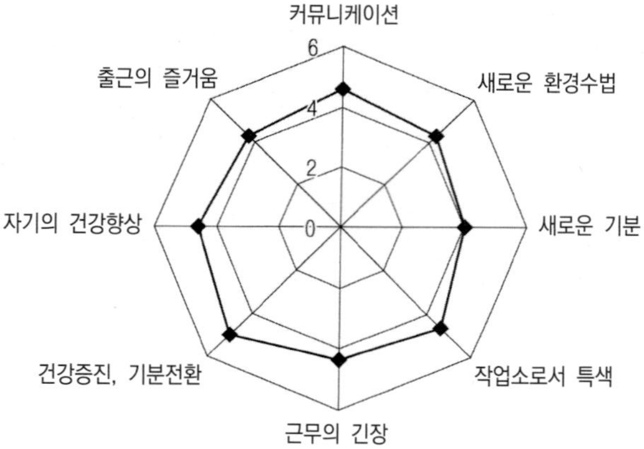

【그림 2.9】 삼림 치료교육 도입에 대한 직원들의 평가

2.5.4 시각장애인과의 삼림산책

앞 장까지는 지적·정신장애인과 지역의 삼림의 복지 이용에 대한 사례를 보고하였고, 이 장에서는 일본의 신체장애인 가운데, 현재 약 31만 명으로 파악되는 시각 장애인의 삼림 이용 사례이다.

(1) 미야기현(宮城県) 환경생활부 자연보호과의 대응

이 장에서 보고하는 시각장애인 삼림체험의 핵심은 미야기현(宮城県) 자연보호과에 의해 2005년부터 기획 운영된 사업으로 2006년 가을과 2009년 가을에 각각 체험사업을 실시하였다.

(2) 미야기현립(宮城県立) 나나츠 숲(七ツ森) 삼림공원 활동

나나츠 숲 삼림공원은 미야기현(宮城県)의 거의 중앙에 위치한 삼림공원이다. 「나나츠 숲」은 침식에 의해 깎여 만들어졌으며 이름대로 7개의 구릉이 있는 곳으로 삼림공원은 안쪽에 위치해 있다. 면적은 약 140 ha이며, 식생은 냉·온대성의 너도밤나무와 신갈나무, 난온대성의 잣밤나무 등으로 다양하다.

이 삼림공원에서 시각장애인을 대상으로 「단풍을 즐기는 투어」라는 주제로 삼림체험을 공모하였다.

당일 참가자는 약 40명이었으며, 시각장애의 정도는 양눈이 모두 거의 보이지 않는 수준으로 밝기도 지각할 수 없다고 하는 사람 및 60세 이상의 참가자도 많았다. 집합장소는 미야기현청(宮城県立庁)이었으며 대형버스로 나나츠 숲 삼림공원으로 이동했다. 진행에 있어서는 현지의 센다이(仙台) 서(西) 고등학교 학생들이 자원봉사로서 활동하여 참가자 한사람 한사람을 서포트하였다. 체험활동 전에는 센다이(仙台) 서(西)고등학교 이과(理科)의 大沼恵美子 교사가 학생들에게 시각 장애인과 접하는 방법, 간호법, 매너 등의 기본적인 것을 미리 강습하였다.

체험활동에서의 프로그램의 내용은 ①나뭇잎의 향기를 즐기다(버스 이동 중: 사진 2.9 A), ②오르막과 내리막의 변화가 있는 삼림산책로를 걷는다(사진 2.9 B, C), ③삼림이 있는 다양한 것을 접한다(사진 2.9 D, E, F), ④낙엽, 야생동물의 대변, 톱밥의 향을 맡는다(사진 2.9 G, H), ⑤수목의 높이를 체감한다(사진 2.10 A, B), ⑥벌목을 통한 컵받침, 표고버섯 원목 만들기(사진 2.10 C), ⑦강이 흐르는 소리를 듣기(사진 2.10 D) 등 삼림이나 수목의 다양성을 체감하는 요소가 포함되어 있었다.

【사진 2.9】 시각장애인의 삼림체험활동

삼림공원으로 향하던 버스 내에서 메타세쿼이아 잎의 향과 감촉을 즐기는 참가자(A), 오르막과 내리막의 변화가 있는 삼림산책로 걷기, 발밑 낙엽의 감촉 느끼기(B, C), 삼림의 다양한 요소를 접한다(임상의 버섯(D)), 수피에 남은 곰의 손톱자국(E), 막 벌채한 졸참나무의 나이테를 센다(F), 우연히 발견한 숲 바닥의 사슴 배설물의 냄새를 맡는다(G, H).

(3) 미야기현립(宮城県立) 공원 「만엽의 숲」에서의 활동

2009년 가을, 미야기현(宮城県立) 시각장애인복지협회가 주최하고 미야기현(宮城県立) 환경생활부 자연보호과에 의해 시각장애인 사람들과의 삼림 산책을 하였다. 시각장애인 19명, 강사·자원봉사 43명의 모임이었다.

【사진 2.10】 시각장애인의 삼림체험 활동

졸참나무를 한 그루 베어 뿌리 쪽부터 나무 윗부분까지 걸어가 보고, 수고를 몸으로 느껴본다. 또한 베어 낸 나무에 걸터앉아 모두 나무의 길이를 실감한다(A, B), 벌목으로부터 생산한 코스터(coaster)와 표고버섯 원목 만들기(C), 시냇물소리를 듣는다(D).

만남장소가 된 「만엽(万葉)의 숲」은 1955년에 전국 식수제가 행해진 장소이며 당일의 참가자는 전원 센다이(仙台)역에서 모여 전세버스에 승차해 만엽 숲으로 떠났다.

삼림 산책은 8명 정도의 작은 그룹으로 나누어, 센다이 3학년 학생이 일대일로 참가자를 돕고 수목과 화초의 감촉이나 향기 등은 각 그룹의 인스트럭터(instructor)가 소개했다. 산책에서는 나나츠 숲에서의 체험활동과 마찬가지로 감촉이나 후각을 많이 활용하게 하였으며 각종 도토리나 중국산의 「좀이 없는 밤나무」, 임상의 초본, 이끼류, 약초 등을 안내·소개하면서(사진 2.11) 2시간 반 정도 행해졌다.

참가자는 앞에서 서술한 나나츠 숲 삼림공원에서의 산책할 때와 같도록 주위의 환경, 특히 소리에 예민하여 삼림공원 밖에서 도착하는 자동차 소리나 간선도로의 소음 등에도 민감하게 반응하였다.

【사진 2.11】 「만엽의 숲」에서의 삼림산책 활동

이동 버스 안에서 계수나무와 산초 잎의 향기를 즐긴다(A). 좀이 없는 중국산 밤(B), 감촉을 맛보기 위한 상수리, 졸참, 갈참, 밤, 작은 밀감 등의 다양한 나무 열매(C), man-to-man으로의 가이드워킹(D), 산책로 옆의 목본, 초본식물, 선태류를 접촉(E, F), 하얀 지팡이를 사용해 키가 큰 수목을 접촉한다(G).

(4) 참가자의 반응과 감상

나나츠 숲 삼림공원, 만엽의 숲, 각각의 삼림산책 참가자로부터 공통적으로「평상시에 갈 수 없는 곳으로 가는 것이 가능했다」,「평소 외출할 수 없어 느꼈던 기분이 리프레쉬 되었다」,「기분이 침착해지고 삼림욕의 효과를 실감할 수 있는 기분이 든다」는 등의 감상을 얻었다. 동시에 참가자의 의견으로「정상인 분들은 바로 장벽을 제거하는 일이다, 유니버설디자인이 필요하다고 이야기하겠지만 당시의 시각장애인들은 그대로의 삼림이나 자연에 데려가 주었으면 좋겠다고 생각하고 있다. 흙투성이가 되고 넘어지거나 하는 일도 충분히 각오하고 즐겁게 참가할 수 있기 때문에 이제라도 아무쪼록 그대로의 산이나 숲으로 안내해 주십시오」,「내가 시각장애를 가지고 있음으로서 고려하거나 색깔이나 모양, 경치 등의 설명을 생략하고 있을지도 모릅니다만, 우리는 머릿속에서 그 말로부터 상상력을 부풀려 숲길을 더욱 더 즐길 수 있으니 색깔도 형태도 아무쪼록 주저하지 말고 설명하여 주세요」라는 지적을 받았다.

삼림산책을 실시하고 향후 시각 장애인을 대상으로 한 산책모임을 실시하는 경우에는 기본적인 안전 확보는 물론 중요하지만 ①삼림환경의 설명을 자세하게 수행, ②설명이나 인스트럭터(instructor)로서 약간의 연구를 행하며((예) 산책 도중에 진로를 막는 나뭇가지나 관목, 조릿대류 등의 장애물이 있는 경우 그것들을 사전에 제거하지 않고「여기에 가지가 있어요」하고 참가자들의 손을 잡고 그 가지를 참가자들이 직접 제거하는 등 인스트럭터(instructor) 방법), ③장애라는 것에 필요 이상으로 구애받지 않고 가능한 한 삼림환경을 그대로 체험하게 하는 것 등이 포인트로 나타났다.

어떤 장애를 가지고 있는 경우, 그 장애를 보완하기 위해 다른 기능이 예민해진다는 것은 원래 알려져 있지만, 삼림환경에서는 특히 청각, 후각, 촉각 등의 감각이 예민해진다는 것도 참가자의 모습에서 드러났다.

시각장애인들은 평소 생활에서 외출이 제한되는 경우가 많다. 이 장의 사례와 같은 삼림체험의 기획은 앞으로도 각 지역에서 확대 실시되기를 바란다. 그 때 장벽제거, 유니버설 디자인 등의 설정이 필요한 경우도 있겠지만, 우선은 인재와 프로그램·소프트, 인스트럭터(instructor) 연구에 의한 커뮤니케이션 등이 있다면 어느 정도의 실시는 가능하고 그것들을 기술을 갈고 닦아 한층 더 뛰어나게 하는 것을 목표로 해야 할 것이다.

2.5.5 지역 삼림을 활용한 고령자 사례

앞 장까지는 지적장애, 정신장애, 신체장애가 있는 장애인을 대상으로 한 사례를 보고하였으며, 이 장에서는 지역의 고령자를 대상으로 한 사례를 보고한다. 사례지는 사이타마현(埼玉県)

남서부에 있는 히다카시(日高市)로 수도권으로부터 약 50 km 떨어져 있으며 시의 동부쪽은 완만한 평지이며 옛 모습이 아직 남아 있는 지역이다. 시의 서쪽은 치치부(秩父) 산과 고려(高麗)구릉이 있으며, 표고 200~300 m 정도의 구릉·산악지대로 2012년 시의 인구는 58,000명 정도였다(사진 2.12).

【사진 2.12】 무사시다이(武蔵台) 마을회관부터 히다카시(日高市)의 주택가 전망

지역 역사로는 고려(高麗)천, 고려(高麗)역, 고려(高麗)신사 등 「고려(高麗)」의 명칭이 남아 있고 과거 8세기 시대에 대륙의 고려(高麗)와 문화적 왕래가 있었음을 보여주고 있다.

본 히다카시(日高市)의 무사시다이(武蔵台) 마을회관에서는 정기적인 삼림 산책을 통한 건강 가꾸기 시민 강좌가 2008년부터 시행되기 시작하여 시내 삼림을 활용한 정기적인 산책이 이루어지고 있다.

무사시다이(武蔵台)는 그 이름대로 무사시노(武蔵野)의 구릉지대에 위치하고 있으며, 지역에는 히와다(日和田)산 등의 하이킹 코스가 있다. 또한 무사시다이(武蔵台)는 구릉지를 깎아 주택단지가 조성되어 있는 곳으로 「주택지로부터 걸어갈 수 있는 삼림」이라고 하는 환경조건을 이용하여 주택단지에 사는 사람들의 건강가꾸기가 이루어지게 되었다. 무사시다이(武蔵台) 마을회관에서는 지역주민을 대상으로 공모하여 첫해 정원 20명의 참가자를 모집하였다. 여성 참가자가 참가자의 90%를 차지하였으며 참가자의 연령은 57세부터 84세로, 60대 후반이 대부분이었다. 정기산책은 매월 1~2회, 오후 1~3시까지로 하여 2시간 동안 이루어졌다.

삼림산책은 히다카시(日高市)의 주택가로부터 지역의 삼나무, 편백 등의 삼림에서 능선을 따라 걷는 코스로 하였다. 삼림산책 목적 가운데 첫번째는 삼림을 걷는 것으로써 고혈압이나 비만 예방 등을 실시하는 것이며, 두 번째 목적은 주택가 독거노인의 와병생활에 대한 예방으로서의 시도였다. 산책 전·후에는 체지방율 측정과 혈압 측정을 시행하여 건강 수첩에 매회 기입하였다(사진 2.13).

【사진 2.13】 산책 전후의 혈압 체크

매회 삼림 산책 시 보건사가 체크(A, B). 히다카시(日高市) 오리지널 건강수첩(C).

삼림산책은 히다카시(日高市)의 주택가로부터 지역의 삼나무, 편백 등의 삼림에서 능선을 따라 산책활동으로는 평소 살고 있는 주택가를 바라보거나 약용 식물을 소개하고 지역삼림의 역사 및 삼림 내 잠재 식생 등을 소개하였다(사진 2. 14).

【사진 2.14】 지역 삼림을 활용한 산책

구릉지로부터 자신이 사는 마을이나 한노(飯能)지역의 주변의 산들을 바라봄(A, B), 지역 편백나무 숲 내의 산책과 휴식 모습(C, D).

삼림산책 참가자들은「가까운 삼림에서도 건강 증진을 할 수 있다는 것을 잘 알았다」,「생각했던 것보다 삼림 산책은 기분을 좋게 하였다」,「더 이상 숲을 걷는 것은 무리라고 생각했었으나 매회 산책을 참가할 수 있고 몸 상태도 좋아진 것 같다」 등으로 평가하였다. 구체적인 효과로는 삼림산책을 한 뒤 평상시의 최고 혈압이 160~180 mmHg이었던 사람의 혈압이 120~130 mmHg으로 떨어졌으며 비만경향이 있던 사람의 경우, 몸무게가 감소하였다.

또한, 앞으로 의견으로서「삼림 산책에 참가할 수 있으며 건강 가꾸기에 대한 의식을 가지고 있는 사람은 좋지만 집에 틀어박혀서 좋지 않은 몸 상태로 시간을 보내고 있는, 더 삼림요법을 필요로 하는 분을 어떻게 참가시킬 수 있을까」,「무사시다이(武蔵台) 마을회관뿐 만이 아니라 광역의 마을회관 활동에서도 대응해야 하는 것」,「지역 전체의 건강 가꾸기에 임하는 것으로 추진을 한다면」 등의 의견과 희망이 전해졌다.

고령화는 지역과 산촌지역 뿐 아니라 도시지역을 포함한 전국에서 확산되어 진행되고 있는 현상이다. 또한, 고령화 현상은 일본뿐 만이 아니라 해외 또한 선진국을 중심으로 많이 보이는 사회적 현상이다.

인구의 4분의 1에서 3분의 1이 65세 이상의「고령화」가 되는 가까운 미래에는 경제적인 문제를 비롯하여 건강보험 문제 등 일상생활의 불안이 기본적으로 존재하게 된다. 그러한 생활불안 가운데 건강에 대한 불안이 가장 강하며 연령에 따라 관심이 높아지는 경향이 있다. 그리고 건강 가꾸기와 건강증진 장소의 하나, 하나의 선택으로써 각 지역의 삼림환경 이용이 가능성을 가지고 있다.

이 장의 히다카시(日高市) 사례는 주택단지 주변의 평범한 삼나무, 편백나무 인공림을 중심으로 정기적인 산책과 휴양 등 건강 가꾸기 장으로 활용한 사례이다. 향후 고령화 사회의 삼림 이용에 있어 하나의 모델이라고 할 수 있을 것이다.

2.6 지역복지로서 삼림 이용의 유의점

앞 장까지는 각 지역의 삼림을 활용한 복지이용 사례를 다루었고, 최종적으로 복지이용을 권장하는데 있어 유의점에 대해서 고찰해보고자 한다.

2.6.1 인재측면: 조력자에게 필요한 자질과 유의점

지역에서 복지이용을 권장하는데 있어 우선적으로 필요한 것은 인재와 인적 환경이다.

바꾸어 말하면 지역에 있어 삼림의 수종이나 임상보다는 삼림과 복지의 융합하는 인재의 자질이 이 분야의 성패를 크게 좌우하게 된다.

그 중개자, 조력자의 자질로 요구되는 것은 ①인간 및 장애에 관한 기본적인 지식, ②지역의 삼림, 수목, 식물에 대한 지식, ③복지활동에 대한 기획력, 실천능력 및 평가능력, ④커뮤니케이션 능력, ⑤감성 등이 있다.

복지란 바로 사람과 사람과의 관계를 연결하는 일이므로 사람에 대한 기본적인 지식과 기술, 특히 장애에 관한 지식·기술을 가지고 있는 것이 기본이 된다.

다음으로 지역의 삼림, 수목, 식물에 대한 지식을 갖고 지역복지의 경우, 대상자의 요구에 따라 기획과 실천 및 평가할 수 있는 능력을 가지며 장애인뿐 만 아니라 다양한 부서, 관계자와 절충할 수 있는 커뮤니케이션 능력과 함께 대상자의 생각에 확실하게 대응하고 응할 수 있는 감성을 겸비하는 것이다.

그렇지만 이러한 각 조건을 동시에 가지고 있는 인재를 확보하거나 육성하는 것은 삼림, 인간 모두 다양성을 가지기 때문에 매우 어려운 일이다. 그래서 가급적 실질적으로 복지와 삼림의 전문성을 가진 각 인재가 협력(collaboration)하여 협동하는 것이 현실적일 것이다.

그 실천에 있어 유의사항은 다음에서 언급한다.

2.6.2 지역복지에 지역삼림을 이용하는 것의 의미

삼림을 사랑하고 삼림을 접촉하며 삼림 속에서 시간을 보내고 싶어하는 바램은 많은 사람들이 가지고 있는 요구이며 그것은 고령자이든 장애인, 비장애인, 유아를 불문한다.

삼림환경은 실내환경과 비교하여 다양한 삼림의 어메니티를 느끼고 체감하면서 활동과 레크리에이션, 작업요법, 재활치료를 실시할 수 있다는 것이 이 장에서 서술한 바와 같으나, 시각장애인의 사례에 있어서 참가자 본인의 감상에도 나타났듯이 평소 한정된 인공적 생활공간으로부터 자연환경으로 전지효과를 갖고 있는 것도 특징이다.

장애인을 대상으로 한 프로그램 실행 시, 어떤 장애인일지라도 남아있는 기능을 자신이 깨닫고 이끌어내며, 심신의 재활 훈련을 해 갈 수 있는 계획을 만드는 것과 함께 어느 정도의 유니버설디자인과 같은 환경적인 배려를 실시하는 것, 2가지가 중요하다. 또한, 활동은 장애의 경중 등을 고려해야하며 1활동(세션)은 30분~1시간을 기준으로 시작하는 것이 좋은 방안이라고 생각된다. 1시간을 초과하면 신체적으로도 피로가 느껴지고 저항력이 약한 참가자나 삼림에 익숙하지 않은 참가자의 경우 활동 후, 발열이나 컨디션 왁화를 초래할 수 있으므로 주의와 배려가 필요하며 장애에 따른 정신적 스트레스 등도 고려한 케어가 필요하다.

2.6.3 프로그램 실행 시, 각 장애인별 유의점

(1) 신체장애자

① 시각장애인

시각장애인이 대상인 경우 청각(새소리, 잎소리 등)이나 수피, 잎, 물, 임분식생 등의 촉각과 신체감각을 중심으로 한 프로그램 작성이 중요하다. 또한 조력자는 적절한 유도와 배려 및 풍경과 식생, 지역역사 등의 설명 능력도 필요하다.

② 청각장애인

청각장애인이 대상인 경우, 우선은 나무사이로 비추는 햇빛이나 녹색의 다층적 풍경 등의 시각과 미각(나무 열매, 산나물), 그리고 상기의 시각장애인과 마찬가지로 신체감각을 체험할 수 있는 프로그램을 만들어 그것들을 매개로 하여 커뮤니케이션을 도모해 가는 것이 중요하다.

③ 사지마비(휠체어 사용자를 포함)

사지마비인 사람이 대상인 경우, 위의 두 가지를 융합한 프로그램과 대상자에 대한「말을 거는 것」이 특히 중요하다.

(2) 지적장애인

지적장애인이 대상인 경우 단순 명쾌, 시각적으로 명확한 프로그램(걷기, 들기, 나르기, 모으기, 바라보기 등)을 만들어 가는 것이 중요하다. 또한 자폐 경향이 있는 이용자의 경우에는 위와 같은 신체장애자의 환경 설정 외에 한층 더 넉넉한 공간과 신체 전체가 뒤덮이는 공간, 두 가지의 환경 설정이 알맞다. 또한 단조로운 임상보다 다층적 임상이 활동에도 다양성이 있어 매너리즘이나 싫증이 생기지 않는다.

(3) 고차 뇌기능장애인

일반적으로 외모로부터 장애를 알아보는 것은 어려운 경우가 많고 또한 고객 본인도 장애를 자각할 수 없는 경우도 있다. 반측 공간무시와 신체 실인(失認)증, 지지적(地誌的)장애, 주의장애, 수행기능 장애, 행동·정서 장애 등 특유의 장애를 서포트하고 케어하기 위해 대상자에 대한 사전 평가가 중요하다. 또한 환경적으로 상기의 각 장애를 고려한 설정이 필요하게 된다. 프로그램에는 역시 단순 명쾌한 내용(걷기, 들기, 잡기, 운반하기, 바라보기 등)의 설정을 하는 것이 바람직하다.

2.6.4 실시 계획의 진행 방법

실시계획을 진행시키는데 있어 다음의 1~4의 4스텝으로 계획을 진행한다면 대상자의 입장에서도 알기 쉽고 참가하기 쉽다고 생각된다.

① 평가를 한다

대상자의 성별, 연령, 특징(신체적, 정신적, 사회적), 일상생활(ADL), 삼림활동 경험의 유무, 생존력, 기존질병·알레르기, 기호 등을 미리 평가하고 보다 원활하고 효과적인 삼림요법의 프로그램 기반을 준비한다.

② 목표를 세운다

지향하고자 하는 목표(단기·중기·장기)를 만든다. 이때 전문의, 위임의사, 작업요법사, 이학요법사, 카운슬러 등 각 의료·복지 전문직 사람들과도 반드시 연계해 최선의 목표를 정한다.

③ 구체적인 방법을 생각한다

구체적인 내용으로서 작업, 산책, 레크리에이션, 재활성, 카운슬링, relaxation 또는 이러한 프로그램을 혼합한 방법을 계획한다. 이때 활동장소(수종, 식생, 경사, 이동거리, 산책로상황, 집과의 접근성 등), 사용도구, 보조도구, 실행체제(맨투맨, 그룹 활동), 협력체제(삼림소유자·관리자, 삼림조합) 대상자에 대한 유의점을 동시에 생각해야 한다.

④ 실행 후의 평가

프로그램의 실행 후에는 반드시 평가·반성을 한다. 구체적으로 얻었거나 또는 얻지 못한 효과와 프로그램 내용, 실행체제, 설정환경 등과 다음 활동에 대한 과제를 정리하고 피드백을 실시한다. 삼림체험의 효과로서 신체적, 정신적, 사회적, 일상생활에서의 변화 등을 기록한다.

2.6.5 프로그램의 구체적인 진행방법 제안

① 고령자 프로그램 (치매증상 포함)

의료 기관, 복지시설과의 제휴를 도모하여 시설·병원생활이나 일상생활에 있어서의 ADL (자립적 생활 능력)의 향상을 도모하는 것을 우선적인 목적으로 한다. 재활에 대해서는 기본적으로 거리에 따른 체중별 소비 칼로리가 계산된 코스를 설정하고 식생과 공간의 확대를 가미해간다. 또한 집 안에서의 생활이 중심이 되는 사회부적응자나 고령자가 옥외·삼림 활동을 통하여 사회성 함양이 되도록 하는 것을 목적으로 한다.

프로그램의 코스는 고령자에게 친숙한 생활 근거지의 삼림환경을 중심으로 하고 프로그램의 내용은 산책을 하면서 과거를 상기시킴으로써 대화를 이어가는 「회상법」의 수법이나, 산나물캐기, 버섯 판별 등에 의한 고령자 자신의 경험을 표출하고 인지 기능의 재활, 그리고 앞서 언급한 보행 거리의 목표 설정에 따른 보행재활, 생활습관에 따른 병의 예방 등을 중심으로 만든다.

기대되는 효과는 구르는 것을 예방할 수 있는 트레이닝을 비롯하여 계절을 통한 삼림의 풍치작용에 의한 오감기능의 각성, 인지·판단능력의 재활효과를 얻는 것 등을 들 수 있다.

② 장애인을 위한 프로그램

지적장애인을 대상으로 한 프로그램의 구체적인 사례로서는 나가노현(長野県)과 토치기현(栃木県) 등 복수 지적장애인 치료교육시설에서 중증정신지체 등의 지적장애인이나 자폐증과 같은 발달장애인이 장기간 삼림에서의 작업요법이나 삼림욕을 체험함으로써 보행능력, 작업능력, 인지판단능력 등의 「신체능력」을 비롯하여 대화이해도·커뮤니케이션 의욕·의사전달능력 등의 커뮤니케이션, 패닉, 자해 등의 행동장애의 이상행동 빈도가 감소하고, 감정·정서 안정도, 생활리듬·음식조절·자발적 행동과 같은 기본적 생활능력 향상이 실천사례를 통해 보고되었다. 그러한 프로그램의 내용은 표고버섯의 원목의 생산·운반, 벌채 통나무의 반출, 그룹으로 하는 나무심기활동, 가지치기, 잡초베기 등의 작업활동이 중심이며 「걷기」, 「들기」, 「운반하기」, 「받다」, 「두드리다」, 「때리다」, 「발견하다」 등의 단순명쾌하고 시각·신체적으로 이해하기 쉬우며 시점과 종점도 명확한 프로그램과 소프트웨어의 구축이 바람직하다.

또한 장애로 인해 실내생활이 중심이며 일상생활 범위가 한정된 지적 장애인이 실외·삼림에서의 활동을 통해 사회성을 높이고 심리적인 리프레쉬 효과를 얻는 것 등도 고려한다.

프로그램의 코스는 다양한 임상이 있는 삼림환경(특히 혼합림)에서 심신의 각 기능을 각성·자극하도록 설정하는 것이 바람직하다. 기대되는 효과는 신체능력의 향상, 정신의 안정, 사회성의 함양, 자율능력의 트레이닝, 기본적 생활능력의 향상 등을 들 수 있다.

신체장애자, 고차 뇌기능장애인에 대해서는 남아있는 기능 재활을 주목적으로 하며 삼림내의 산책, 둘러보는 것을 바탕으로 시각, 청각, 후각, 미각, 촉각 등 오감 기능의 재활을 진행한다.

프로그램의 코스는 신체장애인의 경우(휠체어 사용자 포함)는 평탄(평균 경사 5% 미만)하게 설정하고, 정신장애인일 경우에는 자신의 있을 곳을 확보할 수 있는 임상이나 산책 코스로 된 삼림환경을 설정한다. 또한 대상자의 기호를 존중한다. 시각기능을 활용하는 몇 개의 삼림풍경·임상과 청각기능을 활용하는 임분·공간, 그리고 후각이나 촉각을 활용하는 나무, 식물 등을 각각 코스 중간에 설정하는 것도 중요하다.

기대되는 효과는 오감 기능의 재활효과를 들 수 있다.

2.6.6. 지역삼림을 주민의 활동 및 휴양공간으로 활용하는 새로운 커뮤니티

마지막으로 지역삼림을 활용한 복지이용 실천에 있어서 이를 위한 특별한 삼림이 필요한지에 대해 고찰해 보고 싶다.

인간과 자연과의 관계에 대한 중요성에 대해서는 새삼 언급할 필요도 없지만 많은 장애인은 성장과정에서 야외나 자연체험이 장애 때문에 결여되어 있는 경우가 많다(総理府(1996)), 인간의 성장단계에 있어서 심신의 발달을 위해서는 특히, 인지기능 장애를 가진 지적장애인에게 자연환경에서 야외활동의 의의는 크다고 여겨지며, 동시에 장애인 개인의 흥미와 개성을 표출해 나가는 치료교육수단 중 하나로서도 삼림체험은 중요한 의의를 갖고 있다.

또한 장애인을 치료교육하는 환경으로서 자연환경은 온도, 광, 바람, 소리 등 무작위적인 신체 오감에 대한 자극이 있으며 특정 실내에서보다 자유공간이 넓고, 시간이나 계절에 따른 변화 등의 다양성이 있어 탐구심이나 흥미를 환기시킬 수 있다(Holis(1982)). 또한 야외활동을 통해 커뮤니케이션 능력 향상(Uehara et al.(1999))과 감정을 안정화시키고 패닉 등의 행동장애가 감소하는 작용이 있다는 것도 보고되었다(Hammock et al.(1995), McGimsey and Favell(1998)).

앞 장까지의 삼림에서의 장애인과 고령자의 활동 사례는 어느 특별한 삼림이었던 것이 아니라 지역에 가까운 곳에 있는 삼림·마을 숲을 이용한 것이며, 그 중에는 방치림에서의 사례도 포함되어 있었다. 이것은 어떠한 삼림이라도 거기에 작용하는 창의와 방법에 의해 치료교육과 재활, 휴식 환경이 될 수 있는 것을 나타낸다. 즉 현재 일본의 농산촌에 방치된 삼림이나 마을·숲, 휴경지 등이 각지에 산재하고 있지만 그 곳을 돌아보지 못한 자연환경에는 지역주민의 건강 가꾸기나 복지 활동의 일환으로서 재생할 수 있는 가능성이 잠재해 있음이 기대된다.

특히 복지분야의 관점에서는 앞으로 「노멀라이제이션[6]」이나 「장벽제거」 등의 시책이 더

6) 고령자나 장애인이 그렇지 않은 사람들과 함께 정상적으로 생활하도록 한 상태(역자주)

욱 확대되어 「수용에서 공생의 복지」로의 전개가 이루어질 것으로 예상된다. 이 점에서 지역 삼림에서의 활동을 중심으로 하여 지역 커뮤니티를 재형성해 나가는 것은 향후 새로운 지역 복지의 하나의 형태로서 패러다임이 될 수 있는 가능성을 가지고 있다.

그러나 단적으로 「삼림」이라고 해도 그 환경조건은 실제적으로 다양하고 지역성, 기후, 풍토, 지형, 보육·관리 상황 등에 의한 차이는 지극히 크고, 삼림을 방문하여 이용하는 사람의 경우, 성장환경이나 생활환경, 기호, 성격, 감성 등 다양한 배경을 가지고 있어 모두 같지는 않다. 또한 삼림환경 자체는 보건휴양과 건강증진, 「치유」의 요소만이 아니라 커다란 위험성과 공포감, 불안감을 항상 가지고 있으며 스트레스 완화와 함께 스트레스를 초래하는 장소이기도 하다. 따라서 지역의 삼림복지 이용에는 다양한 불확정 요소와 양립할 수 없음이 관련되어 있기에 실시에는 끊임없이 어려움이 따른다.

하지만 현시점에 있어서 과제로서는 그러한 지역삼림의 환경조건을 바탕으로 장기적 실천과 구체적인 사례·장애의 임상연구 데이터를 축적하여 복지이용의 기반을 다져나가는 것이라고 강조하고 싶다. 즉 그 지역의 삼림의 표고, 수종, 임령, 지형·경사, 식생을 토대로 어떠한 대상자에 대해서 어떠한 형태로 활동을 실시한 결과, 어떠한 작용과 효과를 얻을 수 있었고 혹은 폐해의 여부와 어떠한 특징이 있었는지를 검증하는 작업을 통해 자료를 축적하여 삼림의 복지이용 및 보건휴양 효과 특징을 명확히 해 갈 필요가 있다는 것이다. 동시에 방치림을 포함한 삼림에 정비를 실시할 때에는 삼림의 변화에 따라 대상자의 심신에도 어떠한 변화가 나타나는 것인지, 즉 삼림과 인간의 변화 평행성에 대해서도 검증하고 고찰해 나갈 필요가 있다.

「지역의 시대」라고 일컬어지게 된 지 오래이지만 각 지역의 삼림을 활용한 다양한 건강가꾸기의 사례가 그 지역 사람들의 손에 의해서 싹 틔어가는 것을 기대하고 싶다.

(上原 蔵)

과제

(1) 지역복지에서의 삼림 활용에는 어떠한 조건이 필요한가. 환경, 인재, 소프트 측면에서 고찰하라.

(2) 지역복지의 삼림 활용에는 어떠한 정비 수법이 필요하다고 생각할 수 있는가?

(3) 목재생산과 병행, 양립하는 삼림복지 이용은 가능한가?

제3장

카운슬링(counseling), 심리분야에 있어서 삼림의 활용

현대는 일상생활과 직장 등의 사회생활, 가정생활에 있어서도 다양한 스트레스를 안고 있어 「스트레스 시대」라고 말한다. 특히 정신적인 스트레스, 고민 등은 누구에게도 있으며 때로는 개인적으로 도저히 해결할 수 없는 고민, 문제 혹은 개인으로는 해소하지 못하는 큰 스트레스를 가지고 있는 경우도 있다. 이러한 경우 해결 창구로서 카운슬링(상담)이 있다. 카운슬링은 지금이야 일반적인 언어로 느껴지지만, 이 장에서는 카운슬링을 비롯하여 삼림분야에 있어서 삼림의 활용과 그 가능성에 대하여 몇 가지 사례를 통해 생각해 보자.

3.1 「카운슬링」이라고 하는 언어

지금은 학교뿐만 아니라 관공서나 기업에도 상담원이 배치되는 경우가 많아졌다. 돌발적인 재해나 사고의 피해 후에 사회적 요구로서 카운슬링이 이루어지는 경우도 있으며, 1995년 한신(阪神)과 2011년의 동일본(東日本)의 2개의 대지진을 시작으로 재해시에는 수많은 상담원이 파견될 수 있게 되었다.

일본에서는 카운슬링이라는 언어가 오늘날과 같이 사용되기 이전에는 「상담(相談)」이라는 명칭을 사용하고 있었다. 화장품 광고 등에서도 「카운슬링 제공 화장품」, 「카운슬링 후에 사용해 보세요」 등의 선전을 보게 되는 경우도 있으나 이러한 경우는 개별적으로 고객(client)의 상황과 요구에 대응한 처방을 고려한다는 것을 시사한다고 말할 수 있다.

3.2 카운슬링이란

카운슬링이라는 것은 「언어적 및 비언어적 커뮤니케이션(communication)을 통해서 행동의 변화를 시도하는 인간관계」를 지칭한다(國分 2001). 즉 말뿐만 아니라 경청의 자세나 아이컨택(eye contact)공감에 순응하는 등의 비언어적인 것도 카운슬링의 요소가 되는 것이다. 이러한 점에 있어서 카운슬링은 일반적으로 생각되는 것보다도 폭넓은 범주를 가지는 것이며, 이로 인해 어떠한 말과 행동에도 카운슬링적인 요소가 있고 그 효용과 작용이 기대될 수 있으며 반대로 손해 볼 가능성도 있다.

3.3 삼림을 이용한 카운슬링의 의의와 가능성 : 장·단점

통상 카운슬링 공간은 특정한 상담실이나 사용하지 않는 회의실 등「조용하며 프라이버시(privacy)가 확보되고 안정된 공간」에서 실시되는 경우가 많으며, 일반적으로는 실내 공간이다.

그러나 고객(고민이 있어 상담하러 온 사람)이 문제를 갖게 된 장소 자체가 그 학교나 기업일 경우 고객은 자기의 스트레스를 받고 있는 환경에서 카운슬링을 실시하는 것이 된다. 또, 상담실은 외부로부터 프라이버시 확보는 가능하겠지만 밀실적(密室的), 한정적, 인공적인 환경이라고 말 할 수 있을 것이다.

여기에서 삼림을 이용한 카운슬링은 카운슬링 환경의 위치를 설정하는 것 또는 1개의 카운슬링 형태로 제안된다. 마찬가지로 해변에서의 카운슬링, 고원에서의 카운슬링 등도 생각할 수 있다. 삼림 내에서 카운슬링 실시의 의의로서 다음의 8개가 주로 언급된다.

① 전지효과(転地効果)

상담의 이점으로는 우선 일상공간. 스트레스를 받고 있는 장소로서의「전지효과」가 있다. 게다가 자연 속에 몸을 두는 것은 평소의 생활에서는 의식하지 않는 자기 자신(自己)에 대한 재인식·재발견을 촉진시킴으로써「심리적인 전지요법」의 효과도 기대된다.

② 카운슬링 공간으로서의 삼림

건물이나 실내의 인공적인 공간에서 집밖으로 나가 삼림이라는 자연환경에 들어감으로써 리프레쉬감(refresh感)을 고객과 상담원이 함께 얻을 수 있을 것이다. 맑고 깨끗한 공기나 바람을 맛보며 수목과 관목, 화초에 온몸이 둘러 싸인채로 들새나 벌레소리에 귀를 기울이며 나뭇잎 사이로 비쳐드는 햇빛을 바라보고 숲의 향기를 느끼며(확실히 천연의 아로마 효과이

다) 사계절의 변천을 피부로 느낄 수 있는 등 숲만이 가능한 어메니티(amenity) 작용을 그대로 카운슬링 환경 또는 촉매로서 이용할 수 있는 것이 큰 특징이며 잇점이다.

특히 도시환경에서 직장을 가지고 심신에 만성적인 피로감을 안고 있는 도시 비즈니스맨에게는 삼림에서의 상담이 효과적일 것으로 추측된다.

③ 삼림환경이 카운슬링에 미치는 영향

상담원과의 거리를 둘 수 있다. 특별히 이야기를 하지 않아도 삼림의 풍경을 상담원과 고객이 함께 바라보고만 있어도 상호간의 심신에 무엇인가를 누릴 수 있다. 또한 상담에 있어서의 새로운 실마리, 힌트를 얻을 수 있는 경우도 있을 것이다.

④ 기분·심리 변화의 지표로서의 삼림

고객의 기분이나 마음이 삼림의 경치나 경관에 의해 변한 경우 이로부터 고객의 의식변화 지표로서 삼림환경의 활용이 가능하다. 또, 상담장소를 삼림내로 고객이 선택할 경우 그 장소를 선택하는 것이 그 때의 고객의 몸과 마음의 상태를 투영하고 있다고도 받아들일 수 있다. 예를 들면, 첫 회에서는 타인이 보이지 않는 장소에서의 카운슬링을 희망하고 그러한 장소를 자기상담장소로 설정한 고객이 다음 상담시 다른 사람이 보이고 다른 사람도 자신이 보이는 장소로 이동해 나가는 경우 등은 고객의 심리적 상황 변화 중 하나의 표출로 받아들여질 수도 있다.

⑤ 산책의 효과

산책하는 것 그 자체에도 신체·생리적인 효능이 있다. 걷는 행위는 신체나 정신질환의 재활요법에서 간편하게 가장 많이 사용되는 방법이다. 경사, 기온의 변화 등 임내의 환경을 주의하면서 걷는 것은 인지, 평형감각 등 전신기능의 각성, 활성화를 촉진한다.

또, 산책에 따른 장소의 이동이나 장면의 변화, 풍경, 경관, 지형의 변화 등을 체감함으로써 기분전환과 발상의 전환, 문제해결에 대한 힌트 등에 적당한 자극을 얻을 수 있다. 큰 스트레스나 심리적 외상을 입은 고객의 경우, 안구운동을 통한 스트레스 경감이 되는 EMDR법을 시도하는 경우가 있는데, 숲 환경에는 다양한 시각적 요소가 있고 그 곳을 바라보는 것이 EMDR의 효과와 동일한 결과를 얻을 수도 있을 것이고, 무엇보다도 걷기, 발걸음을 옮기는 것은 그렇다하더라도 그 장소부터 전진해나가는 것은 능동적인 기분과 정신 상태로 이끄는 효능을 가지고 있다.

⑥ 개방성: 「자연체」의 자세 촉진

삼림환경에서는 건물과 방과 같은 실내공간에서의 얽매임이 없고 고객에게도 「있는 그대로」나 「자연체(自然体)」의 자세를 보다 촉진시키기 쉽다. 또 실내보다 개방도와 자유도가 높고 카운슬링에 대한 「긴장감」, 「자세」가 완화된다.

⑦ 상담원과의 관계 개선

상담원과 고객이 함께 삼림내의 공간, 장소를 공유함으로써 라포(영어표기, 신뢰관계)가 구축되기 쉬우며, 「상담원」, 「고객」라는 상호간의 벽, 울타리가 낮아져 대화가 활성화되기 쉽다.

⑧ 상담원으로서의 삼림

삼림환경 그 자체가 말이 없으면서도 카운슬러의 역할을 하는 것도 삼림을 활용한 카운슬링의 큰 매력이다. 특히 옛날부터 화조풍월(花鳥風月 ; 꽃과 새, 바람 및 달)과 친숙하였던 일본인에게는 자연의 바람이나 낙엽, 생물의 모습 등 자연의 흔적들이 때로는 평범한 상담원의 응대나 말보다 더 큰 의미를 갖고 말을 걸어 영향을 끼칠 수 있을 것이다.

또, 이상의 것과는 반대로, 삼림산책에는 단점도 많이 있다. ①날씨에 좌우되어 날씨의 변화가 심리상태나 상담 그 자체에도 영향을 미친다. ②고객이 안고 있는 문제들을 산만하게 하여 문제점에 대한 초점을 좁히기 어렵게 만든다. ③삼림과 친분이 없는 고객에게는 거부감이 들 수 있다. ④삼림내 벌레와 거미줄, 어수선한 풍경 등이 고객에게 불쾌감을 줄 수 있다. ⑤고객이 이성인 경우 카운슬링 그 자체가 변용된다.

3.4 삼림을 이용한 카운슬링 방법

삼림환경을 활용한 카운슬링 방법으로는 ①상담원과 고객 2명이 숲을 거닐며 혹은 삼림환경 속에서 통상적인 상담을 하는 방법(사진 3.1 A, B), ②혼자 삼림을 거닐며 혹은 삼림환경 속에서 혼자서 자신의 감정이나 심리상태, 자신이 안고 있는 문제의 현상변화를 스스로 기록하여 자기변모를 해 나가는 방법(사진 3.1 C, D), ③그룹으로 진행하는 카운슬링 즉, 같은 고민을 서로 나누는 그룹이 삼림 내에서 실시하는 그룹 카운슬링(사진 3.1 E, F)이나 집단의 목적을 수행하기 위해 행동, 작업을 실시하는 구성적 그룹 인카운터(SGE) 등의 기법이 있다.

지금까지는 고등학생, 교사, 은둔형 외톨이인 젊은이, 우울증이 있는 샐러리맨, 주부 등을 대상으로 한 삼림상담 보고가 있으며, 그 효과로서 자기 수용도의 향상이나 갖고 있는 고민·문제에 의한 스트레스, 불안감, 조바심의 완화, 불면이나 식욕의 개선 등이 인정되고 있다. 정신건강의 일환으로서도 향후 기대할 수 있는 분야이다.

【사진 3.1】 삼림환경을 활용한 카운슬링

고객과 상담원의 1 대 1 카운슬링(A, B), 숲에서의 자기(1인) 상담(C, D), 그룹 카운슬링(E, F)

3.5 삼림 카운슬링의 효과

삼림 카운슬링의 효과로서는 참가자의 고민을 감소·완화하거나 자기 자신을 받아들이는 「자기 수용도」가 향상되고, 그룹 조우(encounter)의 효과로서는 커뮤니케이션 의욕·능력, 팀워크 등이 향상되는 것이 보고되었다(上原 (2003a)),

개별 임상 사례에서는 경증의 우울증이 있는 고객을 대상으로 삼림산책을 하면서 상담을 한 결과 식욕과 수면 건전화, 자기수용 및 자기긍정감 촉진 등이 인정된 사례가 있으며(上原 (2008)), 아스퍼거(asperger) 장애[1](고기능성 자폐증)를 가진 고객 사례에서도 삼림 산책을 하면서 상담을 정기적으로 실시한 결과 자폐성 완화와 커뮤니케이션 능력이 향상되었다(Uehara et al.(1999)).

삼림환경은 복지·의료·상담 각 분야의 고객을 받아들이는 「수용환경」으로서의 의의를 가지며, 삼림요법은 느긋한 시간 축 안에서 정신, 신체 양면에 대한 효과를 가지고 있을 것으로 기대된다.

또 지금까지의 경험으로는 실내상담에서는 고객의 단순한 고민, 예를 들어 현재 가지고 있는 일, 일을 할 수 없음, 직장내 사람들과 잘 맞지 않는다는 등의 상담이 많았으며, 삼림상담에서는 훨씬 오래전 어린 시절을 회상하거나 사실 조종사가 되고 싶었다고 회고하는 등 시간을 거슬러 올라간 감정을 표출하는 경우가 많았다. 말하자면 실내에서는 그 고객의 표면적, 표층적인 고민의 토로가 많았으나 삼림에서는 심층적, 본질적인 감정이 표출되는 경향이 많았다.

이러한 점에서 삼림에서는 보다 개방된 자신을 체현(体現)할 가능성이 있음을 보여주고 있다. 그 이유를 생각해 보면 말을 사용하는 카운슬링과는 달리 수목, 삼림이 무언인 것, 말을 하지 않는 기본적인 환경요소도 크게 작용하고 있다. 삼림환경은 복지·의료·상담의 각 분야의 고객을 받아들이는 「수용환경(受容環境)」으로서의 의의를 가지며, 삼림요법은 느긋한 시간 축 안에서 정신, 신체 양면에 대한 효과를 가지고 있을 것으로 기대된다.

---

1) 사회적으로 서로 주고받는 대인관계에 문제가 있고, 행동이나 관심 분야, 활동 분야가 한정되어 있으며 같은 양상을 반복하는 상동적인 증세를 보이는 질환이다. 이런 특성들로 인해 사회적으로, 직업적으로 어려움을 겪게 되지만, 두드러지는 언어 발달 지연이 나타나지 않는 전반적 발달 장애의 일종이다. 아스퍼거 장애는 자폐증과는 달리 어린 시절에 언어 발달 지연이 두드러지지 않는다는 특징이 있다. 그러나 정상 언어 발달을 보여도 현학적이거나 우회적인 언어를 사용하는 경향이 있어 의사소통의 실용성 면에서 어려움을 보인다.

3.6 카운슬링을 실시하는데 필요한 능력

카운슬링을 하는데 있어 우선적으로 필요한 것은 상대: 고객의 존재와 그 생각, 주된 증상, 자신의 주관, 판단 등을 우선 있는 그대로 받아들이는 능력=수용력이다. 또, 고객의 이야기에 귀를 기울이는 경청 능력도 중요하다.

카운슬링은 뭔가 정확한 조언을 받을 수 있는 것으로 생각하는 고객이 많을지도 모르지만 기본적인 카운슬링의 자세는 고객과 함께 고민하고 문제를 안고 함께 해결책을 생각하는 것이다.

3.7 삼림을 활용한 심리 카운슬링 사례

아래에 삼림을 활용한 카운슬링 사례 5가지를 소개한다.

3.7.1 삼림공원을 이용한 도시부 비지니스맨을 대상으로 한 사례

생활습관병의 예방이나 복지, 의료분야에서 이용의 일환으로 삼림욕과 삼림요법도 기대되고 있다. 또, 정신건강, 건강한 마음 만들기에 있어서도 삼림여건이 지닌 보건휴양기능은 크게 기대되고 있다. 삼림산책을 실시함으로써 우울감, 초조감, 불안감 등이 낮아지고 상쾌감이 높아지는 심리적 효과가 있다는 것 등도 보고되고 있다.

연간의 자살자 수가 현재 3만명 전후라고 하는 일본에서 멘탈헬스(mental health, 정신건강)는 사회적으로도 중요한 과제 가운데 하나이다. 특히 도시환경에서의 비즈니스맨에게 정신건강의 필요성은 높고 종업원 1000명 이상의 대기업 가운데 80%의 기업에서 정신건강이 불안전함에 따라 1개월 이상의 휴직자가 있었고 기업 전체를 봐도 과거 5년간에 약 8할의 기업에 있어 정신건강의 불완전자가 증가하고 있는 경향이 나타나고 있다. 또, 「노동안전위생법」이 2006년 4월부로 개정됨으로써 과중 노동자는 의사에게 면접지도를 받도록 의무화되었고 특히 정신건강의 케어(care)에 대응하는 면접지도가 의무화 되었다. 출근 거부 경향이나 업무 지속성의 저하, 조퇴 빈발 등에는 직장 환경의 문제뿐만 아니라 개인의 문제도 영향을 미치고 있으며 일상의 생활공간에서 벗어나 자연공간에 머무는 것은 심리적인 전지효과가 기대되며 그 환경의 하나로서 삼림환경도 기대되고 있다.

따라서, 본 사례는 도시지역의 기업에서 일하는 비즈니스맨이 도시 교외의 삼림에서 「삼림에서의 하루 휴양」을 실시함으로써 어떤 심리적인 효과를 얻을 수 있고, 또 그 결과로부터 기업은 정신건강에 대한 하나의 방책으로서 삼림환경 이용을 고찰하는 것을 목적으로 하였다.

(1) 사례의 대상과 평가 방법

사례의 대상은 오사카시(大阪市)의 중앙부에 위치하는 기업(종업원수 약 200명)이다. 사내 공모를 통해 삼림을 활용한 정신건강 워크숍에 12명(남녀 각 6명)의 참가 희망자를 모았다. 참가자는 회사의 출근 거부 경향이나 경도의 우울증 경향 사원이 포함되어 6월 중순에 워크숍을 실시하였다.

워크숍 전후로는 사카노(坂野) 외(1994)에 의한 기분조사표를 기입하고 워크숍 종료 후에는 워크숍을 열어 자체 평가를 하였다.

사카노 외(1994) 기분조사표는 현재의 긴장도나 흥분도를 나타내는 「긴장과 흥분」, 기분의 맑음과 쾌적도를 나타내는 「상쾌감」, 현재의 피로도를 나타내는 「피로감」, 마음의 우울 경향을 나타내는 「우울감」, 그리고 현재나 장래에 대한 불안감을 나타내는 「불안감」의 5개의 척도로 구성하여 각각 4단계로 평가하였다.

워크숍 후의 자기평가는 「자기가 가지고 있는 고민이나 문제」, 「컨디션」, 「삼림에 대한 자세」, 「삼림에서의 대화는 실내와 비교해서 어떠했는지」, 「팀워크」, 「자기긍정감」이 워크숍의 전에 비해 어느 정도 변화를 했는지를 각 항목에 대해 -2에서 +2로 각각 5단계로 평가한다. 덧붙여 워크숍을 실시한 후에는 각각의 참가자로부터 워크숍에 대한 감상을 들었다.

(2) 워크숍의 장소와 방법

워크숍의 장소는 오사카시(大阪市)의 중심부로부터 전철로 1시간 정도의 거리에 있는 나라현립(奈良県立) 야타야마(矢田山) 삼림공원으로 하였다. 이 공원을 선정한 이유는 공원 내에 삼림뿐만 아니라 연못과 광대한 초지도 있어 공간적인 다양성을 즐길 수 있고 임내에는 산책로도 있어 평온한 환경을 확보할 수 있다고 생각했기 때문이다. 야타야마 삼림공원의 면적은 약 282 ha로 1996년에 국유림으로부터 매수하여 만들어진 삼림공원이다. 주요 수종구성은 졸참나무림 40%, 편백·삼나무림 30%, 소나무림 10%, 죽림 5%, 모밀잣밤나무림 2%, 초지 13%이다.

워크숍의 내용은 현지 일정 설명 후 기분조사표를 먼저 기입하였다. 기분평가표 기입 후에는 활동 할 야타(矢田)산 삼림공원의 개요를 설명하고 가이드 워킹(guide walking)을 하여 참가자에게 삼림환경의 개요를 파악하게 하였다(사진 3.2 A). 이 후 자신이 안정될 수 있을 거라고 생각하는 나무밑을 정하고 그 자리에 드러누워 자연의 소리에 귀를 기울이며 조용히 약 30분간 휴식하였다(사진 3.2 B). 다음은 공원 내의 나무 수간, 수피를 만지며 자신과 「상성(相性)이 좋은 나무」를 찾고(사진 3.2 C), 나무가 발견되면 기대어 다시한번 조용하게 시간을 보내는 프로그램을 30분간 진행했다(사진 3.2 D). 그 후 또 다른 곳으로 이동하여 그 임분 속에서 「차분해지는 장소」, 「치유받는 장소」 등을 각 개인이 찾아 그 장소에서 혼자서 현재 내가 안고 있는 과제나 자기 자신을 돌아보는 숲에서 자기 카운슬링을 30분간 하였다(사진 3.2 E). 이상의 프로그램을 실시한 장소의 수종은 느티나무, 단풍나무, 졸참나무, 산벚나무, 마로니에, 때죽나무 등의 활엽수이다. 오전 중 마지막으로는 오전 중 프로그램의 「돌이켜 보기」를 하고 감상을 표현하였다. 점심 후에는 4명씩 한 그룹으로 구성하여 각 그룹별로 「숲에서의 새로운 발견」과 「치유되는 장소」를 삼림공원 내에서 찾고(사진 3.2 F) 그 후 각 그룹이 찾은 장소를 서로 소개하고 참가자 전원이 그 장소를 체감하는 프로그램을 실시하였다. 오후의 프로그램을 실시한 곳의 수종은 삼나무와 활엽수의 혼효림이었다. 마지막으로 워크숍을 전반적으로 돌이켜 보면서 다시 기분조사표를 작성하고 워크숍에 대한 자체 평가를 하였다.

전체적으로 1일의 프로그램 흐름은 오전 중은 가이드 워킹으로부터 시작하여 삼림환경에 대한 불안감을 완화시키면서 도입하였고, 다음은 평온한 휴식으로 심신의 휴양을 도모하는 것을 목적으로 하였다. 그 후, 자기 카운슬링도 포함하여 오전중은 혼자서 보내는 시간을 많이 마련하여 자신과 평소생활을 돌이켜 볼 수 있도록 하는 것을 목적으로 하였다.

오후에는 그룹단위로 이동하면서 임내 산책이라는 운동과 함께 집단 내에서 타인을 이해하고 자기이해를 촉진시키는 것을 목적으로 하였다.

(3) 워크숍에 의한 참가자의 변화

워크숍 전후의 참가자의 기분조사표의 평균값은 그림 3.1과 같다.

워크숍 후에는 긴장과 흥분, 우울 상태, 불안감의 3가지 척도로 감소가 인정되었고 t검정 결과 유의차도 인정되었으며($p<0.01$), 피로감 감소의 폭은 타 척도보다는 적었지만 이것은 당일 오후에 상당히 무더운 날이었으며 숲속의 이동이 많아 피로감이 완화되지 않았던 때문이라고 생각되어졌다.

이 워크숍에서는 불안감 완화가 가장 현저하게 나타난 특징으로 워크숍 후에는 약 1/10

이하까지 감소하였다. 또, 상쾌감은 워크숍 전에는 마이너스 값이었지만 워크숍 후에는 플러스가 되었다.

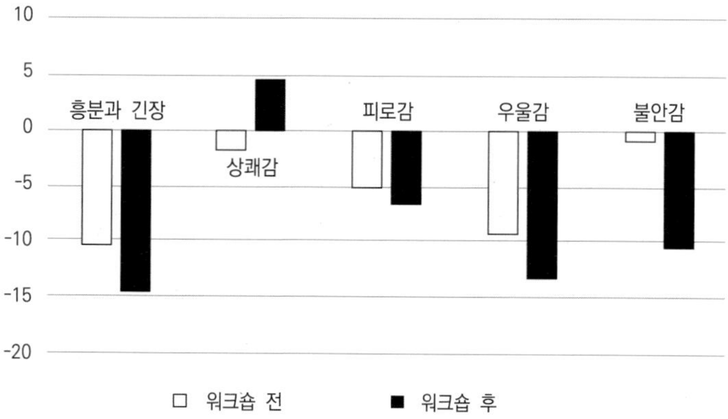

【그림 3.1】 워크숍 전후 기분평가의 변화(n = 12)

【사진 3.2】 삼림을 활용한 멘탈헬스(정신건강) 워크숍

삼림공원 내 가이드 워킹(A), 휴식(relaxation) 풍경(B), 자신과 기질이 잘 맞는 나무를 찾는 프로그램(C), '자신과 기질이 잘 맞는 나무'와 지내는 모습(D), 임내에서의 자기상담(E), 그룹에서 '치유의 장소'를 찾는다(F).

(4) 워크숍 후 참가자의 평가

워크숍 후의 참가자의 자기평가 평균치는 그림 3.2와 같다.

어떤 항목이던지 플러스 평가가 이루어졌지만 그 중에서 가장 높은 수치였던 것은 「삼림에서의 대화」였으며, 이에 대한 개개의 의견으로는 「말이 활기를 띠었다」, 「화기애애했다」, 「같은 직장 내에서도 평소 별로 이야기를 한 적이 없었던 상대와 자연스럽게 이야기할 수 있었다」, 「업무중에는 인지하지 못하였던 상대의 다른 측면을 알 수 있었다」등의 코멘트가 있었고 「팀워크가 높아졌다」라는 평가가 이어졌다.

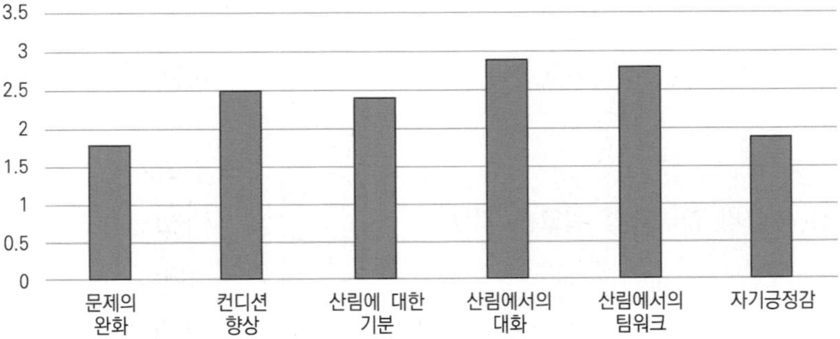

【그림 3.2】 워크숍 후 자기평가의 평균치(n = 12)

그룹워크에서는 그룹 내의 타인에 대한 이해, 자기 이해의 촉진을 도모하는 것이 목적인 것이 많으며 전술한 평가에서는 그 목적을 삼림환경 내에서 자연스럽게 실시하는 것이 가능해졌음을 알 수 있다.

이러한 결과로부터 도시의 직장에서 벗어나 때로는 숲에서 지내는 날을 지정하는 것은 사원의 정신 건강은 물론 직장의 분위기도 좋게 하고 이를 기반으로 기업에 있어서도 긍정적인 효과가 기대되는 것이 추측되었다.

그러면서도 오전에는 개인적으로 시간을 보내는 것이 중심이었으며, 오후에는 그룹 중심의 프로그램으로 그 유형 차이에 따른 기분변화나 릴렉스(relax) 효과의 차이에 대해서는 고찰하지 못하였다. 또 자신이 갖고 있는 고민이나 문제의 완화, 자기 긍정감의 변화에 대한 평가는 그룹 관련에 대한 평가에 비하여 낮았다. 이러한 점에서 개인 중심의 프로그램 실시방법을 비롯하여 개인 중심에서 그룹 중심의 프로그램으로 바꾸는 것, 또 그 효과의 연결 등에 대해서도 향후의 워크숍 형식을 검토하는데 있어서 과제라고 생각된다.

(5) 워크숍의 정리

도시지역 기업에서는 본격적인 삼림환경에서의 휴양을 일상적으로 즐기는 것은 당연히 어렵다. 따라서 본 사례와 같은 도시공원이나 각 지역에 흩어져 있는 사찰림 등을 활용한 산책 등에서 단기의 휴식을 취하는 것이 가능한 방법이라고 생각된다. 이번 1기업의 사례에서 볼 수 있었던 것처럼 정기적으로 교외의 숲을 접하는 기회를 회사가 사원에게 만들어 제공하고 교외의 숲에 단기의 전지 휴양을 위해 정기적으로 가는 것도 하나의 가능성이 될 수 있다는 것이 본 사례에서는 제시된 것이라고 생각된다.

또, 회사에서는 향후에 사원들의 여행이나 휴양환경으로서 숲에 갈 수 있도록 구상하고 있다. 그 때에는 어떠한 삼림환경이 있는지에 대한 정보와 숲의 안내를 해 주는 인재의 제공이 필요하며 이러한 조건을 기업에 제공할 수 있는 시스템도 향후 중요하게 될 것이라고 생각한다.

3.7.2 교원 대상의 삼림요법 워크숍 시행

학교에서 일하는 교원의 스트레스는 높으며 그 스트레스 완화와 동시에 일상 공간을 떠나 일상생활과 자신을 조용하게 되돌아볼 기회도 필요하게 되어 삼림환경이 그 하나의 장소가 될 것으로 기대되고 있다.

2015년도 전국의 공립학교 교원의 한 달 이상 휴직자수가 5000명이 넘는 것으로 확인되었다((그림 3.3)(문부과학성(2015)). 또, 병을 이유로 휴직중인 교원 중 정신질환으로 휴직하고 있는 비율이 60%를 넘었다(그림 3.4). 이와 같이 오늘날에는 정신적 질환이나 스트레스 때문에 몸 상태가 나빠지는 교원의 수가 많음을 알 수 있다.

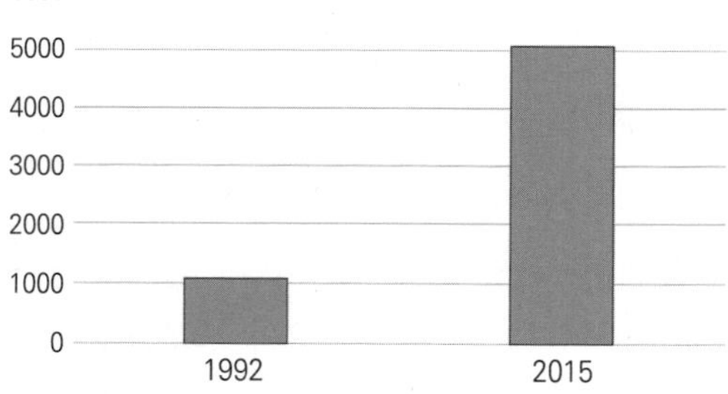

【그림 3.3】 공립학교 교원의 정신질환에 의한 휴직자수(인)
문부과학성(2015)

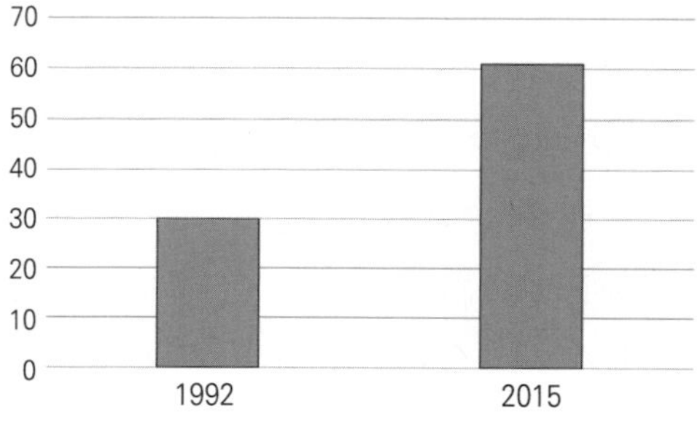

【그림 3.4】 질병으로 인한 휴직자 중 교원의 정신질환 휴직자 비율(%)
문부과학성(2015)

또, 그 교원이 가진 스트레스의 원인은 지도하는 학생이나 그 보호자, 또 직원 간의 인간 관계인 것이 특징이라고 한다. 따라서, 이러한 일상적인 장소를 떠나 자신에 대한 자신감, 자존심, 자기긍정감을 높이고 일상생활과 자기 자신을 조용히 천천히 되돌아 볼 기회가 필요하다. 그 전지(転地)의 장소, 일상생활과 자신을 되돌아보는 평온한 장소의 하나로서 삼림환경을 생각할 수 있으며 이를 기대하는 의향이 있는 것으로 확인되었다. 2003년에 나가노현(長野県) 사쿠(佐久)지역의 고교 교원 273명을 대상으로 실시한 설문에서는 삼림요법이 교원의 정신건강에 효과가 있다고 75%이상의 교원이 답하였다(그림 3.5).

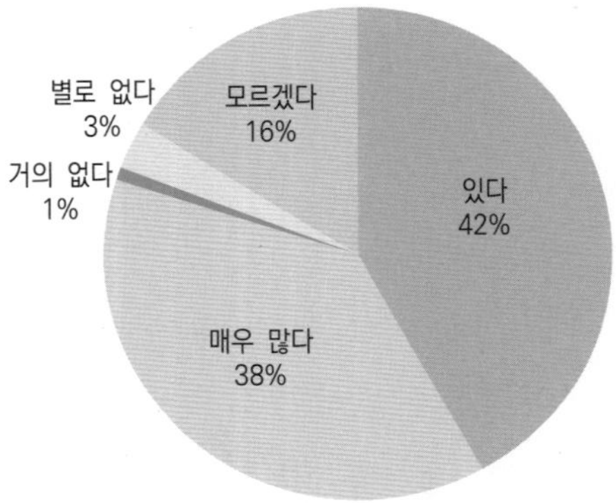

【그림 3.5】 「교원의 정신건강에 삼림체험은 효과가 있다고 생각하는가?」의 설문 응답 결과(%)

나가노현립 고교 교원 273명을 대상으로, 우에하라(2003b)

따라서, 본 사례에서는 공립중학교 1곳과 공립고등학교 2곳으로부터 삼림을 활용한 정신건강 및 카운슬링 워크숍 의뢰를 받아 교원을 대상으로 한 삼림요법의 가능성을 고찰하였다. 워크숍의 내용은 숲에서의 카운슬링으로 재충전 하는 방법을 배운다 라는 취지였다. 워크숍은 모두 3시간 정도로 의뢰한 학교의 인근 숲에서 진행하였다.

(1) 공립중학교의 교원 대상 사례

먼저 워크숍에 대한 개요를 설명하고 스트레칭·경체조, 삼림산책을 시행한 후(사진 3.3 A, B), 임내에서의 휴식(사진 3.3 C), 수간의 감촉이 좋은 수목을 찾아보고 그 수목에 기대어 보내는 「자신의 나무와 보내기」 프로그램(사진 3.3 D, E), 숲 속에서 혼자 보내며 진행하는 「자기 카운슬링」의 차례로 시행하였다.

또, 교원측의 희망에 따라 스트레스 수치의 변화 척도로서 타액 아밀라아제 측정과 기분

변화로서 사카노 외(1994)에 의한 기분조사표의 기입을 워크숍의 전후에 각각 측정하였다.

워크숍은 10월에 야마나시현(山梨県) 기타토시(北杜市)에서 진행하였다. 본 센터에는 녹지와 잡목림이 있고, 워크숍은 낙엽 활엽수림인 곳에서 실시하였다. 참가자는 시내의 A중학교 교원 11명이었다.

워크숍 전후의 타액 아밀라아제와 기분변화의 결과는 각각 그림 3.6, 3.7에 나타냈다.

타액 아밀라아제 변화는 워크숍 이후 수치가 약간 올랐다는 참가자가 6명, 수치가 떨어졌다는 참가자가 5명이었다. 전체의 평균치는 실시 전이 68(±73), 실시 후가 38(+18)로 약 1/2로 수치가 내려가는 결과가 나타났다. 또, 실시전의 개인차의 격차가 크고 표준 편차는 실시 후의 4배 이상이었다.

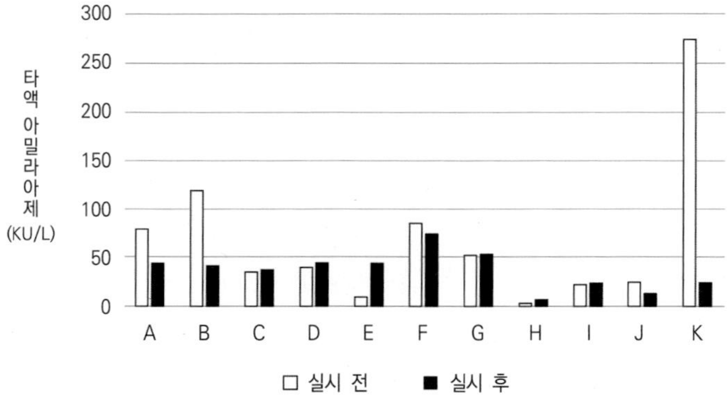

【그림 3.6】 워크숍 전후의 타액 아밀라아제 변화

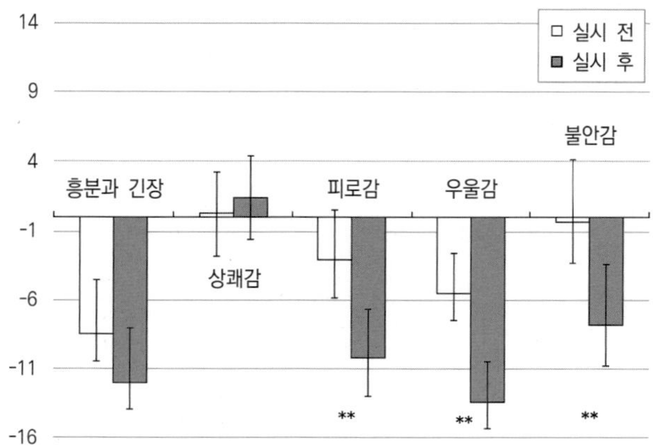

【그림 3.7】 워크숍 전후 기분평가의 변화

(**p<0.005, n=11)

기분조사표의 변화에서는 「피로감」, 「우울감」, 「불안감」 등에서는 현저하게 감소를 보였으며 각각 유의차가 인정되었다($p<0.005$). 그러나 「상쾌감」에서는 약간의 상승만 있었으며 「흥분과 긴장」의 항목에서도 감소는 하였으나 유의차는 인정되지 않았다. 이러한 변화의 요인으로는 워크숍을 실시하던 중에 휴대전화가 울리고 큰 소리로 전화를 받은 참가자가 있거나 숲 속에서 필기용구를 떨어뜨리고 그것을 찾을 때까지 안정되지 않았던 대상자가 있었던 점이 영향을 미쳤다는 것이 참가자 자신의 소감에서도 나타났다.

【사진 3.3】 공립중학교 교원의 워크숍

삼림산책(A, B), 수관 밑에서의 릴렉세이션(C), 「자신의 나무와 보내기」프로그램(D), 숲속에서의 자기 카운슬링(E)

(2) 공립고등학교의 교원 대상 사례

① 11월에 나가노현의 A고교 교원 26명을 대상으로 워크숍을 실시하였으며, 장소는 학교 인근 신갈나무림과 낙엽송림이었다.

워크숍 전후의 타액 아밀라아제 변화와 기분평가의 평균치 변화는 각각 그림 3.8, 3.9에 나타냈다.

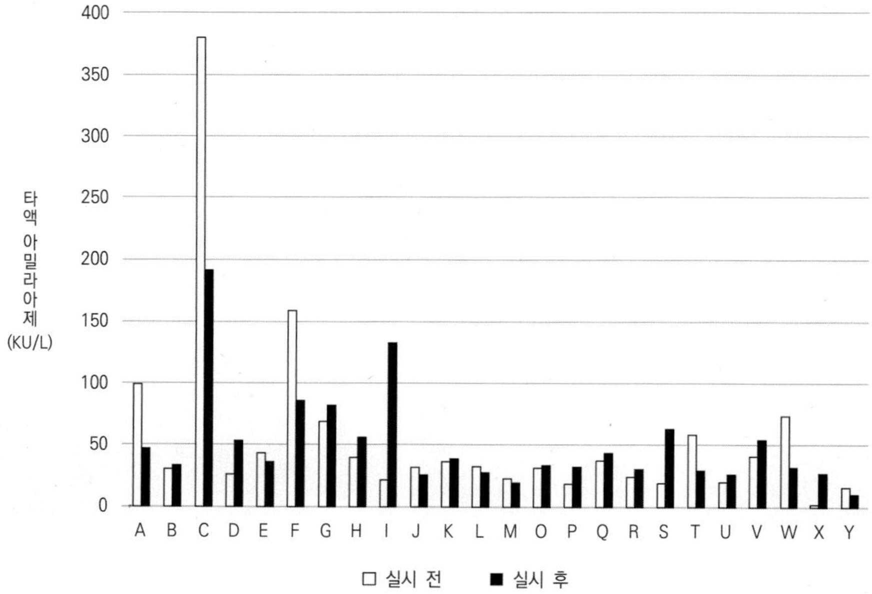

【그림 3.8】 워크숍 전후의 타액 아밀라아제 변화

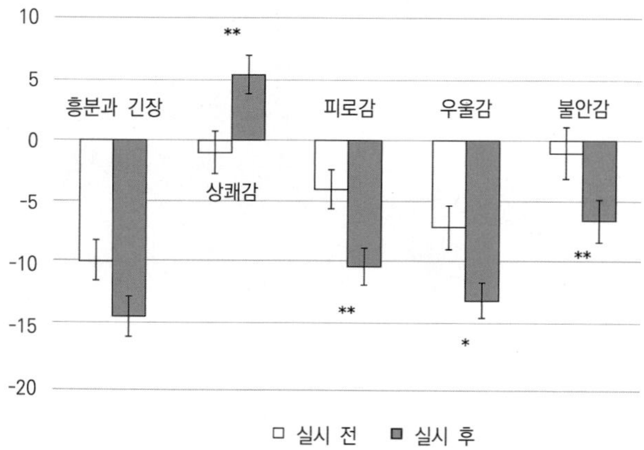

【그림 3.9】 워크숍 전후 기분평가의 변화

(*p<0.01, **p<0.005, n＝24)

타액 아밀라아제 수치 변화를 살펴보면, 24명의 피험자 중 워크숍 실시전보다 수치가 증가한 참가자가 14명, 감소한 참가자가 10명이었다. 그 이유는 워크숍 전 타액 아밀라아제를 측정한 고등학교의 실내(보건실 내)는 평균기온 18℃, 평균습도 약 45%인데 반해 삼림환경에서는 평균기온 9℃, 평균습도 약 60%로 9℃ 이상의 온도차가 있었음을 생각할 수 있었다. 타액 아밀라아제 전체 평균치로는 워크숍 실시 전 56(+76.3), 실시 후 50.5(+39.6)로 약간 감소하였다. 앞에서 기술한 중학교 교원 대상 워크숍과 동일하게 실시 전 개인차의 격차가 크고 표준편차는 실시 후의 약 1.9배였다.

기분평가에서는「상쾌감」은 실시 전보다 몇 배로 상승하였으며 반대로「피로감」,「우울감」,「불안감」 항목은 1/2 이하로 평가치가 완화되었으며 각각의 유의차가 있었다(p<0.005).

② 6월에는 나가노현의 B고교 교원 20명을 대상으로 전술한 ①과 같은 신갈나무림과 낙엽송림에서 워크숍을 실시하였다. 워크숍 전후의 타액 아밀라아제 변화는 그림 3.10과 같다.

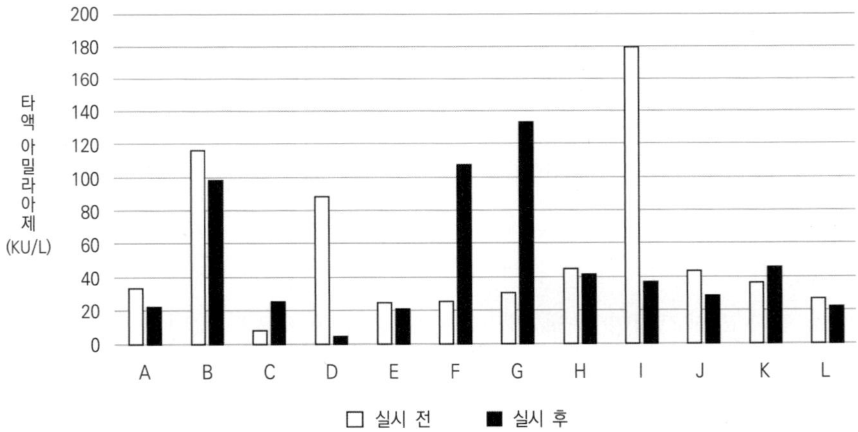

【그림 3.10】 워크숍 전후의 타액 아밀라아제 변화

피험자 12명 중 7명은 워크숍 후의 타액 아밀라아제가 낮아지고 5명은 상승하였다. 평균적으로는 워크숍 이전에는 54.4(+49.6), 워크숍 후는 48.4(+40.9)로 약간 저하된 것으로 나타났다. 당일 워크숍 전 타액 아밀라아제를 측정한 고교실내의 평균기온은 약 22℃, 평균습도 84%, 숲에서의 평균기온은 약 15도, 평균습도 91%였다. 또, 기분평가의 변화는 그림 3.11과 같다.

「상쾌감」 항목은 실시 전에 비하여 몇 배로 상승하고 반대로「피로감」,「불안감」의 항목에서는 1/2 이하로 감소하였으며 각각 유의차가 인정되었다(p<0.005).「우울감」 항목도 감소하였으며(p<0.01)「흥분과 긴장」 항목은 감소하였으나 유의차는 인정되지 않았다.

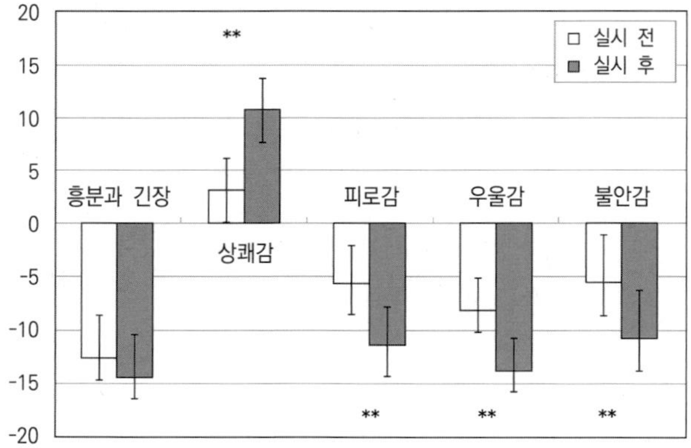

【그림 3.11】 워크숍 전후 기분평가의 변화

(**p<0.005, n = 12)

(3) 교원 대상 3개 워크숍의 공통점

이상 보고된 3가지 워크숍의 공통점으로는 다음과 같은 3가지 점이 제시되었다.

① 타액 아밀라아제의 변화에서 개인차에 따른 수치의 격차가 컸으며 삼림체험 후에 아밀라아제 농도가 높아지는 피험자도 4~6할 정도에 이르렀다. 이유는 삼림체험이나 검사 시의 상황을 비롯하여 피험자의 생활 습관. 신체적 능력, 당일 기상조건, 기온, 습도 등도 영향을 미치고 있다고 생각되며 타액 아밀라아제 참가자 평균치의 변화를 그림 3.12와 같으며, 표준편차는 삼림체험 후에는 감소하는 경향을 보였다.

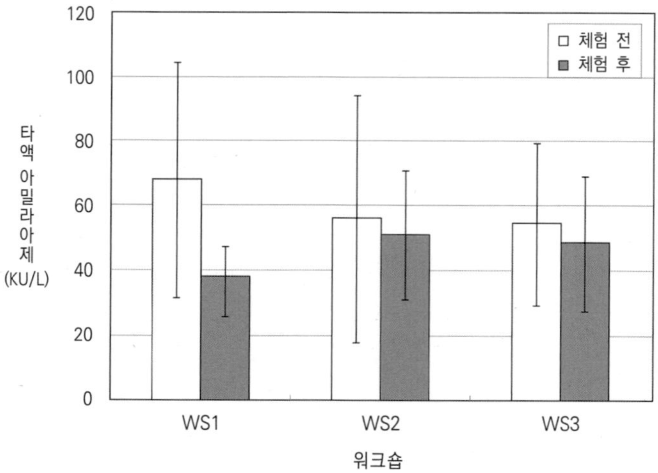

【그림 3.12】 참가자의 타액 아밀라아제 평균치 변화

② 기분 변화

피로감, 우울감, 불안감의 현상이 모두 현저하게 감소됨이 인정되었다. 이는 교직원의 정신건강을 위해 숲체험을 제공할 수 있는 가능성이 제시된 것으로 생각된다.

③ 행동면

참가자들의 숲에서 행동 패턴은 그룹 행동보다 임내에 흩어져 개개의 행동을 하는 시간이 많았던 것이 중학, 고등학교 교원 프로그램에서 공통적이었다.

워크숍 체험 후의 자유필기 감상평으로「평소 바쁜 학교현장을 떠나 편안한 기분이 들었다」,「평소 교무실에서 사이가 좋지 않은 선생님들끼리도 대화가 가능하였다」,「마음과 몸이 하나로 이어지고 있음을 재인식하였다」는 등의 감상이 많았고, 일상생활의 장과는 다른 곳에 몸을 두고 휴양하는「전지효과」도 많은 감상으로 나타났다.

기본적으로 일상적 대인 스트레스를 갖고 있는 학교 교원들은 환경을 바꾸어 조용하게 숲에서 휴양을 하고, 자기 자신의 개성이나 교직을 목표로 한 원점 등을 천천히 되돌아보는 시간이 필요하다. 워크숍 후 본 사례의 중학교나 고등학교의 직원회에서는 정기적으로「삼림요법의 날」을 마련하는 것도 기획되었다. 또한 양호실이나 상담에 자주 오는 학생을 워크숍 다음날에 삼림에 데리고 갔다고 하는 케이스도 그 후 볼 수 있었다.

삼림공원을 비롯하여 지역의 가까운 곳에 있는 삼림활용의 하나로서 이러한 교원을 위한 삼림요법의 기회를 갖는 것은 의의가 있으며 각 지역의 교육위원회를 비롯하여 지역행정, 임업행정에 의한 알선과 계몽 및 지원도 필요하다고 생각된다.

카운슬링에서의 삼림환경 이용은 막대한 선행투자나 특별한 환경조건을 필요로 하는 것이 아니라 이번 사례와 같이 생활 터전에 근접한 삼림환경을 이용하는 것도 가능한 것으로 보였다. 또한 이것은 교원뿐만 아니라 타 직종에 대해서도 동일하게 할 수 있는 것이다. 복리후생과 건강보험 등을 활용하면서 삼림요법에 대해서 많은 검토가 필요할 것이다.

3.7.3 가까운 녹지를 활용한 자기상담 사례

본 장에서는 도시지역 내 캠퍼스가 있는 대학 구내와 대학 인접 도시공원을 활용한 자기상담 가능성을 검토한 사례를 보고한다. 장소는 도쿄도 세타가야구(東京都世田谷区)에 있는 도쿄농업대학(東京農業大学) 구내와 대학과 인접한 승마공원(馬事公苑)(면적 8.5 ha) 2개소이다.

우선 교내 교실에서 참가학생은 현재의 컨디션과 스트레스를 -2부터 +2의 5단계의 평가와 사카노(坂野) 외(1994)에 의한 기분조사표의 기입을 각각 무기명으로 하였다. 그 후 도보(약 10분)로 승마공원(馬事公苑)을 갔으며 공원 내 녹지(졸참나무, 상수리나무, 팽나무, 층층나무 등 고목)에서 자기 카운슬링 시간을 50분간 실시하였다. 자기 카운슬링시에는 회수하지 않는 기입용지(표 3.1)를 배포하였다. 50분후에 다시 컨디션, 스트레스 평가와 기분조사표에 기입하고 각각의 용지를 회수하였으며, 유효 응답인원은 42명이었다(학생 평균연령은 20.2세).

교실과 승마공원(馬事公苑)에서 실시한 기분조사의 변화는 그림 3.13에, 컨디션과 스트레스의 변화는 그림 3.14에 나타냈다. 기분의 변화에서는 흥분과 긴장, 상쾌감, 피로감. 우울감, 불안감의 각각 척도에서 기분향상을 보였고 유의한 차이가 있었다($p<0.001$). 특히 상쾌감, 피로감, 불안감의 척도에서의 변화가 두드러졌다. 또한 컨디션, 스트레스 정도의 평가에서도 각각 개선된 평가를 볼 수 있어 유의차가 인정되었다($p<0.001$).

이러한 결과로부터 간편한 기분 전환의 하나이지만 가까운 녹지를 활용한 자기 카운슬링도 의미가 있음을 생각할 수 있었다.

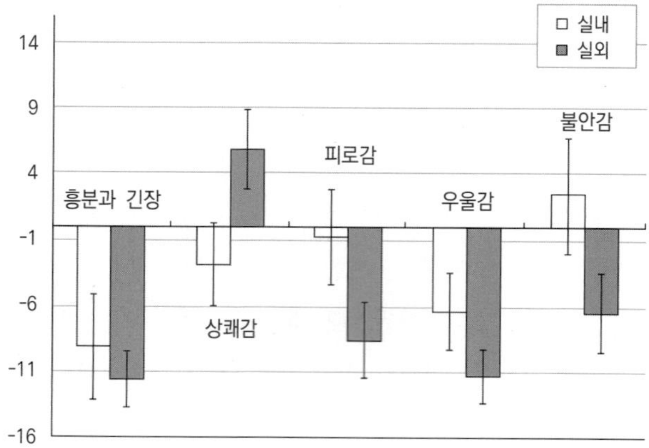

【그림 3.13】 실내, 옥외에서의 기분변화 비교

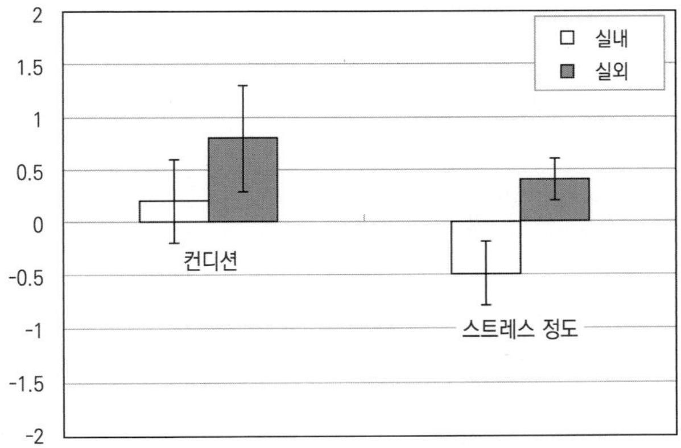

【그림 3.14】 컨디션과 스트레스 정도의 변화

【표 3.1】 자가 카운슬링 용지의 설문내용

- 자신이 편안한 장소를 자유롭게 찾아보세요.
- 자신이 그 장소를 선택한 이유는 무엇이었습니까?
- 반대로 어떤 장소를 선택하기 싫으셨나요?
- 지금 마음에 떠오르는 고민이나 문제, 과제 등을 써 보세요.
- 상기의 해결책을 생각나는 대로 써주십시오.
- 당신이 지금 생각하고 있는 것, 느끼고 있는 것에는 어떤 것이 있습니까?
- 지금 당신이 떠올리는 사람은 어떤 사람인가요, 또 그 사람의 어떤 점이 떠오르나요?
- 지금 선택한 장소가 어떤 장소였으면 좀더 치유될 수 있을까요?
- 지금 여기에 있는 자신을 어떻게 생각하십니까?
- 앞으로 평상시의 생활에서 해보고 싶은 것에는 어떤 것이 있습니까?
- 앞으로 평상시의 생활에서 어떤 자신이 되고 싶습니까?

3.7.4 도시의 삼림공원을 활용한 상담

지금까지의 카운슬링 연구에서 다양한 수법이나 접근방법이 검토되어 그 효과에 대해서도 다각적인 연구가 이루어져 오고 있으나 본 장에서는 도시녹지를 활용하여 정기적으로 산책을 하면서 카운슬링을 실시한 사례를 보고한다.

도시지역 여기저기에 흩어져 있는 삼림공원, 수림지, 녹지 등을 활용하여 매월 1~2회 정도의 정기적인 카운슬링을 직장 부적응으로 고민하는 남성 고객을 대상으로 1년간 실시하였다. 녹지에서의 산책을 시작으로 벤치를 활용하거나(사진 3.4) 옆으로 누워서 수관을 보면서(사진 3.5) 카운슬링을 실시하였다. 또 녹지에서의 카운슬링과 병행하여 실내 카운슬링도 실시하고 실내·외를 비교하여 보았다. 고객에게 상담 전에 녹지와 실내 양쪽에서 상담을 한다는 것을 설명하고 양해를 얻은 후 실시하였다.

약 1년간의 시간과 정기적인 카운슬링을 통해 고객은 자신이 직장 부적응으로 고민하였던 직장에 복귀하였다.

녹지를 활용한 카운슬링에 대한 고객들의 소감은 「수목의 매력, 신기함을 발견하였다」, 「숲은 세상의 움직임과 동떨어진 곳이다」, 「유아기의 기억을 비롯하여 자신의 모습을 되돌아볼 수 있었다」, 「삼림환경에서는 생각의 폭이 넓어진다」, 「내가 안고 있는 문제를 「사그러지게 한다」는 것이 가능하였다」 등이 있었다.

또, 실내 카운슬링에서는 「자신의 과제, 역할이 보다 명확하게 되었다」, 「앞으로의 예정이 신경 쓰인다」 등의 감상이 나왔다.

【사진 3.4】 카운슬링을 실시한 공원벤치

【사진 3.5】 누워서 올려다보는 수관

3.7.5 실내와 야외에서의 대화 비교

본 장에서는 실내와 야외에서 그룹 워크 효과 비교에 착안하여 조사를 하였다.

방법은 「정답」이 없으나 다양한 답변을 기대할 수 있는 과제를 몇 개정도 설정하고, 그 과제에 대해서 40~50대의 남성 5명, 여성 4명 총 9명이 실내 및 숲에서 브레인스토밍적으로 그룹으로 서로 이야기하고, 그 결과로부터 실내와 야외 대화를 비교하였다.

대화 전후에 참가자는 사카노(坂野)에 의한 기분조사표를 작성하였으며 표 3.2에 제시하는 4가지 항목에 대해 6단계에 의한 평가도 실시하고 실내와 숲에서의 대화 메리트를 각각 자유롭게 필기하였다.

【표 3.2】 실내와 야외에서의 대화 비교에 관한 질문

① 문제해결의 아이디어는 어느 쪽이 찾기 쉬웠습니까?
② 장소를 이동한 「전지효과」는 있었습니까?
③ 참가자의 표정은 어느 쪽이 좋았습니까?
④ 자신의 생각에는 어느 쪽이 발언하기 쉬웠습니까?

실내 장소는 도쿄농업대학(東京農業大学)의 세타가야(世田谷) 캠퍼스 내의 교실이었고 숲은 승마공원(馬事公苑)내의 나무 아래의 벤치였다.

그림 3.15는 실내와 숲에서의 대화 비교에 관한 참가자 평가 결과를 나타내고 있다.

문제 해결을 위한 아이디어, 대화의 장을 이동한 전지 효과, 참가자의 표정, 자신의 생각 발언을 평가한 결과, 모든 항목에 있어서 실내보다 삼림환경에서의 평가가 약간 높았다.

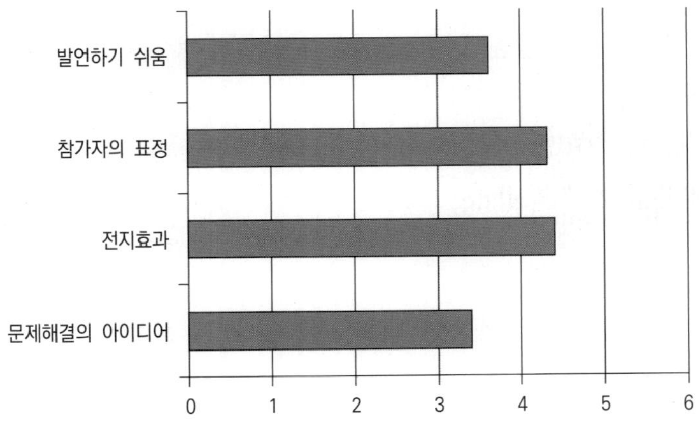

【그림 3.15】 실내와 삼림에서의 대화 비교평가

또 그림 3.16은 실내와 숲에서의 대화 전후의 기분 변화를 나타내고 있다.

특히 평가의 변화가 현저한 것은 상쾌감의 향상과 불안감의 저하였다.

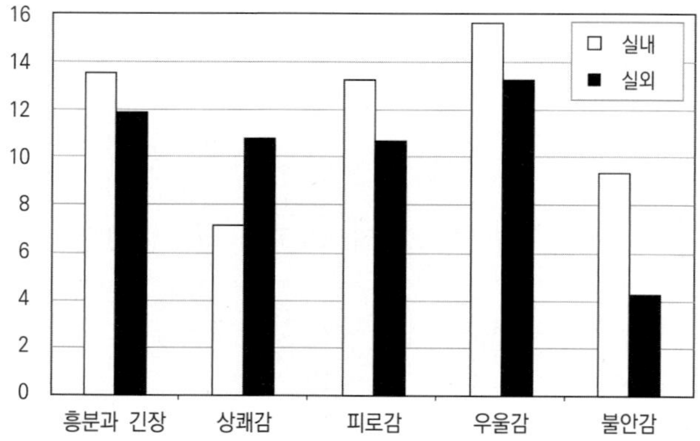

【그림 3.16】 실내와 삼림에서 대화 전후의 기분평가

참가자의 자유기술에서는 실내는 조용하고 잡음이 없어 집중할 수 있다. 또 야외에서는 외부환경으로부터 아이디어를 얻고 문제의 심각성이 완화되어 보다 긍정적일 수 있었다 등의 각각의 이점이 나왔다.

본 장에서는 직장에서의 카운슬링 워크숍이나 자기 카운슬링, 또 개별 카운슬링 사례 등을 보고하였으며 이러한 각 사례 공통점은 다음의 4가지이다. ①일상적인 공간에서의 전지효과, ②일상의 자기와 자기가 가지고 있는 문제의 객관화, ③스트레스의 완화, 확산, ④새로운 시점의 획득.

이러한 점들은 도시지역 삼림공원, 수림, 녹지 등에서도 볼 수 있었던 것이 특징이며 여기에 수목, 녹색 공간이 가진 어메니티의 힘을 볼 수 있었다.

숲의 다면적 기능의 중요성이 지목되어지면서 카운슬링을 대표로 하는 것과 같은 심리적 효용은 삼림환경이 가진 중요한 기능으로 향후 더욱 큰 의미를 갖게 될 것이다.

(上原 巖)

과제

(1) 도시부의 삼림환경을 활용한 상담과 지역 산간부의 삼림환경을 활용한 상담에서는 어떤 차이가 있다고 생각할 수 있는가?

(2) 삼림환경을 활용한 상담을 실시하는 카운슬러에게는 어떠한 조건이 필요하다고 생각할 수 있는가?

제4장

숲의 의료이용

요즘은 '웰빙 열풍'이다. 서점에 가면 매장 내에는 "건강"에 관한 책들이 다양하게 진열되어 있으며, 생활 습관병에서부터 마음 건강 가꾸기, 치매, 다이어트에 이르기까지 그 종류도 다양한 양상을 보이고 있다. 그리고 그 건강 붐의 중심 키워드 또는 기본이 되고 있는 것은 '자연'이다. "자연의 섭리", "본래의 자연"에 따른 생활 방식이나 삶이야말로 우리를 건강하게 만들고 그 반대의 방식은 질병을 초래한다는 생각이며, "자연 환경"에서 생활하는 것이야말로 그 대답이고 건강을 되찾을 수 있다는 것이다.

오늘날 각지의 산촌과 산림은 이러한 현대인의 의료·건강을 재고하고 부흥시킬 수 있는 장소로서 큰 가능성이 있다. 병이나 장애를 비롯해 심신의 질병을 가지고 있는 사람이 가까운 자연인 숲에 들어가 시간을 보내며, 자신 내면의 자연(면역력, 자기 치유력 등)과 외부 자연(숲) 안에서 치료한다. 고대부터 지속되어온 자연과 인간 상호간의 건강 조화는 현대에도 결코 그 의의를 잃지 않았다.

4.1 현대의 건강 붐과 의학의 아버지인 히포크라테스의 사상

자연에 순응한 삶과 자연을 누리는 건강 증진은 동서고금에서 익히 들어왔다. 의학의 아버지로 불리는 고대 그리스 의사 히포크라테스(기원전 6~5세기)는 자연과 인간의 관계성으로부터 건강에 접근한 의학자였다.

히포크라테스가 남긴 저서는, 현재 "옛 의술에 대해서"라는 문고본으로 출판되어 우리들이 읽을 수 있다. 지금부터 약 2500년전 고대 그리스 시대, 히포크라테스는 태양이나 별의 움직임인 천체조건으로부터 계절변화, 기상조건(기온, 습도 등), 사는 장소, 그 장소의 일조조건, 물의 조건(하천, 용수, 눈이 녹은 물, 물의 흐름이 좋은 곳, 정체되지 않는 곳 등), 바람, 식물의 환경, 그리고 각 환자의 생활습관, 양식, 체질, 성격, 개인의 기호, 매일의 운동 상황 등으로부터 종합적으로 사리에 맞게 개개인의 병에 대응하고 그 치료법을 처방하는 자세를 가지고 있던 것이 이 책에 쓰여 있다. 이러한 히포크라테스의 생각이나 질병에 대한 자세, 접근과 방법에는 21세기인 오늘날에도 적용되는 사례 및 요소가 많이 있어서 오늘날 도시와 산림의 관계성을 논하는 데에도 유효하다.

인간의 병은 인간 안에 있는 자연과 밖에 있는 자연과의 부조화에서 나온다고 히포크라테는 생각하였다. 고대 그리스인들은 우주와 인간은 연결되어 있다고 생각하였다. 오히려 현재 우리들의 의료 상황을 생각해 보면 우주, 자연과의 연계가 아니라 상당히 약물, 인위적인 화학물질에 치우친 처방이 되고 있는 것도 재인식된다.

4.2 가까운 지역 숲을 활용한 의료이용 가능성

이렇게 생각하면, 현대 일본에서 자연요법의 대부분은 이 히포크라테스의 사상적 흐름을 어떠한 형태로든 계승하고 있고 혹은 유사한 형태의 것이라고도 할 수 있다. 예로부터 일본에는 온천욕 치료나 산 살이 등의 보양·요양 형태가 있었지만 이러한 행위도 자연환경에서의 심신을 재정비하고 본래의 생활 리듬이나 컨디션을 정돈한다고 하는 효용을 목표로 행해지고 있었기 때문이다.

그렇지만 우리 주변에 있는 자연, 숲 역시 늘 건강하지는 않다. 인간과 마찬가지로 '병든 삼림'도 각지에 존재하고 있다. 병해충으로 인한 피해림이나 삼림보육의 방치림 등은 그 전형적인 예이다. 그러나 주변 숲이 건강하지 않은 상태라고 한다면 숲을 가꾸어 숲과 사람이 모두 건강하게 만들어야 한다. 이것이야말로 히포크라테스가 전하는 외부와 내부의 건강을 조화시키는 주요한 자세다. 이 자연에 대한 움직임이 현대는 결여되어 있다.

히포크라테스가 지적, 처방을 했던 것처럼 지금 자신이 살고 있는 지역의 기상 조건이나 자연·산림환경의 조건, 그리고 현재 자신의 생활 습관, 체질, 성격, 기호, 매일의 운동 상황 등을 스스로 체크한다. 그리고, 그 다음으로 자신에게 보건휴양이 가능한 삼림을 생각하고 자신의 보건휴양의 장을 그 안에 만들어 간다. 여기서 중요한 것은 어디까지나 자신에게 맞는 보건휴양의 장소를 찾는 것이다. 오늘날 각지의 산촌 산림은 현대인의 의료 및 건강을 재고하고 재현하는 장소로서 큰 가능성이 있다. 병이나 장해를 비롯해 심신의 부조화를 안고 있는 사람이 친밀한 자연인 삼림에서 생활하면서 자신 안에 있는 자연(면역력, 자기치유력 등)과 밖의 자연(삼림) 속에서 다시 바라보는 것이다. 고대로부터 이어지는 자연과 인간 상호의 건강조화는 현대에도 결코 그 의미를 잃지 않고 있다.

4.3 각 지역 숲을 활용한 의료이용의 시도

그렇다면 각 지역 숲을 활용한 의료 이용의 실천 사례는 어떠한 것이 있을까? 실은 다양하고 매력적인 실천이 이미 각지에서 시작되고 있다.

예를 들어, 고혈압이 있는 사람이 정기적으로 숲을 거닐고 이로 인해 혈압이 정상치에 가깝게 내려가 통원 횟수, 투약량이 줄어들어 결과적으로 지역의 의료비 삭감이 가능했다는 사례(홋카이도(北海道) 나카돈베츠마을(中面別町)), 산촌에 사는 치매 환자들이 과거 자신이 일했던 숲에 가서 옛날을 회상함으로써 커뮤니케이션에 변화를 가져온 사례(나가노현(長野県) 기타소기무라(北相木村)), 지역병원에 인접한 삼나무 편백나무의 방치림을 활용하여 치매 환자의 재활치료, 작업요법을 실시한 사례(카고시마현(鹿児島県) 키리시마시(霧島市)) 등 각지에서 개성적인 지역 의료의 실천이 싹트고 있다. 이 항에서는 이하 4개의 지역병원에 있어서 삼림 이용의 사례를 보고한다.

4.3.1 우에나에(植苗) 병원(홋카이도(北海道) 도마코마이시(苫小牧市))의 사례

우에나에(植苗) 병원은 1986년 홋카이도 토마코마이시 우에나에(植苗)에 지구에 개원하였다. 정신과, 신경과, 내과가 있으며 주로 정신질환 환자의 재활 치료, 사회 복귀를 목표로 하는 지역병원이다.

병원은 토마코마이 시가지로부터 떨어진 우에나에구의 숲 안에 위치해 있고 인근에서는 조몬시대의 패총도 볼 수 있다. 건물 주위에는 다수의 땅 소유자들이 과거 약 30년간 정비를 하지 않아 신갈나무를 주 수종으로 한 활엽수 2차림이 우점하고 있다(사진 4.1).

【사진 **4.1**】 우에나에 병원 주변의 활엽수 2차림

병원에서는 이 활엽수 2차림을 활용해 입원한 환자를 대상으로 한 삼림요법을 실천하게 되었고, 그 숲의 정비를 2007년에 시작하였다.

숲 정비를 하면서 우선적으로 실시한 것은 원내의 의료진을 대상으로 삼림요법에 대한 연수회를 하였고, 또 환자 대상으로 삼림요법의 설명회를 열었으며, 이와 동시에 병원 주변 약 0.5 ha의 임분조사 및 식생조사를 실시하였다.

그 결과, 임분은 신갈나무, 졸참나무가 주 수종으로, 떡갈나무, 음나무, 산벚나무, 일본목련, 아카시나무, 황벽나무, 고로쇠나무, 물오리나무, 자작나무 등 약 30 종류의 수종으로 구성되어 있었다. 신갈나무, 졸참나무 등 고목층의 평균 수고는 13 m 전후. 평균 흉고직경은 20 cm 전후였다. 중·저목층은 목련, 산단풍, 두릅나무, 까치박달, 쇠물푸레나무, 나도밤나무, 일본왕단풍, 키단풍나무, 곰의말채나무, 때죽나무, 개암나무 등의 수종으로 형성되어 있었으며, 임상에는 조릿대가 피복해 있는 곳이 있었고 여름철에는 들어가기 어려운 곳도 많았다. 임내에는 맹아갱신의 흔적이 여기저기서 보이며 1955년 무렵까지 신탄림으로 이용되었던 곳도 보였다. 바람에 넘어진 나무, 걸려 있는 나무, 고사목도 보이고 임관부에는 죽은 나뭇가지도 군데군데 보였다.

매목조사 결과, 병원 주위의 임분밀도는 2500본/ha 전후이며, 이 결과로부터 피해목 고사목을 포함한 40% 가량 정리벌(본수간벌) 실행을 결정하였다. 병원측에서는 병원의 주변에 산책로를 조성하는 것도 의뢰받았기 때문에 임간 및 병원주변에 거리 약 300 m의 산책로를 설정하였다(사진 4.2). 또한 이상의 삼림 정비 작업은 현지의 임업가 2명의 협력으로 실시하였다.

「치료 공간, 보양 공간으로서의 숲 조성」을 하게 된 셈이지만 최초 작업은 앞에서 언급한 임내의 바람에 넘어진 나무, 고사목의 제거였다. 이것은 안전측면에서는 기본이지만, 이를

【사진 **4.2**】 임간에 조성한 산책로 예정지

임상에 무성한 조릿대는 수회에 걸쳐 제벌했다.

제거한 장소는 상담을 할 수 있는 공간으로 설정하였다. 바람에 쓰러진 나무를 베고 단순히 제거하는 것이 아니라, 벌채목과 둥근 통나무를 고리처럼 동그란 형태로 배치하여 의료진과 환자가 카운셀링 할 수 있는 공간을 마련한 것이다(사진 4.3).

【사진 4.3】 바람에 쓰러진 나무를 활용한 카운슬링 공간조성의 사례

면적은 1개소에 약 20~60 ㎡ 전후였다. 바람에 쓰러진 나무, 고사목은 숲 속 곳곳에 흩어져 있어서 카운슬링 공간도 그 장소에 여러 곳을 설치하고, 각각의 공간을 연결하는 보행로도 개설하였다. 이러한 임내 상담 공간은 병원 건물에 가깝기 때문에 환자와 의료진에게도 친숙하고 또한 삼림의 색채, 방향, 미풍 등을 사계절에 걸쳐 체감하면서 이용할 수 있어서 소수 인원의 그룹 카운슬링에도 적합하였다(사진 3.1 E, F 참조). 이 외의 벌채

【사진 4.4】 임분 내의 작업요법 조성 사례

무작위로 임내에 있는 통나무와 가지를 주워 모으고, 집적하는 단순작업이다.

목 등은 작업 요법의 재료로 사용하였다. 작업요법의 프로그램은 둥근 통나무나 가지를 미리 임내에 두고 이것을 개인이나 혹은 그룹으로 운반하는 것이다. 이와 같은 운반 작업은 단순 작업이지만 자신이 운반한 통나무의 양을 파악하는 것이 가능하여 작업 후의 달성감, 성취감을 가지는 것에 효과가 있었다(사진 4.4).

2008년부터 우에나에 병원에서는 삼림요법이 시작되었다. 3년 후, 직원 대상 설문조사 결과는 그림 4.1과 같았다.

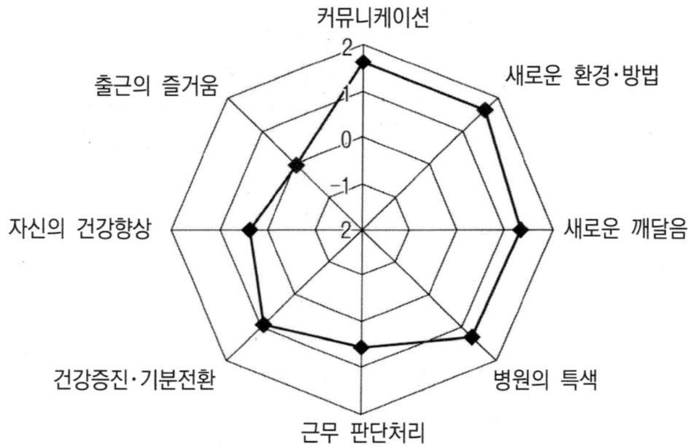

【그림 4.1】 우에나에병원 의료진의 앙케이트 결과(n = 12)

앙케이트는 4 단계로 평가하였으며, 가장 높은 플러스 평가는 커뮤니케이션의 활성화, 삼림 활용은 새로운 치료 환경·수법이며, 환자에게 새로운 깨달음을 얻게 할 수 있다는 것이었다. 또한 병원의 새로운 특색으로서 내세울 수 있음 등의 순이었으며, 출근이 즐겁게 되었다, 자신의 건강도 향상되었다 등의 평가는 낮았다.

또, 직원들은 3년간의 프로그램 운영을 통해 ①대인 거리가 실내에 비해 자유도가 높다. ②삼림공간을 환자와 의료진의 산책, 협동작업 등으로 공유할 수 있다. ③상호 커뮤니케이션의 벽과 긴장감을 완화시켜주고 의료진과 환자간에도 공감성과 연대감을 얻었다. ④원내에서는 보행에 난색을 보이는 환자가 임내 산책에서는 능동적으로 보행하는 경우가 있어 일상적으로 삼림 산책을 하게 되었다. ⑤대화중에 부정적인 언어가 감소하였고 긍정적이고 능동적인 언어가 증가하였다. ⑥자발성, 창조성이 발휘되는 장면이 많았다. ⑦강박관념, 강한 고집성이 완화되었다. ⑧환자 상호의 움직임이 보이게 되었다. ⑨환자들의 자주적, 능동적인 삼림 환경의 정비를 볼 수 있게 되었다. ⑩커뮤니케이션이 활성화되면서 공감이나 연대감이 높아졌다. ⑪기분전환이 되고 외출기회가 되기도 하였다. ⑫수치화가 어렵지만 얼굴, 표정, 대화 내용에 긍정적인 변화가 있었다. ⑬적용 대상 질환의 범위가 넓은 것을 알 수 있었다 : 발달장애, 자폐증, 아스퍼거증후군, 우울증의 회복기, PTSD에 적합하다. ⑭환자 자신의 운동, 셀프케어도 된다는 등의 느낌을 이야기 하였다.

특히 삼림에서 시간을 보내는 것은 병원에서 수십 걸음의 가까운 거리에 있기 때문에 기분 전환이 원활해진 것이 보이고 의료진이 환자와 함께 삼림작업을 하고 환경·공간만들기, 장소·공간을 공유하고 시간을 보냄으로써 서로의 커뮤니케이션 벽과 긴장감을 완화시켜 공감성이나 연대감을 높이는 효과를 얻을 수 있으며, 또한 삼림환경을 공유하고 시간을 보냄으로써 그 후의 생활에서도 신뢰감이 높아지는 경향이 보였다.

당초에는 매주 1회 삼림 요법을 실시하였지만, 이윽고 환자끼리 뜻있는 모임이 자연발생적으로 생겨나 그 이외의 요일에 환자끼리 산책을 하게 되었다. 자발적으로 임내의 쓰레기 줍기나 겨울철에는 제설작업을 하여 길을 만드는 환자도 나오고 있다.

반대로 삼림을 활용한 단점으로서는 ①보행, 작업에서의 리스크가 상존한다. ②계속하지 않으면 효과는 나타나기 어렵다. ③날씨에 좌우된다. ④가려움증, 벌레에 물리지 않을까 하는 걱정, ⑤각각 환자의 다양한 요구에 대응할 수 없다. ⑥직원 자신이 숲에 약한 경우 등을 들 수 있다.

우에나에 병원에 있어서 실천은 병원 주위의 가까운 삼림(활엽수 2차림)을 치료, 보양을 위한 정비, 활용한 사례가 있지만, 상기와 같은 결과를 얻을 수 있었다(上原 외(2012)).

4.3.2 기리시마 사쿠라가오카 병원(가고시마현(鹿児島県) 기리시마시(霧島市))의 사례

기리시마 사쿠라가오카 병원은 1987년에 개원하였다. 정신과, 내과, 재활과를 가지고 있는 지역병원으로 노년정신장애, 노년치매증 등의 장기 요양형 병원인 것이 특징이다.

입원 환자수는 2011년 현재, 110명 전후로 그 평균 연령은 약 81세이다. 높은 평균 연령으로부터 예측 할 수 있는 것처럼 입원환자의 약 80%가 치매이며 원내생활에서도 그 치매 특유의 증상으로부터 집단생활이 스트레스의 장이 되기 쉬운 위험성을 항상 안고 있다. 또, 환자의 약 60%는 수도권 지역 혹은 규슈 내에서 농림업 경험을 가지고 있던 것도 특이사항으로 들 수 있다.

이러한 특성을 가지고 있는 병원의 초대 원장은 정원에 인접한 삼나무, 편백나무림을 구입하여 장래적으로는 그 숲을 환자나 지역 주민들을 위하여 활용한다는 생각을 가지고 있었다. 그러나 구입한 삼림은 여러가지 사정에 의해 관리되지 않은 채 30년 이상 방치되어 있었으나, 그 방치되었던 삼나무, 편백나무 숲을 환자의 삼림 요법으로 활용하려는 계획이 2008년에 세워졌다.

이 병원에서도 앞의 우에나에 병원과 같이 원내에서 삼림 활용과 숲 조성을 위한 연수회를 의료진을 대상으로 열었고, 이후 병원에 인접한 방치림 조사를 실시하면서 삼림요법 도입에 따른 임분 활용의 가능성이 검토되어 실천되었다.

병원 소유의 방치림은 표고 약 450 m에 위치하고, 면적은 약 1.6 ha, 지형은 대체로 평탄하며, 최고 10도 안팎 경사가 있는 곳도 있었다. 임분은 삼나무, 편백나무 모두 약 30년생의 임지이며, 수종의 비율은 편백나무 58%, 삼나무 35%, 졸참나무 5%였다. 삼나무림의 평균 수고는 18.4 m, 평균 DBH(흉고직경)는 26.8 cm, 편백림은 평균 수고는 15.3 m, 평균 DBH는 14.8 cm였다. 임분 밀도는 2000~2200본/ha으로 장기간 방치되었기 때문에 임상에는 식생을 거의 볼 수 없었다.

병원에서는 계획 당초 삼림의 보육, 관리 등은 현지의 삼림 조합에 외부 위탁으로 실시할 예정이었으나, 몇 회의 연수회를 거치면서 최종적으로 병원 직원이 직접 삼림 관리를 하는 것으로 결정하였다. 따라서, 삼림요법 뿐만이 아니라 삼림 정비작업도 의료진들이 실시하는 드문 케이스가 되었다.

삼림정비, 임분관리의 지침으로는 임분밀도관리지도를 이용하여 삼나무, 편백나무 모두 1500~1700본/ha 전후까지 바람에 넘어진 나무, 고사목을 중심으로 제벌, 간벌을 실시(본수간벌률 20% 내외), 넝쿨제거, 가지치기 등도 적절하게 진행하면서 작업 및 휴식공간을 계획하였다(사진 4.5 A, B, C).

임내 정비가 일단락된 2009년 10월부터 매주 1회의 빈도로, 매회 2시간 반 정도의 시간으로 삼림요법이 실시되었다(사진 4.5 D).

2년 후에는 전술한 우에나에 병원과 마찬가지로 병원 의료진을 대상으로 앙케이트를 실시한 결과를 그림 4.2에 나타냈다. 매우 높은 플러스 평가는 커뮤니케이션의 활성화, 삼림 활용은 새로운 치료 환경, 수법, 병원의 새로운 특색이 된다 라는 것이었고, 반대로 자신의 건강향상, 출근상의 즐거움 등의 관점에서의 평가는 낮았다.

【사진 4.5】 키리시마 사쿠라가오카 병원에서의 사례

병원 직원에 의한 임분측정 모습(A)과 간벌작업의 모습(B), 임내에 마련된 작업치료 및 상담 공간(C, 넓이는 20 m × 20 m 전후), 임내에서의 치매환자 그룹의 작업 요법 모습(C, D)

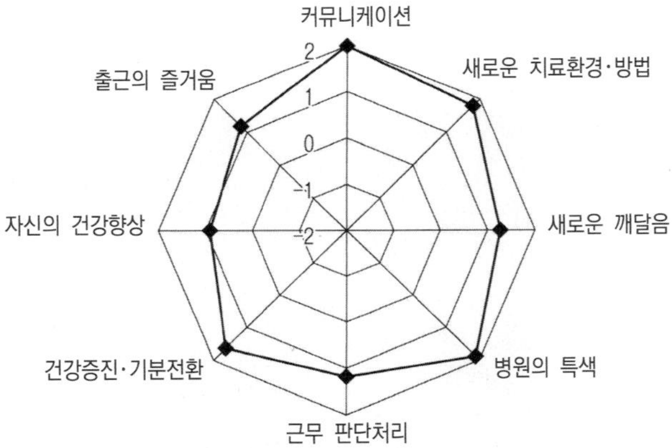

【그림 4.2】 기리시마 사쿠라가오카 병원 의료진의 앙케이트 결과(n = 12)

의료진들은 실천을 통한 삼림 활용의 이점으로서 ①인지증에 동반된 행동장애의 경감, ②생활측면에서의 보행의욕 향상, 특히 원내 재활요법에서는 보행에 난색을 표하던 환자가 임내 보행에서는 능동적으로 보행하려고 하는 자세가 드러난 것, ③불안이나 흥분의 경감과 장소의 공유, ④과거의 농림업 경험의 회상, ⑤자신의 역할·목적 의식이 높아졌다. ⑥야간의 수면패턴이 안정되었다. ⑦자기 표현의 확대를 도모하고, 원내에서 안심할 수 있는 관계 만들기가 구축되었다 등을 들었다. 또 수치화는 어렵지만 삼림내에서의 체험을 기쁜 듯이 이야기하고, 다음 회차의 활동을 기대하고 있는 환자의 자세 등도 아울러 보고되었다.

남성 환자들은 일찍이 가지치기 작업이나 제탄 작업에, 여성 환자들은 산나물 캐기나 표고버섯을 재배하는 데 종사하고 있었던 참가자가 많았고, 숲에서의 활동이나 작업에도 경험이 있던 것이 기반이 되었음을 보여 주었다. 자기자신의 역할·목적의식이 높아지고 야간 수면 패턴이 안정되어 자기표현의 확대를 도모한 것이나 원내에서 안심할 수 있는 관계 조성을 구축할 수 있던 것 등도 보고되었다.

반대로, 숲을 활용한 단점으로는 ①활동에 수반하는 리스크(넘어짐, 도구에 의한 부상 등)가 항상 수반되는 것, ②환자의 자기 과대평가(자기 상태를 지나치게 높게 평가하여 증상을 경시한다)를 초래하는 케이스가 있는 것, ③나이를 먹어서 수반되는 불안이 늘어난 케이스(과거 해왔던 작업을 할 수 없게 된 것에 대한 혐오감 등)도 볼 수 있었던 것 등이 보고되었다.

삼림 환경면에서는 벌채, 간벌, 넝쿨제거, 가지치기 등 삼림보육작업이 진행됨에 따라 임간, 임상에 빛이 들어오게 되고, 조금씩 식생이 움트고 있는 곳이나 조류 살포에 의한 유목의 싹틈 등도 여기저기서 볼 수 있게 되었다(사진 4.6).

【사진 **4.6**】 임상에 움튼 참식나무(녹나무과)

이 사례의 삼림요법 핵심은 병원 주변에 약 30년간 방치되어 있던 삼나무·편백나무 인공림의 방치 임분의 일부를 약도 간벌함으로써 치료, 요법 공간을 만들고, 이 작업을 병원 의료진들이 직접 실시한 것이다. 2003년 일본 임야청이 발표한 '고령사회에서의 산림 공간 이용에 관한 조사보고서'에 따르면 병원 주변의 산림을 활용하고 싶다고 희망하는 지역병원이 절반 이상으로 올라간 것이 밝혀져, 이번 결과는 그 희망에 부응하는 하나의 사례가 될 수 있었다고 생각된다(上京 외 (2012)).

4.3.3 텐류(天竜) 병원(시즈오카현(静岡県) 하마마츠시(浜松市))의 사례

앞의 사례까지는 병원 근처의 방치림(활엽수 2차림, 침엽수 인공림)을 활용한 산림요법 사례를 보고하였으나 본 사례는 지역병원이 병원 인근 산림공원을 활용한 사례이다.

(1) 사례 대상지 및 대상자

사례 대상지는 시즈오카현 하마마츠시의 국립병원기구 텐류 병원 및 병원 인근에 위치한 시즈오카 현립 하마키타삼림공원이다. 텐류병원은 1940년 일본 내 2번째 국립결핵요양소로 개원되었으며 1960년대부터는 호흡기 질환 등을 주요 대상으로, 1979년부터는 아동 사춘기 정서장애 등의 치료도 적극적으로 실시하여 청소년의 건전한 정신발달의 촉진에 힘쓰고 있다. 2010년 현재 내과, 정신과, 신경내과, 호흡기과, 소아과, 외과, 정형외과, 호흡기외과, 비뇨기과, 재활학과, 방사선과, 치과(입원만)가 있는 종합병원이다.

실시 장소인 텐류병원 근처의 시즈오카현립삼림공원은 1965년(쇼와 40년)에 개설되었으며 면적은 약 215 ha, 평균 표고는 약 140 m이며, 주된 구성 수종은 천연성의 적송을 중심으로 편백나무, 삼나무 조림목과 참나무·단풍나무류 등의 활엽수이다. 공원이 되기 전에는 임업시험장의 견본림으로 원내에는 스트로브잣나무 등 외국산 수종의 임분 등 산책도가 정비되어 있어 연중 지역민의 이용이 많다.

정신질환의 치료영역에서는 기분전환이나 전지효과[1])도 겸하고 다양한 환경·장소·조건을 이용한 환경요법이 시도되며 삼림 요법은 그 환경요법 중의 하나이다.

사례 대상자는 이 병원 소아병동의 트라우마 관련 질환자로, 특히 애착행동이나 대인 커뮤니케이션의 문제. 약제저항성의 정신증상을 가진 환자이다. 특히 약제저항성의 PTSD 및

1) 転地効果 : 기분전환의 일종. 일상 생활을 떠나 평상시와는 다른 환경에 몸을 두면서 오감이 자극되고 자율 신경 중추에 작용하여 편안한 효과를 얻는다.

트라우마 관련 질환의 증상을 가진 대상자가 많았던 것이 특징이며, 중증 패닉(제어가 잘 안 되는 장애 행동), 플래시백(과거 피해장면의 재기), 충동 행위 등을 나타내는 케이스도 있어서 첫 해에는 남녀를 합해 22명, 평균 연령 15.4세(±2.2)의 환자들이 삼림 요법에 참가하였다.

(2) 본 사례에 있어서 삼림 이용의 위상(자리 매김)

본 사례에서는 대상자가 안고 있는 PTSD 및 트라우마 관련 질환의 각 증상이 어떻게 완화, 경감, 개선되는가를 지속적으로 지켜보고 추가적으로 커뮤니케이션 스킬의 변화도 관찰하면서 증상의 경감과 커뮤니케이션을 향상시키는 것이 주가 되어 그 외 질환에 대한 새로운 접근방식으로서, 또 대체증법이나 환경요법으로서의 측면도 가지고 있었다.

(3) 삼림요법 : 삼림요법의 방법

텐류(天竜) 병원에서는 4~8명 정도의 대상자가 소수의 자원봉사 동행자와 함께 첫년도는 매주 3회, 1차년도 이후는 매주 1회의 빈도로 삼림공원을 방문하여 오전 9~12시까지 3시간 전후, 매회 의사, 임상심리사를 포함한 의료진의 동행 하에 실시하였다.

삼림공원에서 시간을 보내는 방법으로는 삼림 산책을 주로 하고, 때때로 가지·낙엽 모으기나 도토리줍기, 낙엽 풀장을 만드는 등의 간단한 레크레이션을 실시하였다(사진 4.7).

【사진 **4.7**】 삼림공원에서의 산책과 레크레이션의 모습(2005년)

대상자의 변화 지표로서는 행동변화, 커뮤니케이션 변화는 CBCL(child behavior check list)을 이용하여 삼림활동전과 활동 후를 약 3개월 후에 평가하였으며, 생화학검사로는 만성스트레스를 반영한다고 알려진 혈중 DHEA-S(dehydoroepiaridorosteron sulfate) 검사와 급성 스트레스를 반영한다고 여겨지는 요중 노르아드레날린, 아드레날린, 도파민 3개 종목의 검사를 첫년도에 실시하였으며, 모두 삼림요법 개시 3개월 후에 측정을 실시하였다. 또한 이 연구를 함에 있어서 텐류병원윤리위원회의 승인을 받았다.

(4) 삼림요법의 효과

이 항에서는 2006년도에 실시한 조사 결과를 제시하고 있다. 우선 각 생리검사의 측정결과에서는 혈중 DHEA-S의 수치 변화가 삼림요법 개시 3개월 후에 피험자 16명 중 10명에게 수치의 상승이 인정되었다(그림 4.3).

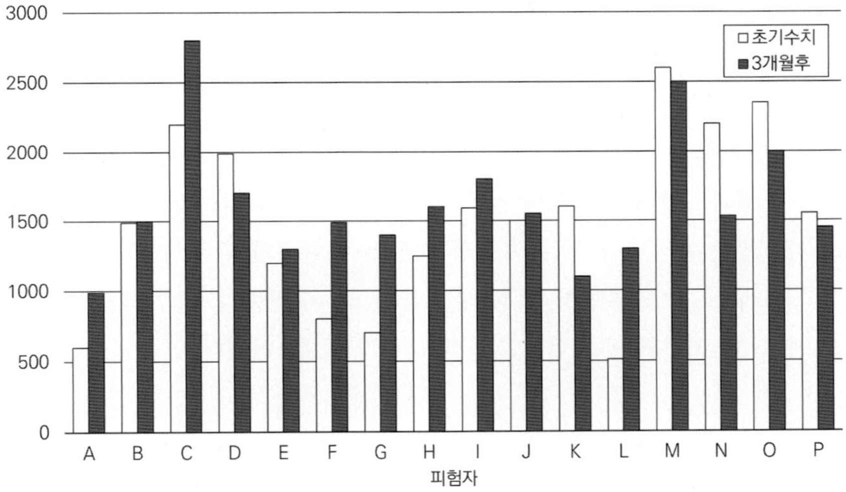

【그림 4.3】 삼림요법 실시 전후의 혈중 DHEA-S 변화

혈중 DHEA-S에 대해서는 사춘기부터 청년기에 걸쳐 상승하는 경향도 인정되었다. 그렇지만, 이 병원의 성인(27세 여성) 피험자는 삼림요법의 전후로 현저하게 상승한 결과가 인정되었기 때문에 전술한 피험자의 수치 상승에 대해서도 삼림요법에 의한 어떠한 영향이 미치고 있었을 가능성도 생각할 수 있었다. 이후에는 성인 여성의 수치 수집도 필요하다고 생각된다.

다음으로 요중아드레날린 검사에서는 피험자 12명중 7명의 수치가 감소하였다(그림 4.4).

아드레날린은 일반적으로 어떤 강한 스트레스나 신체운동 등에 의해 그 수치가 상승하는 스트레스 호르몬의 일종이다. 그러나 본 연구의 병증 사례 중에서는 특히, 자폐성 질환으로 강도행동상해를 가진 대상자가 산림 내에서 심한 운동량을 행했음에도 불구하고 수치의 변동이 없거나 감소된 사례가 있었다. 이 피험자는 병동 내에서는 문제행동이 빈발하다는 병증을 가지고 있으나 삼림 내에서는 현저하게 문제행동이 적어진 사례가 있었던 것이 특징적이었다.

다음으로 노르아드레날린의 수치 변화를 그림 4.5에 나타냈으며, 피험자 13명 중 10명의 수치가 감소하였다. 계속해서 도파민에서는 피험자 12명중 7명의 수치가 감소되었다(그림 4.6).

이상, 각 측정치의 결과로서는 혈중 DHEA-S 및 요중 아드레날린, 노르아드레날린, 도파민 검사는 피험자에 의해 분산이 크지만, 혈중 DHEAS에서는 피험자의 63%, 아드레나린, 도파민에서는 피험자의 약 58%, 도파민에서는 피험자의 약 77%가 수치 개선이 인정되었다. 스트레스 호르몬값은 원래 피험자에 의해 분산이 크거나 또 너무 많거나 너무 적더라도 불편하지만 이러한 결과로부터 이러한 수치를 정상치에 가깝게 한다. 즉 너무 큰 값을 적게하고, 너무 적은 값을 높이는 스태빌라이저 효과가 과반수의 피험자에게서 인정되었다.

또, 이번 실시 결과로부터 삼림요법 전후의 채뇨가 아닌 24시간의 축뇨에 의한 차이의 비교하거나(그 때, 많은 움직임이 있는 아동의 경우는 곤란하기 때문에 고교생 이상의 대상이 바람직하다), flashback 수, 한 번에 복용하는 약의 양, 수면중의 도중 각성 수의 변화 등에 대해서도 그 변화를 조사할 필요가 있는 것도 생각할 수 있었다.

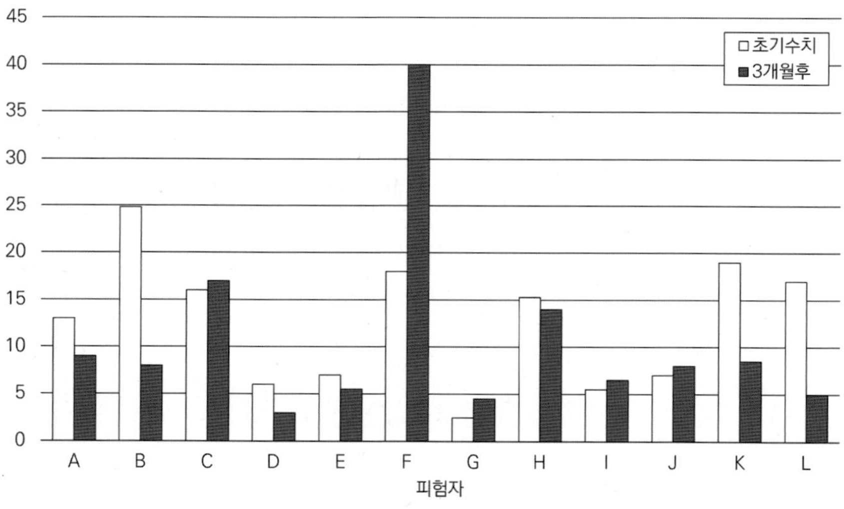

【그림 4.4】 삼림요법 실시 전후의 아드레날린 변화

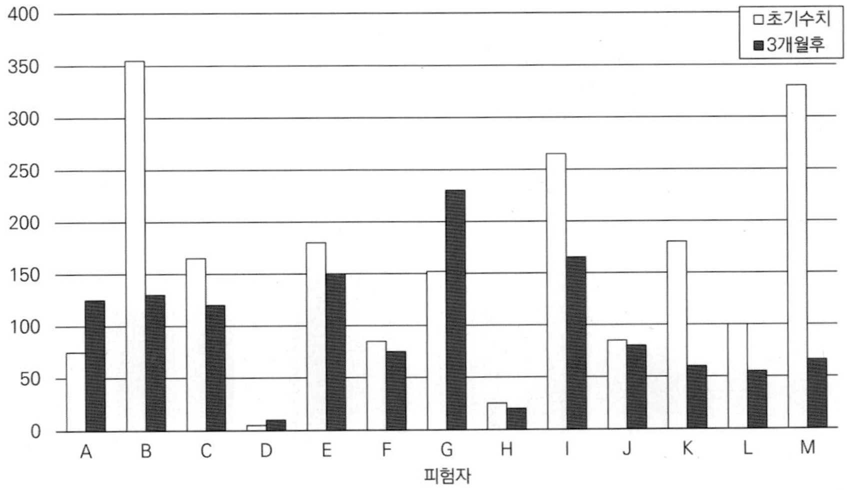

【그림 4.5】 삼림요법 실시 전후의 노르아드레날린 변화

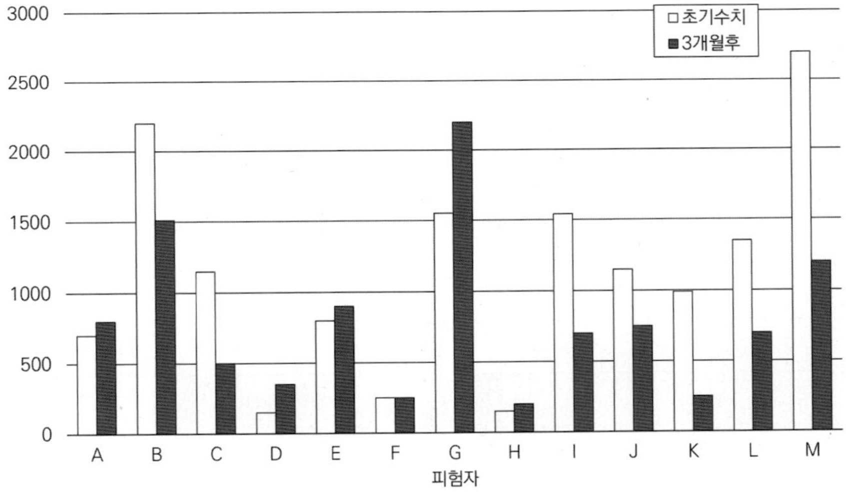

【그림 4.6】 삼림요법 실시 전후의 도파민 변화

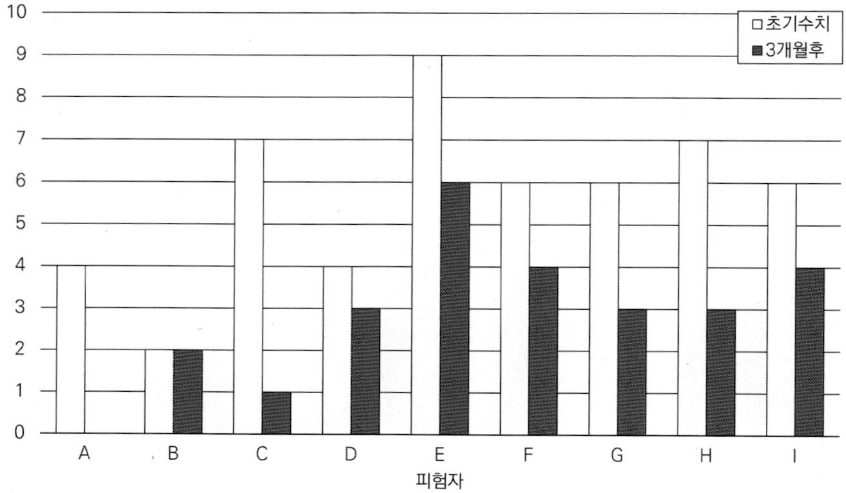

【그림 4.7】 CBCL(은둔형 외톨이 수치) 변화

아이 행동 변용의 평가 척도인 CBCL 의사에 의한 평가 결과를 그림 4.7~4.11에 나타냈다. CBCL의 수치는 모두 그 수치의 감소가 개선을 나타냈다. 삼림요법 실시 후엔 특히 「은둔형 외톨이」, 「사회성」, 「비행적 행동」 등의 각 척도에 대해 좋은 결과가 나타났으며, 전 항목에 대해서 검정을 실시한 결과 유의성이 인정되었다(각각 $p<0.01$).

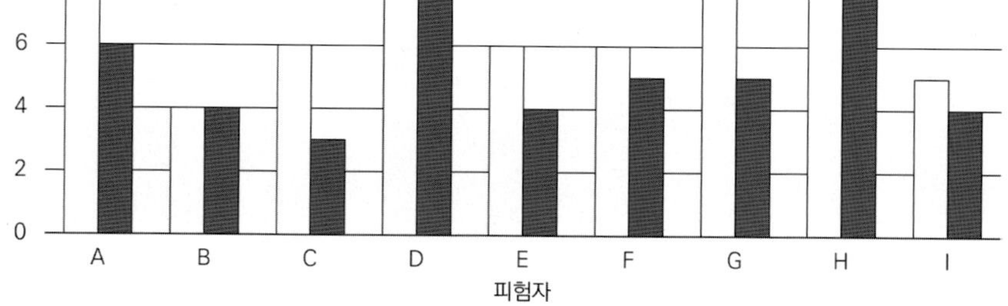

【그림 4.8】 CBCL(사회성문제)의 변화

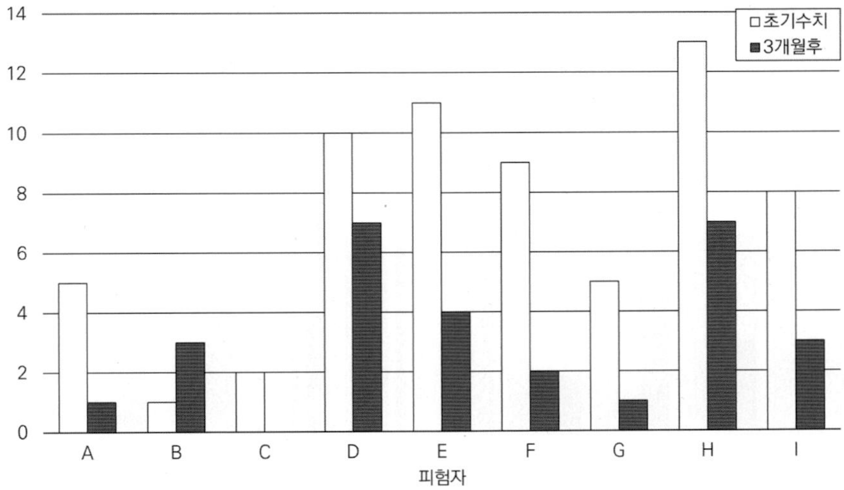

【그림 4.9】 CBCL(비행적 행동)의 변화

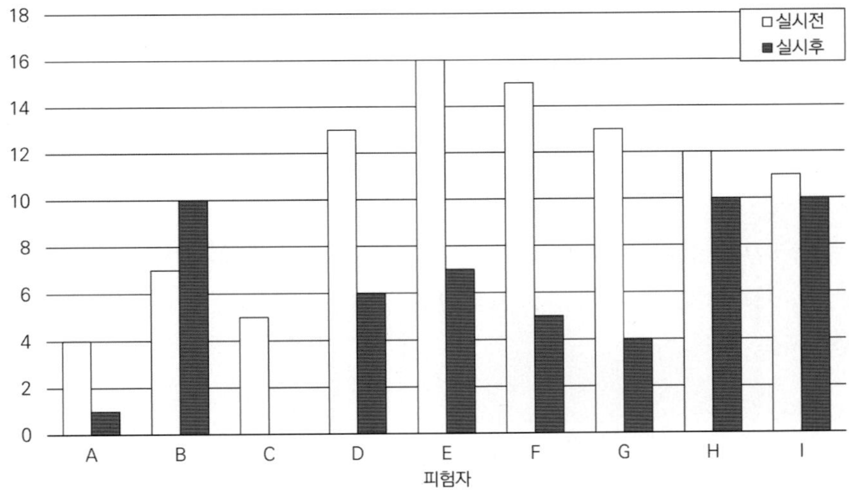

【그림 4.10】 CBCL(불안억울증)의 변화

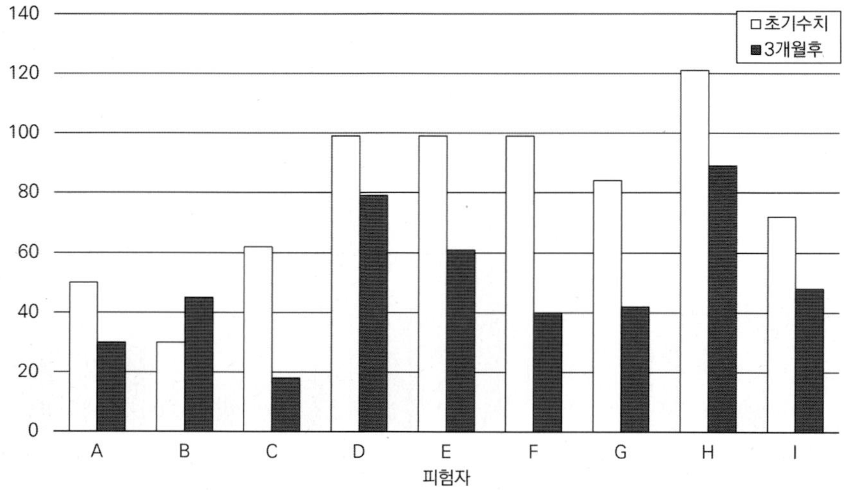

【그림 4.11】 CBCL(총 득점)의 변화

커뮤니케이션 스킬의 변화에서는 발음이 명료하게 되고 상황에 맞는 커뮤니케이션이나 그룹 내에서 자신의 역할에 맞는 행동을 취할 수 있게 되는 등의 변화가 보였다. 이 외에 지금까지 플레이 룸에서 보내는 것보다 충동컨트롤이 어느 정도 작용하며, 또 내적 에너지의 발산, 압력의 개방이 계절변화를 통한 삼림환경에서 행해져 정신적으로도 안정되어 가는 경향 등을 엿볼 수 있었다.

이상의 결과로부터 삼림환경은 이러한 환자의 「수용환경」으로서 치료적인 의의를 가지며, 또 삼림요법은 서두르지 않은 치료 시간축에서 장기간의 행동요법, 정신요법에 적합하다는 점도 추측되었다.

(5) PTSD를 완화하는 삼림의 효과 고찰

삼림요법을 개시하고 나서 1년 이내에 당초의 피험자 22명은 전원 퇴원을 하였다. 이들 퇴원수는 이 질환 환자의 통상적인 입원일수와 동일하였다. 그렇지만 이러한 피험자는 약물 저항성을 가져 치료가 곤란했던 입원 환자였던 것도 감안하면 큰 효과였다고 할 수 있다.

PTSD 질환을 가진 아이들에 대한 삼림요법의 효과를 정리하면, ①약물 저항성의 대상자에게 효과가 보였다. ②불안·억울, 비행. 공격적 행동의 개선에 큰 효과가 있었다. ③신체의 자율신경 기능과 정서의 안정 쌍방에 상승적 효과가 있었다. ④조울증 등의 감정 밸런스를 잡아 정상 상태로 되돌리는 효과가 있었다. ⑤병원 내 생활에서 기분전환, 릴랙세이션(긴장풀기), 전지효과 등을 얻을 수 있었다. ⑥병원 내에서의 압력을 개방하고, 수용하는 환경으로 삼림공간을 이용할 수 있었다. ⑦주간 활동과 야간의 수면이라는 생활 리듬에 안정화가 보였다. ⑧죄악 등의 윤리교육에서도 실내의 교조적[2] 수법보다 삼림에서의 구체적인 조언(예: 「나무를 꺾으면 나무도 아픈거야」 등)이 효과적이었다. ⑨부차적 효과로서 간호 업무가 감소하는 것 등이었다.

다음으로 이러한 효과를 가져온 삼림공원에서는 어떤 치료적 요소가 있었는지를 고찰해 보면, ①삼림환경에서는 TV나 CD 등으로 대표되는 음향기기 등의 자극이 없었다. ②산책로가 정비되어 있었다. ③삼림공원 내에는 다양한 임상을 갖고 있었다. ④몇 개의 산책코스를 날씨와 기분에 따라 임기응변으로 선택·변경이 가능하였다. ⑤병원 직원 자신들도 병동을 떠나 자연 속에서의 기분전환이나 원기회복을 꾀 할 수 있었다. ⑥계절의 변화를 느끼고 각 임상에서의 풍경이나 공기를 체감할 수 있었다. ⑦삼림공원을 걸으면서 스탭과의 커뮤니케이션, 공감이 가능하였다 등을 들 수 있고, 이들 요소가 각각 치료·요법적 요소로서 삼림요법의 실시에 포함되어 있었던 것 등이 추측되었다.

시즈오카현립(静岡県立)삼림공원 자체는 각 현의 산간지역 등에서 잘 볼 수 있는 공원으로 본 사례보다 가까운 산림공원을 활용해도 일정한 치료효과를 얻을 수 있음을 확인하였다.

삼림환경은 어린이들을 받아주는 「수용환경」으로서 치료적 의의를 지니며, 삼림요법은 여유로운 치료시간 축에 있어서 장기간의 환경요법뿐만 아니라 실은 행동요법이나 정신요법에 적합하다는 것도 의사팀에 의해 추측되었다. 이것은 평소 침착하지 못한 어린이들이 삼림환경에서 침착한 행동을 취할 수 있었던 것으로 증명되었다.

또한 이번 피험자 어린이들에게는 약물요법이 듣지 않는 대상자가 많았기 때문에 앞으로는 다른 약물저항성의 정신질환에 대응하는 하나의 방법으로도 검토 여지가 있으며, 대상자는 어린이뿐만 아니라 보호자들도 함께 참여하는 「가족요법」의 적용도 가능하다고 여겨졌다.

향후의 과제로서는 수종·임상·지형·조도 등에 따라 행동이나 치료효과에 차이가 있는지, 또는 산책이나 레크리에이션 이외에도 간단하게 할 수 있고 효과도 얻을 수 있도록 구성된 프로그램을 계속 검토할 필요가 있다. 또 생리면에서는 삼림요법 전후의 채뇨가 아닌 24시간의 축뇨에 의한 차이의 비교하거나 flashback 수, 한 번에 복용하는 약의 양, 수면중 각성 수의 변화 등에 대해서도 그 변화를 조사할 필요가 있다 라고 생각되어졌다(上原 외 (2012)).

2) 教条 : 역사적 현실이나 구체적인 환경과 상관없이 맹목적으로 받아들여지는 원칙이나 원리

이러한 과제도 포함하여 의료에 있어서 삼림요법의 임상연구를 계속해 나갈 필요가 있다.

4.3.4 히메지키타(姫路北) 병원(효고현(兵庫県) 간자키군(神崎郡) 후쿠자키마치(福崎町))의 사례

현재는 사회에서 다양한 경합이 행해지는 「경쟁의 시대」이다. 이것은 의료분야에 있어서도 마찬가지이며 특히 지역에 따라서는 의료서비스에 따른 병원 상호간의 경쟁이 이루어지고 있다고 해도 좋다.

본 사례는 효고현 지역 병원의 사례이지만 특색 있는 의료서비스 구현화의 하나로서 삼림활용이 이루어진 사례이기도 하다.

(1) 히메지키타(姫路北) 병원의 개요

히메지키타 병원은 효고현 칸자키군 후쿠자키쵸에 위치하고 1966년에 개원한 지역 병원이다. 정신과, 심장치료내과가 있으며, 병상은 300병상 이상이다.

2014년 현재, 환자의 평균연령은 61.4세로, 6~8할의 환자가 통합실조증(조현병)이고, 질환의 특징으로부터 장기 원내생활을 보내고 있는 환자도 많다.

병원의 특징은 의사, 간호사, 요법사 등의 역할만 하는 것이 아니라 「의료지원 프로그램」이라 불리는 협력 체제를 갖추고 의료 업무에 임하는 것이 특징이다.

정신질환자의 작업요법으로는 목공작업에도 과거에서부터 힘쓰고 있으며, 새롭게 재활치료, 레크리에이션의 장으로서 지역의 산림 활용 및 수목이용을 2013년에 검토·계획하게 되었다.

(2) 삼림 이용의 도입

여기에서 병원 주변의 산림을 답사한 결과, 굴참나무와 졸참나무 등을 중심으로 한 과거의 신탄림이 남아 있는 카스가야마 캠프장, 삼나무, 편백나무 숲 등의 인공림이 산재한 옛 명소 유적(민속학자 야나기타 구니오 생가 등), 소나무, 졸참나무림이 남아 있는 사찰림, 병원에 인접해 있는 사유 대나무림 등, 복수의 임지가 후보지로서 발견되었다.

이러한 임상에는 이용할 수 있는 청미래덩굴, 노간주나무 등의 약용식물들이 보였다(사진 4.8). 그 일람을 표 4.1에 제시한다.

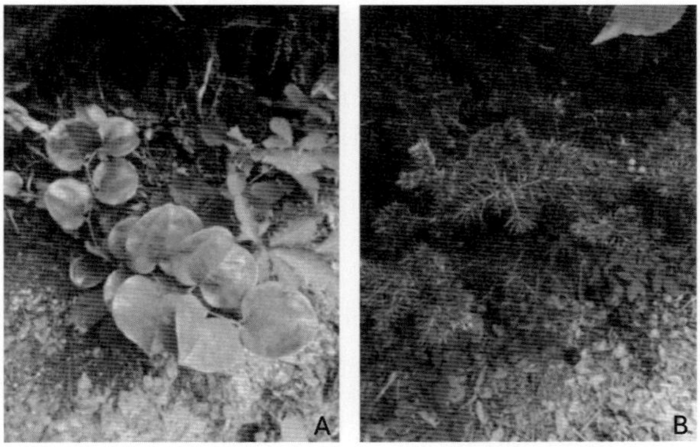

【사진 4.8】 히메지키타 병원 주변 산림의 암상에서 발견된 약용식물

청미래덩굴(A)과 노간주나무(B)

【표 4.1】 히메지키타 병원 주변에서 확인된 수목

상록활엽수	낙엽활엽수	상록침엽수
감탕나무 가시나무 종가시나무 사스레피나무 비쭈기나무 야생동백 계수나무 팔손이나무 마취목 소귀나무 ソヨゴ 백량금 ナツグミ	졸참나무 굴참나무 감나무 산철쭉 청미래덩굴 나무딸기 오갈피나무 돌나물(takanotume) 팽나무 옻나무	노간주나무 소나무 삼나무 편백나무

이들 주변의 산림환경, 수목자원을 고려하여 그 활용방법에 대해 주로 간호사, 작업요법사를 대상으로 여러 차례 연수회를 실시하였다.

1차 연수회는 2014년 5월에 실시하였다. 이 병원의 간호사 22명, 간호조무원 10명, 작업요법사 10명, 정신 보건복지사 5명, 사무 직원 외 10명, 합계 57명이 참가하였다. 연수회의 내용은 삼림요법의 개론, 국내외 사례, 히메지키타 병원의 가능성, 상정되는 대상자와 프로그램 등에 대한 것이었다.

2차 연수는 같은 해 7월에 실시하여 간호사 6명, 간호조무원 4명, 작업요법사 4명, 정신보건복지사 4명이 참가하여 후보가 된 삼림답사를 시작으로, 수목채집, 수목의 지엽으로 방향증류수 만들기 등을 연수하였다.

이상, 2회의 연수회를 포함하여 삼림요법의 계획이 세워지게 되었지만 대상은 동병원의 정신 질환, 정신장애, 발달장애 환자로써 요양형 환자(통합실조증으로 장기입원)와 급성기의 환자(기분장애 등) 2개조로 나누어 실시하게 되었다.

프로그램의 내용은 산책이나 가벼운 작업 등으로 하고, 평가는 감정, 행동, 커뮤니케이션 측면의 평가를 이 병원의 작업 요법사가 실시하였다(사진 4.9).

【사진 **4.9**】 히메지키타 병원에서의 삼림요법의 모습

삼림산책을 위해 병원차량을 이용하여 삼림공원으로 이동한다.

산책을 하면서 수목의 지엽을 모아 방향증류수를 만든다.

또한 평가는 병동 내 윤리위원회에의 검토와 승낙을 거쳐, 삼림요법 대상자는 10명 이하로 선정하였다. 대상자에게는 삼림요법에 대한 사전 설명을 실시하였다. 실시 시간은 2시간 전후를 기준으로 하여 2014년 겨울부터 실시하였고, 환자 5~9명에게 의료진 3명이 대응하도록 하였다.

(3) 삼림요법의 장단점

삼림요법의 이점으로는 요양형 환자, 급성기 환자 모두 ①커뮤니케이션이 활성화, 확대되었다. ②병동 내에서의 표정 차이가 뚜렷하였다. ③환자들은 새로운 깨달음을 얻을 수 있다. ④기분 전환, 휴식이 된다. ⑤기존 프로그램에 없었을 가능성이 있다. ⑥은둔형 외톨이 경향, 감정둔마[3], 폐쇄감이 감소한다. ⑦비언어 커뮤니케이션도 할 수 있다 등을 들 수 있다.

반대로 단점으로서는 ①옥외, 야외에서의 리스크가 있다. ②감기, 상처, 해충, 벌, 긴급 대응 등이 필요하다. ③급경사로 보행 곤란한 대상자도 있다. ④기상, 계절대응, 외부자극에의 대응이 필요하다. ⑤병원에서 멀어지는 리스크가 있다. ⑥대응 직원수가 적다. ⑦삼림, 수목, 식물을 잘 모른다 등을 들 수 있다.

이상의 실행함에 있어서의 반성을 포함하여 다음 해 봄 2015년 3월부터는, 요양형, 급성기의 구별을 하지 않고 일률적으로 삼림에 들어가기로 하고, 매월 2회 정도의 삼림요법을 하게 되었다.

2015년에 3월에 실시한 삼림요법 도입 후의 평가를 그림 4.12에 나타냈다.

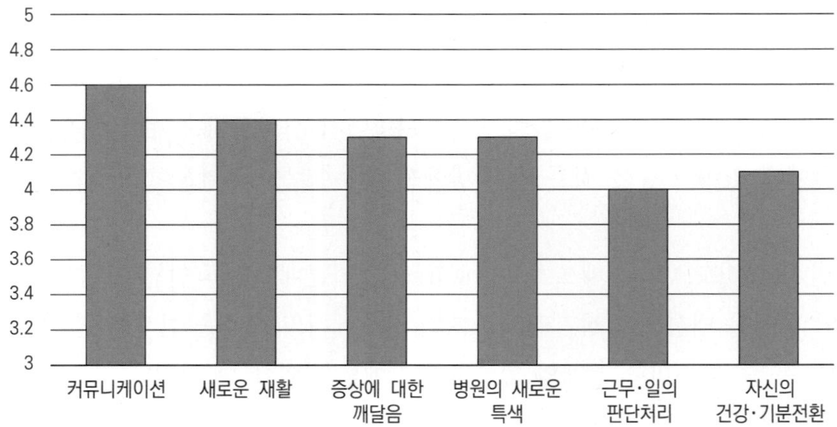

【그림 4.12】 산림요법 도입후의 각평가(5점척도)(n = 14)

---

3) 感情鈍痲 : 감수성이 무디어져서 감정을 느끼지 못하는 상태

삼림요법을 도입함으로써 질환, 원내생활에서 숨겨진 인간성 발굴이 가능함을 비롯하여 단조로운 실내환경에서 다양한 풍치작용을 체감할 수 있다는 것, 옥외, 야외 삼림에서의 표정, 언어, 행동의 변화 등이 인정되는 것, 기억을 이끌어내는 효과, 대상자의 질환·증상에 대응한 선택도 가능하다는 것 등의 개선이 보였다. 예를 들면 통합실조증(조현병)의 음성 증상이 강한 환자가 삼림에서는 사람과 교류할 수 있고, 반대로 양성 증상이 강하고 병동 내에서는 망상 발언이 많은 환자가 삼림에서는 그러한 발언이 줄어 사람에게 말을 걸 수 있게 되는 등, 커뮤니케이션의 원활화에 특히 효과가 큰 것 같다. 삼림이라는 장소, 공간의 변화와 그 장소, 공간을 공유·공감할 수 있는 것 또한 장점이며 이것을 기반으로 사회복귀의 한 발자국씩 도모해 가는 방향성도 나타나고 있다(上原(2015)).

4.4 지역 진흥으로서의 가능성

그러면, 이 장의 마지막으로 삼림의 의료 이용에 의한 지역 진흥의 가능성에 대해 살펴보자.

이 항에서 보고한 홋카이도의 우에나에 병원에서는 신갈나무림의 2차림 활용, 가고시마의 기리시마 사쿠라가오카 병원에서는 삼나무·편백나무 인공림의 방치림을 활용한 의료이용 사례였다. 이와 같은 활동들, 마음가짐이 지역진흥에 연결될 가능성은 있는 것일까?

이 질문에는 굳이 YES라고 대답하고 싶다. 「지역 진흥」이라고 하면 자칫 관광이나 고객 모집, 수익을 올리는 것으로 생각되기 십상이지만, 지역의 진흥이란 우선 지역민들과 지역의 자연이 튼튼해지는 것, 활력을 갖는 것이다. 이 항에서의 사례처럼, 「지역 환자가 지역의 삼림을 활용하여 건강하게 된다」라고 하는 마음가짐 및 효과가 지역으로 파급되고 그 장소로 알려진다면 반드시 그 효용을 찾아서, 타 지방에서 사람들이 모여들 가능성이 있다. 그 지역 사람들에게 있어서 좋은 것은 타 지방에서 오는 방문자에게도 또한 좋은 것이기 때문이다.

예를 들면, 홋카이도 나카톤베쓰쵸(中頓別町)의 나카톤베쓰쵸 국민건강보험 병원에서는 지역의 고혈압 환자를 대상으로 정기적으로 지역 삼림에서의 산책을 실시한 결과, 환자의 통원 횟수, 투약수 등을 줄여 마을 전체의 의료비 삭감에도 기여할 수 있었던 것으로 보고되고 있다. 이 병원에 있어서 삼림의 의료 이용은 인근의 시읍면에도 곧 알려지게 되어 다른 시읍면으로부터 내방자수가 증가하게 되었다. 이러한 것들은 관광 등과는 달리 삼림의 의료 이용에 따른 방문자수의 증가, 지역 활성화의 한 사례라고 말할 수 있을 것이다.

4.5 「地森地健」 시대로

히포크라테스의 시대에도 현대에서도 인간의 건강은 자연에 근거하고 있다는 것은 불변하고 보편적인 것이다. 현재 일본의 농산촌에는 방치된 삼림이나 마을산, 휴경전 등이 산재해 있어 의료 이용과의 연결고리가 얼핏 상상하기 어려운 것 같지만 이러한 환경에는 지역주민의 건강 가꾸기나 복지활동 그리고 의료 이용의 일환으로 재생할 가능성이 잠재하고 있음을 명시하고 싶다. 또한 널리 「의료복지」라는 시점에 입각, 지역의 산림활동을 핵심으로 하여 지역 커뮤니티를 재형성해 나가는 것이 향후 새로운 의료복지, 보건휴양의 한 형태, 패러다임도 될 수 있는 가능성을 가지고 있다. 「지산지소」라는 말이 있지만 「지역의 건강 가꾸기는 지역의 숲에서 : 地健地森」라는 시대가 도래 할지도 모른다. 지역의 진흥이란 우선 무엇보다도 지역의 사람들과 지역의 자연이 건강해지는 것, 활력을 갖는 것이다. 이 항의 사례처럼 「지역 환자가 지역의 삼림을 활용해 건강하게 된다」라고 하는 생각, 지역의 삼림 공원이나 마을숲 등을 활용한 시민의 건강 가꾸기 등의 마음가짐 등도 벌써 각지에서 시작되고 있다. 가까운 산림을 지역 주민 스스로가 자주적으로 활용하여 향수할 수 있는 생활이, 지금부터 조금씩 주민 자신의 손에 의해서 전국 각지에서 싹 터 가는 것, 그리고 각지의 삼림에 새로운 히포크라테스가 생겨날 것이 기대된다.

(上原)

또한 4.3.3 2005~2006년도의 과학 연구비 「맹아연구」(과제 번호 17658074)의 지원을 받아 실시하였다.

과제

(1) 의료에 삼림을 활용하는 것에는 지금도 높은 장벽이 있다. 그 요인에는 어떠한 사례가 있는가를 열거하고, 그 해결방법은 어떠한 방법이 있는가를 고찰하라.

(2) 해외에서 의료에 삼림 환경을 활용하는 사례를 많이 볼 수 있다. 일본과 이들 국가들 사이에는 어떠한 차이가 있는지를 고찰하라.

제5장

약용수목과 수목의 힐링문화

국내뿐만 아니라 해외에서도 각 지역에서 친밀한 식물을 활용한 약용 이용이 전승되고 있다. 친밀한 식물을 약용에 이용한 민간요법은 선인들이 남긴 예방의료, 건강 가꾸기의 지혜뿐만 아니라 산촌 자원의 효과적인 활용이기도 하고, 그 지역에 남아 있는 생활 문화의 전승이기도 하다. 현대와 같은 의료기관은 없었고, 간단하게 의약품도 입수할 수 없으며, 교통수단이 발달하지 못했던 시대에는 그 지역의 생활에서 건강유지를 위한 중요한 산물로서 산지에서의 약용식물이 활용되었고, 각지에서 세대를 초월해 전승되어 왔다고 추측할 수 있다. 이 약용식물의 현대에서의 가능성을 생각해보자.

5.1 약용문화의 전승

사진 5.1은 태평양전쟁 중 어느 신문기사이다. 전쟁 때문에 약품을 해외로부터 수입할 수 없게 되자 옛날부터 초근목피의 약용 원료나 약용식물의 채집을 당시의 후생성이 장려했던 것이 기사로 남아 있다.

전국 산촌에서 식물의 약용 이용에는 건위제, 자양강장 등의 건강증진, 예방의료적인 역할과 설사약, 신경통, 진해거담, 화상, 지혈, 부기 등 응급처치, 처방에 제공하는 것으로 크게 2가지로 구별된다. 병원이 없었던 옛날에는 일단 「병이 나지 않을 것」이 최우선 민간 의료였을 것이다.

오늘날까지 전승되어 오고 있는 약용식물의 성분분석을 해 보면, 대부분 어떠한 약효성분들이 확인된다. 이로부터 우리 선조들이 가까이 하였던 식물의 약효를 경험적·임상적으로 확인해 온 것으로 생각된다(上原(2010a)).

輸入薬品の代用に
草根木皮の登場
どし〳〵栽培・採集奨勵

【사진 **5.1**】 약용식물의 채집을 장려한 전쟁 중의 신문기사

5.2 구체적인 약용수목

사진 5.2는 황벽나무(귤과, 한방명: 황엽. 황무, 황백)이다. 황벽나무는 표고가 높은 곳에 자생하는 낙엽 활엽수로 수고는 10~15m 정도. 그 중에는 20m 이상 되는 것도 있다. 그 두꺼운 코르크질의 수피에 베르베린(berberine), 오바쿠논(obacunone)이라고 하는 건위제 성분이 포함되어 있다. 아이누 문화에서는 잘 익은 황벽나무 열매를 향신료로 이용하며, 약용 외에 염료의 재료로도 쓰인다. 귤과인 것으로부터 제비나비, 산제비나비의 유충이 좋아하는 수목이기도 하다. 나가노현(長野県)에서는 전국에서 선구적으로 이 황벽나무의 인공재배를 시작하였지만 그 때의 식재밀도는 3000본/ha정도였고, 삼나무, 편백나무의 임간재배의 사례도 보고되고 있다(삼나무 상목 600본에 하목 황벽나무 500본 정도). 사진 5.3은 팔손이(두릅나무과)이다. 주택 주변 등에도 식재되어 흔히 볼 수 있는 수목이지만 그 잎에는 사포닌이 포함되어 류마티스에게 효용이 있어 입욕제로 이용되는 훌륭한 약용식물이기도 하다. 사진 5.4는 목련(목련과)이다. 봄에 가련한 하얀 꽃을 피우는 나무로 「북국의 봄」 가사에도 나오는 나무다. 그 개화 직전의 꽃봉우리 뢰(蕾)를 한방에서는 신이(辛夷)라고 하고, 시네올(cineole), 시트랄(citral), 유제놀(eugenol) 등의 정유성분이 포함되어 코막힘이나 감기약에 이용되어 샴푸 등에도 사용된다. 사진 5.5은 산뽕나무(뽕나무과)이다. 과거 뽕잎은 일본의 생사(生糸)가 주산업이었던 무렵, 전국 각지에 뽕밭이 있었고 재배되었다. 현재 뽕잎은 고혈압에 효능이 있는 뽕잎차로 애용되고 있다. 새콤달콤한 산뽕나무의 열매는 요구르트 등과 함께 먹으면 맛있으며, 고원의 펜션 등에서 제공하는 경우도 많다. 사진 5.6은 겨우살이(단향과)이다. 유럽과 미국에

서는 크리스마스의 장식에도 사용되는 수목이다. 최근에는 항암작용을 하는 성분이 있는 것으로 보고되어 약용수목으로도 인기가 있다.

예로부터 전승되어 온 산촌, 산림의 약용 식물이지만 인간에게 작용하는 기능은 현대에도 변함이 없으며, 오히려 향후 그 중요성과 수요는 높아질 가능성이 있다.

【사진 **5.2**】 황벽나무의 수간(A)과 그 수피로 만든 건위장약(B)

【사진 **5.3**】 생울타리 등에도 자주 볼 수 있는 팔손이

【사진 **5.4**】 녹화수로서 식재되고 있는 목련

【사진 5.5】 도심부에도 볼 수 있는 산뽕나무

【사진 5.6】 낙엽활엽수에 기생하는 겨우살이

5.3 주요 약용 목본식물

주변의 목본식물의 이용방법에 대해서 간단하게 정리한 것을 표 5.1에 제시하였다. 이 표는 나가노현(長野県) 내 마을 숲에서 볼 수 있는 목본식물의 약용이용에 대해 민간요법으로서 전승되고 있는 이용방법의 관점으로부터 목본식물의 약용의 효용, 함유 성분 및 그 이용 방법 등을 나타냈다.

이들 대부분의 수종이 나가노현 내의 마을숲 또는 산림에 극히 평범하게 자생하는 것이며 재배도 어렵지 않다.

약용이용으로서는 자양강장, 위장약, 고혈압, 신경통, 진해거담, 이뇨, 진통해열 등에 제공되는 것이 많다. 이용하는 부위는 뿌리, 잎, 과실, 수피, 뿌리 껍질 등이 있고, 이를 약용으로 사용하기 위하여 양건, 음건, 열탕처리 등이 있다. 이는 산촌생활 속에서 오랜 기간에 걸친 검증으로 전승되어온 것이고 약효성분도 각 수종에 함유되어 있다.

그렇지만 심리적 효과에 의한 이른바 「플라시보 효과」에 의한 효과의 가능성도 동시에 생각할 수 있기 때문에, 과학적인 임상연구에 의한 검증이 향후에도 필요하다고 여겨진다.

산촌에서 식물의 약용이용은 어디까지나 생활풍토 속에서 고안되어 나온 민간요법이다. 현대의약과는 구별을 분명히 한 요법으로서 자리매김 되었고 역학적인 과학검증이 향후에도 필요하다. 그렇지만 이미 의약원료인 것도 있고, 향후 산촌의 새로운 자원으로서 기대될 가능성도 있다(上原(2011e)).

여기에서는 목본식물을 중심으로 소개하였으나, 보다 구체적인 민간전승의 약용이용 방법과 초본식물의 약용 이용에 대해서도 조사해 나갈 필요가 있다.

【표 5.1】 나가노현(長野県) 내에 자생하는 약용 목본식물과 그 효용 및 성분

수목명	과·속 학명	효용	약효가 되는 주요 함유성분	주요 이용 부위와 이용방법	재배 방법
식나무	층층나무과 식나무속 *Aucuba japonica*	화상, 동상, 방광염, 각기(脚氣), 부종	aucubin, 배당체	(화상, 동상) 생잎을 구워서, 슬러리로 한 것, 혹은 짓이겨서 상처에 바른다. (방광염) 건조한 잎과 과실을 달여서 복용	실생 삽목
적송	소나무과 소나무속 *Pinus densiflora*	신경통, 냉해, 류마티스, 거담	pinene, dipentene, limonen, acietic acid, pimaric acid, 비타민 A,C, quercintin	(피부의 괴사) 수간에서 생송진을 채취해서 도포 (신경통, 류마티스) 생송진을 수증기 증류하여 환부에 도포 (냉증, 신경통) 송진을 베로 만든 주머니에 넣어 입욕제로 사용	실생
살구나무	장미과 벚나무속 *Prunus armeniaca*	진해, 거담	Amygdalin, 지방유, Pangamic acid	(천식, 기침, 호흡곤란) 종자 (행인) 수증기로 증류하여 씨에서 뽑아낸 물을 만들어 복용	실생
주목	주목과 주목속 *Taxus cuspidata*	이뇨, 생리통, 당뇨병	taxin(alkaloid), sciadopitysin (flavonoid)	(이뇨, 생리통, 당뇨병) 햇볕에 건조시킨 잎을 달여서 복용, 독성 クキシン에는 요주의	실생 삽목
무화과나무	뽕나무과 무화과나무속 *Ficus carica*	변비, 고혈압, 사마귀제거, 기침, 신경통	citric acid, phosphorus acid	(변비) 과실을 식용 혹은 건조한 과실을 달여서 복용 (고혈압) 건조한 잎을 달여서 복용 (사마귀제거) 줄기와 잎의 유액을 도포 (기침, 신경통) 건조한 잎을 베로 만든 주머니에 넣어 입욕제로 사용	실생

수목명	과·속 학명	효용	약효가 되는 주요 함유성분	주요 이용 부위와 이용방법	재배 방법
은행나무	은행나무과 은행나무속 *Ginkgo biloba*	거담, 빈뇨, 야뇨증, 자양강장	flavonoid, Ginkgolide(잎), Ginkgolic acid(과피), lecithin(종자)	(거담, 빈뇨, 야뇨증, 자양강장) 종자를 건조시켜 종자안의 씨를 빼서 달여서 복용	실생 삽목
오갈피나무	오갈피과 오갈피속 *Acanthopanax sieboldianus*	강장, 진통	4 methoxy salicylaldehyde, Palmitic acid, Linoleic acid, Arachidic acid	(장장, 복통의 진통) 건조한 뿌리 껍질(오가피)을 달여서 복용	실생
매화나무	장미과 벚나무속 *Prunus mume*	설사, 해열, 기침, 회충제거, 피로회복	citric acid, Ginkgolic acid, Succinic acid, 주석산, Oleanolic acid, Amygdalin	(설사 멈춤, 해열, 기침 멈춤, 회충구제) 훈제한 미숙과실(오매)을 달여서 복용 (풍사) 태운 살구씨에 뜨거운 물을 부어 음용 (편도염) 매실의 과육 엑기스를 희석시켜 양칫물로 사용	실생
옻나무	옻나무과 옻나무속 *Rhus verniciflua*	생리통, 편도염, 구충	Urushiol, Mannitol	(월경, 기침멈춤, 구충) 건조시킨 수액(乾漆)을 복용 (편도염) 건조시킨 수액을 태워서 그 연기를 호흡	뿌리 분주 실생
회화나무	콩과 벚나무속 *Sophora japonica*	지혈, 소염, 진통	Rutin, Quercetin, Betlin	(수축시켜 지혈함, 소염, 진통제, 코피, 치질) 햇볕에 말린 개화 전의 순을 달여서 복용	실생
감나무	감나무과 감나무속 *Diospyros kaki*	딱꾹질, 야뇨증, 혈압강하	Oleanolic acid, Urso acid, Tannin, 비타민 C	(딱꾹질 멈춤, 야뇨증) 열매꼭지를 달여서 복용 (고혈압) 건조한 잎을 달여서 혹은 뜨거운 물에 담구어 음용	실생
비자나무	주목과 비자나무속 *Torreya nuchifera*	빈뇨, 야뇨	지방유(종자)	생 종자를 구워서 먹거나 볶은 종자를 복용	실생
개오동나무	능소화과 개오동속 *Catalpa ovata*	이뇨약	Potassium salt, Catalposide, caltapalactone	(신장병, 각기, 임신, 저혈압 등의 부종) 열매를 달여서 복용	실생 삽목
황벽나무	귤과 황벽나무속 *Phellodendron amurense*	건위, 설사	Berberine, Palmatin, Magnofolrine (alkaloid), obakunone(고미질)	(설사 멈춤, 위장제, 정장제) 코르크층을 제외하고 건조시킨 수피를 달여서 복용	실생
치자나무	꼭두서니과 치자나무속 *Gardenia jasninoides*	거담, 이뇨, 지혈	carotene(carotenoid 색소), eniposide(배당체)	(소염, 이뇨, 지혈) 그늘에서 말린 완숙과실(山梔子)를 달여서 복용	실생 삽목
밤나무	참나무과 밤나무속 *Castanea crenata*	옻오름, 땀띠	Tannin	(옻오름, 땀띠) 햇볕에 말린 잎(栗葉)의 삶을 즙을 차갑게 하여 환부를 씻는다	실생

수목명	과·속 학명	효용	약효가 되는 주요 함유성분	주요 이용 부위와 이용방법	재배 방법
조장나무	녹나무과 조장나무속 *Lindera umbellata*	각기, 위장염, 지혈	조장나무유(정유)	(각기, 급성위장염) 그늘에 말린 뿌리껍질(鉤樟; 구장)을 달여서 복용 (지혈) 구장의 분말을 살포	실생
목련	목련과 목련속 *Magnolia kobus*	두통, 코막힘	Cineole, Citral, Eidenol(정유)	(두통, 코막힘) 개화 직전의 순을 그늘에 말려(辛夷) 달여서 복용	실생
주엽나무	콩과 주엽나무속 *Gleditsia japonica*	류마티스, 목 부음	Gleditsiansaponin (종피, 종자), 페놀성 물질(가시), amino acid(가시)	(류마티스, 목부음) 햇볕에 말린 콩깍지(早莢; 조협), 가시(조협제)를 달여서 복용	실생
석류나무	석류나무과 석류나무속 *Punica granatum*	설사, 신경통, 편도염	Perezhelin(수피, 근피), Tannin(과피)	(설사, 신경통, 기침멈춤) 건조한 과실 껍질을 달여서 복용 (편도염) 과실의 달인즙으로 양치질을 함	실생 삽목
산수유	층층나무과 층층나무속 *Cornus officinalis*	자양강장, 당뇨병	Malic acid, 주석산, 몰식자산, Moroniside(배당체)	(자양강장, 당뇨병, 요통) 햇볕에 말린 과육을 달여서 복용	실생
초피나무	귤과 초피나무속 *Zanthoxylum piperitum*	식욕부진, 소화불량	citronellal, limonene(정유), sanshool, Sansho amide(매운 맛 성분), Tannin	(식욕부진, 소화불량) 과실 껍질과 종자의 방향과 신맛을 방향성 건위약으로 분말로 복용	실생
산철쭉	진달래과 진달래속 *Rhododendron metternichii*	이뇨, 해열, 진통, 동맥경화 예방	Rhodotoxin(잎, 독이 있음), Tannin, Rhododendrin	(이뇨, 진통, 류마티스, 해열, 지혈) 햇볕에 말린 잎을 달여서 복용	실생
자작나무	자작나무과 자작나무속 *Betula platyphylla var. japonica*	통풍, 류마티스, 피부병, 방부제	cresol, creosote, guaiacol(화목타르), 정유, 고미질, Boric acid(잎), Betulin(수피)	(통풍, 류마티스, 피부병) 목재를 건조시켜 화목 타르를 도포	실생
인동덩굴	인동덩굴과 인동덩굴속 *Lonicera japonica*	관절통, 화농병, 해열, 편두염, 구강염, 습진, 이뇨, 건위, 요통	Tannin, 고미배당체	(괄절통, 화농증, 해열) 그늘에 말린 꽃, 햇볕에 말린 가지잎을 달여서 복용 (편도염, 구내염) 상기의 달인 즙으로 양치질 (습진) 상기의 달인 즙을 도포 (이뇨, 건위) 어린 잎을 차로 음용 (요통) 건조잎을 입욕제로 사용	실생 삽목

수목명	과·속 학명	효용	약효가 되는 주요 함유성분	주요 이용 부위와 이용방법	재배 방법
두릅나무	오갈피나무과 두릅나무속 *Aralia elata*	당뇨병, 신장병, 위장병, 고혈압	Tannin(근피), Tannin, Oleanolic acid, β-sitosterol	(당뇨병, 신장병, 위장병) 햇볕에 말린 뿌리 껍질, 수피를 잘게 썰고 달여서 복용 (고혈압) 가시가 많은 건조한 껍질을 잘게 썰고, 햇볕에 건조시켜 차 대용으로 음용	실생
대추나무	갈매나무과 대추나무속 *Zizyphus jujuba var. inermis*	진정, 강장, 해열, 자양강장, 불면증, 야경증, 히스테리	당분, 점액질(과실)	(진정, 강장, 해열, 자양강장, 불면증, 夜泣, 실성, 히스테리) 햇볕에 말린 과실을 달여서 복용	실생
마가목	장미과 마가목속 *Sorbus commixta*	설사, 치질, 옴, 땀띠	amygdalin(수피), sorbitol(과실)	(설사, 치질, 배뇨곤란) 햇볕에 말린 수피 달인 즙을 복용 (옴, 땀띠) 달인 액으로 환부를 씻는다 (양치질) 과실 달인 액을 사용	실생
남천	매자나무과 남천속 *Nandina domestica*	진핵, 시력회복, 해열	domesticine(과실), nantenine(과실), nandinine(잎)	(진해, 시력회복, 해열) 햇볕에 말린 과실을 달여서 복용	실생 삽목
소태나무	소태나무과 소태나무속 *Picrasma quassioides*	건위, 식욕부진	Quassiin(고미질), Tannin	햇볕에 말린 목재부를 건위제로서 달이고 실생 혹은 분말로 복용	실생
화살나무	화살나무과 화살나무속 *Euonymus alatus*	생리불순, 가시뽑기	미상(未詳)	(생리불순, 풍사, 신경통)) 햇볕에 말린 翼狀部를 달여서 복용 (가시뽑기) 익상부를 검게 태워 분말로 만들고 밥알과 석어서 환부에 붙여 가시가 빠지게 함	실생 삽목
딱총나무 ニワトコ	인동과 딱총나무속 *Sambucus sieboldiana*	해열, 발한(發汗), 뼈붙이기	배당체, corinne, Maleic acid	(해열, 땀, 이뇨) 줄기(넓은잎딱총나무)를 달여서 복용 (신경통, 류마티스, 냉증) 건조한 꽃(넓은잎딱총나무 꽃), 잎(접넓은잎딱총나무 잎), 넓은잎딱총나무를 천에 넣어 끓여서 입욕제로 사용 (뼈붙이기) 가지를 검게 태워 것, 밀가루, 식초를 잘 섞어서 환부에 두껍게 바르고 부목을 댄다	실생
붉나무 ヌルデ	옻나무과 옻나무속 *Rhus javanica*	설사, 진해, 지혈	오배자 Tannin, 몰식자산, citric acid	(설사, 거담, 진해) 잎을 쩌서 건조시턴 오배자를 달여서 복용	실생
자귀나무	콩과 붉나무속 *Albizia julibrissin*	진통, 강장, 이뇨, 타박상, 종기, 관절 류마티스	Tannin(수피)	(진통, 강장, 이뇨, 구충) 햇볕에 말린 수피를 달여서 복용 (타박상, 종기, 관절 류마티스) 달인 즙으로 환부를 씻고 혹은 습포한다	실생

수목명	과·속 학명	효용	약효가 되는 주요 함유성분	주요 이용 부위와 이용방법	재배 방법
찔레나무	장미과 장미속 *Rosa multiflora*	이뇨, 종기, 해열	multinoside A,B, multiflorinA,B, Quercetin Rutinoside	(신장이나 각기의 부종) 햇볕에 말린 과실을 달여서 복용	실생
나무수국	범의귀과 수국속 *Hydrangea paniculata*	설사, 종양, 위궤양	coumarin류, xylose(점액)	(설사, 부종, 위궤양) 햇볕에 말린 수피(糊空木)을 달여서 복용	실생 삽목
음나무	오갈피나무과 음나무속 Kalopanax pictus	거담	Carotoxin, caro saponin	(거담) 햇볕에 말린 뿌리 껍질(海桐皮)을 달여서 복용	실생
후박나무	목련과 목련속 *Magonolia obovata*	건위, 설사, 이뇨, 해열, 류마티스	Magnocurarine, magnolol, makilol (β-eudesmol) Tannin	(요통, 토함, 설사, 이뇨) 햇볕에 말린 수피를 달여서 복용	실생
모란	모란과 모란속 *Paeonia suffructicosa*	월경불순, 변비, 코피, 치질, 옴	Paeoniflorin, Paeonol(배당체), 안식향산, phytosterol	(월경불순, 변비, 코피, 치질) 햇볕에 말리 뿔리 껍질(牧丹皮)를 달여서 복용	실생
개다래나무	개다래나무과 개다래나무속 *Actinidia polygama*	냉증, 요통, 이뇨, 강심, 신경통	Matatabi acid, Matatabi lactone,Actinidin, polygamol	(냉증, 요통, 이뇨, 강심, 신경통) 충영을 열탕에 담근 후 햇볕에 말린 것 (木天蓼)을 소주에 담구어 복용	실생
참빗살나무	노박덩굴과 노박덩굴속 *Eunonymus sieboldianus*	진통, 진핵, 습진	linoleic acid(종자)	(진통, 진해, 구충) 햇볕에 말린 수피를 달여서 복용 (습진) 햇볕에 말린 수피 달인 액으로 환부를 세정	실생 삽목
무궁화	아욱과 부용속 *Hibiscus syriacus*	설사, 무좀, 피부병	Saponarin(꽃봉우리)	(설사멈춤) 햇볕에 말린 순을 달여서 복용 (무좀, 옴) 햇볕에 말린 수피를 소주에 담구어 환부 에 도포	실생 삽목
일본 매자나무	매자나무과 매자나무속 *Berberis thunbergii*	결막염, 건위, 신경통	berberine, berbamine(가지, 줄기, 뿌리), Tatrorhizine	(결막염) 햇볕에 말린 잎, 가지, 뿌리 달인 액으로 세안 (건위) 달인 액을 직접 마심	실생 삽목
목련	목련과 목련속 *Magnolia liliflora*	축농증, 두통	cineol, eugenol, 구연산	(축농증, 비염, 코막힘) 개화 직전의 순을 그늘에서 말려 달여서 복용	실생
팔손이	두릅나무과 팔손이속 *Fatsia japonica*	류마티스 진해, 거담	saponin, apitoxin	(류마티스) 햇빛에 건조한 잎을 끓여서 입욕제로 사용 (진해, 거담) 상기의 액으로 양치질	실생 삽목

수목명	과·속 학명	효용	약효가 되는 주요 함유성분	주요 이용 부위와 이용방법	재배 방법
겨우살이	겨우살이과 겨우살이속 *Viscum album subsp. coloratum*	요통	triterpenoid, flavonoid, flavonoid 배당체(지엽)	(요통) 건조한 잎을 달여서 복용	기생 식물
산뽕나무	뽕나무과 뽕나무속 *Morus bombycis*	고혈압, 강장	terpen, Morusin, Kuwanon(prenylflavone 유도체)	(고혈압) 건조한 뿌리 껍질를 달여서 복용 (중풍예방) 뽕잎을 차 대신에 음용	실생 삽목

5.4 바이오매스로서의 약용수목

이 절에서는 바이오매스 자원으로서의 약용수목 가치에 대해서도 서술하고자 한다.

「바이오매스」 또는 「바이오매스 이용」이라고 하면 자칫 연료를 말하는 것처럼 생각하기 쉽다. 「바이오매스 연료」 등이 그 대표적 사례일까?

그림 5.1은 2010년 현재 각국의 국민 1인당 목질에너지의 이용량이다. 옛날에는 「할아버지는 산에 땔나무 하러…」라는 이야기를 하였고, 1950년대까지 일상적으로 사용되고 있던 목질에너지이지만, 현재 일본은 이용률이 낮고 세계 평균의 30분의 1정도이다. 핀란드와 비교하면 80분의 1의 이용률이며, 숲, 나무와의 관계가 에너지에 있어서는 적다는 것을 알 수 있다.

그러나 바이오매스(biomass)가 연료만 가리키는 말은 물론 아니다.

목본, 초본식물 그 자체를 비롯하여 농작물, 사람이나 동물의 배설물, 또 식량, 비료, 사료, 약품, 의류 등을 포함한 바로 생물량의 총체, 총이용·활용을 말한다. 그리고 그 바이오매스 이용 중 가장 고가치, 고액인 것이 약용이용이고, 반대로 가장 저가치, 저액인 것이 연료로서의 이용이다(그림 5.2). 바꾸어 말하면 연료로 사용하는 것, 태우는 것은 최종수단일 것이다. 다시 말하면 「바이오매스」 이용을 생각하는 경우 가치가 높은 것부터 단계적으로 그 가능성을 생각할 필요가 있다는 것이다. 이 점에 있어서 '바이오매스'와 '어메니티'라는 말은 동의어라고 해도 무방하다. 지금까지 생각하지 못했던 바이오매스, 어메니티의 이용이 지금부터 더욱 개척될 가능성이 있다고 할 수 있다.

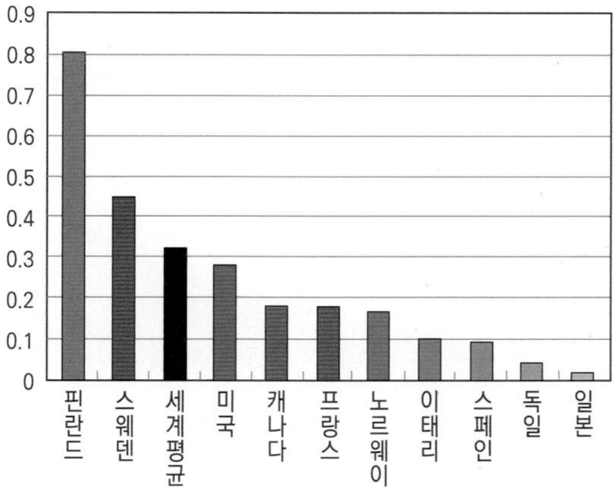

【그림 5.1】 각국 국민 1인당 목질에너지 이용량

FAO, Forest Products Year Book(2011)에서 작성.

고	의약품 등	(Fine material)
⇧	식료	(Food)
가	섬유	(Fiber)
격	사료	(Feed)
⇩	비료	(Fertilizer)
저	연료	(Fuel)

【그림 5.2】 바이오매스의 가치단계

5.5 숲과 수목의 힐링

제1장(1.1.4 힐링)에서도 말하였으나, 여기서 다시 숲, 수목이 가지는 「힐링=치유」에 대해서도 말하고자 한다.

사진 5.7은 동경 긴자 거리에 붙어 있던 숲 사진이다. 아마 긴자의 빌딩가에 있어서 「녹색의 숲」의 이미지를 가지는 「힐링 효과」로서 게시되어 있는 것으로 생각되지만 가까이에서 잘 보면 이것은 삼나무의 전체 조림지의 풍경이다. 「삼나무」하면 꽃가루 알레르기의 원흉으로 꼽히며 꺼리는 사람도 많겠지만 이런 삼나무림 풍경사진에는 알레르기가 없는 것 같다. 바꾸어 말하면 이러한 나무가 삼나무인 것을 알아보는 사람이 적거나 그 회사 자체도 그것

이 삼나무인 것을 모를 수도 있다. 그만큼 현재의 일본은 「숲 = 녹 = 치유」의 이미지가 선행되어 실제 구체적인 개개의 수목의 이름은 물론 특성, 속성에 대해서도 잘 알지 못한다는 상황도 있다는 것을 볼 수 있다.

사진 5.8은 도내의 한 공사현장에서 볼 수 있었던 것으로 느티나무의 계류림이 풍경사진으로 사용되고 있다. 사진 5.7, 5.8도 모두 숲, 수목의 풍경사진이 인공물의 스페이스에 장식되어 있는 것이 특징이다.

사진 5.9는 나가노현 토가쿠 신사의 삼나무 가로수이다. 이와 같이 일본의 많은 신들은 산 또는 평야의 울창한 숲 속에 의젓하게 자리잡고 있는 곳이 많다.

그리고 현재는 평소 생활 속에서 더욱 간편하게 숲, 수목의 힐링, 위로를 누릴 수 있도록 되어 있다. 숲에서의 새나 강물의 시냇물 소리가 들어간 CD나, 숲의 사계절 영상이 들어간 DVD 상품 등은 그 대표적인 예일 것이다. 이와 같이 가상 영상, 음성을 언제라도 즐길 수 있게 된 것도 현대 생활의 특징 중 하나이다.

그러나 이러한 가상 상품은 숲에 가서 수림속에 실제로 자신의 몸을 두는 것에는 미치지 못한다.

현대의 도시생활은 지금까지의 어느 시대보다도 바쁘고 또 소란스러운 세계이다. 이런 도시환경을 떠나서 세속적인 물건으로부터도 거리를 두고 조용한 숲 속에서 보내는 그리고 「자신 안에 있는 본래의 자연」을 응시하고 본래 자기 자신이 사는 페이스를 되찾아 가는 그러한 일상생활과는 구별을 분명히 하였다. 힐링, 치유의 장으로서 숲의 존재 의의가 더욱 높아지고 있는 시대이다.

【사진 5.7】 도쿄·긴자 야나기 도로에서 볼 수 있는 삼나무 인공림 사진

【사진 **5.8**】 공사현장에서 볼 수 있는 느티나무 계류림의 사진

【사진 **5.9**】 나가노현 토가쿠 신사의 삼나무 가로수
우거진 숲 가운데에 신이 의젓하게 자리잡고 있다.

5.6 힐링의 정의

힐링(Healing)이란 말은 본래 「치료한다」, 「치유한다」, 「고치다」, 「회복한다」. 「만지는 것만으로 병을 고친다」 등을 의미하는 언어이다. 또한 신, 자연, 신화, 종교성, 신앙, 애니미즘, 철학, 낭만주의, 자연회귀사상, 민간요법 등의 요소가 복층적 중층적으로 축소되어 사용되고 있는 것이 실제로는 많다.

「힐링」의 컨셉, 사고방식, 파악하는 방법으로는 「신 – 자연 – 인간」이라는 관계성 속에서 인간은 창조주가 형성한 자연의 일부분으로 인식하고 자기 안에서 인간의 존재의 균형 및 자연과 자기 사이의 균형을 사고하고, 나아가 자기 내부에 있는 자연의 균형을 도모하는 것을 목표로 하는 것이 많다. 구체적으로는 세속적인 사물로부터는 한 번 거리를 두고, 일상생활과는 구별을 분명히 한 자연의 장에서 자신의 페이스로 시간을 보내고 명상을 하거나 계시를 받거나 혹은 방향요법 등의 시술을 받는 것이 주요하다.

힐링을 하는 자세는 물질적인 것보다도 먼저 정신적인 것, 인공적인 것이 아니라 자연 본래의 것에 의거하는 것이 기본이며, 질환의 치료에 있어서는 자기의 생활환경, 생활양식, 생활습관, 사고, 감정 등에「원래 그렇게 있어야만 하는 것」,「자연적이지 못한 것」을 찾아 거기에서 본래의 자연의 모습을 깨닫고 있어야만 하는 모습으로 복원하고자 함을 볼 수 있으며 현대의료와는 구별되는「대체요법(alternative therapy)」안에 자리 매김을 하는 경우가 많다.

5.7 수목과 힐링

수목에 관련된 힐링은 생체로서 수목과의 대치, 명상기공이나 수목의 성분을 이용한 약용요법, 정유 성분을 이용한 방향요법 등으로 구분된다. 또 각 수목에 다양한 이미지, 심볼을 가졌던 게르만 문화나 켈트 문화 등도 있어 수목의 방향성분에 이미지나 효용이 결정되어진 방향 요법도 시행되고 있다.

수목의 힐링에 관한 몇 가지 요소가 있지만 아래와 같은 카테고리로 나눌 수 있을 것이다(上原(2010b)).

5.7.1 종교성

(1) 산의 신

전국 각지의 산에는「산의 신」이 있고, 그 신이 물이나 수확물의 혜택을 가져오며, 반대로 기분이나 지시로 재해나 사고를 일어나게 한다는 것이 민간신앙으로서 각지에 널리 뿌리내리고 있다. 또 그 산신의 분노를 피하는 것에서 숲·자연에 대한 과도한 개발, 진입, 쓰레기 투기 등은 응징하고,「자연의 바람직한 모습」을 그대로 유지하며, 그 지역의 자연환경 생태계를 보호하는 역할도 수행하고 있다. 숲·임업 관계에서는 임업작업의 무병식재(無病息災)에 대한 기원을 비롯해 쓰러질 때 벌목한 모주에 조잡한 절단면을 남기면 산신에게 상처를 준다 라고 전해지는 이야기도 각지에 있어 임업 현장에 있어서의 사고 예방에도 연결되고 있다.

(2) 사총림

사사(寺社)가 있는 사철의 사총림에는 신이 머물러 있거나 혹은 강림하는 장으로서의 신목(神木)이 있다. 이 때문에 사총림에는 그 지역의 식생 수종이 남아 있는 경우도 있고, 「나무에 영혼이 깃든다」라고 한 미나카타 쿠마구스(南方熊楠)은 사총림의 보호를 그 지역의 생태계 보호로도 추진하고 있다.

(3) 나무의 신

사사림(寺社林) 외에 단독의 노목이 「나무의 신」으로 모셔져 있는 곳도 각지에서 볼 수 있다. 나가노현 이이다시(長野県 飯田市)의 구 카미무라 지역의 예에서는 주민의 찾고 있는 물건이나 망각한 일을 상기하고 싶을 때 소원을 빌면 그것을 들어주는 [너구리님]이라고 불리는 큰 나무의 [나무신]이 각 취락내에 있어 만약 소원이 이루어진다면 약문자를 공양한다는 풍습이 지금도 있다.

(4) 종교 행사

신사와 제사, 경조사 때 수목이 사용되는 경우가 있다. 꼬치에 쓰이는 비쭈기나무, 아이누의 제사의례에 이용되는 봉구의 이나우 등이 그 예이다. 특히 아이누의 이나우는 액병 피하기, 귀신들을 물리칠 때 악취가 강한 마가목과 가시나무로 만들어지는 등 수목의 성질과 목적을 합치시키고 있다.

5.7.2 이미지, 심벌

아일랜드의 켈트 문화나 게르만 문화에서는 신화에 근거한 수목의 수호신, 심벌, 이미지 등이 정해져 있다. 예를 들면 일본젓나무는 상록수이기 때문에 불로장수나 「영원」의 상징으로 취급되어 크리스마스 등에도 이용되고 있다.

5.7.3 영성

힐링은 영성(spirituality)에 의해 인간을 보편적인 자연의 생명과 결부시는 것이 가능하고, 그 생각의 근본에는 수목에도 영성이 있다고 하는 생각이 세계 각지에 보여진다.

5.7.4 약용이용

수목의 함유성분에서 유래하고 있는 경우가 많고 식물요법, 민간요법의 기반이 되고 있다. 북미대륙의 원주민과 아이누 문화, 유럽문화, 오세아니아문화, 아프리카문화 등에서도 이 수목의 민간요법은 전승되고 있다.

5.7.5 긴장풀기(relaxation)

심신을 이완시켜서 호흡을 편하게 하면서 수목의 정유성분의 방향을 맡거나 혹은 정유를 피부에 도포하여 마사지, 침투시키는 형태가 있다. 심신의 긴장완화와 함께 자율신경의 균형, 체내의 항상성(homeostasis)의 조화, 정신안정을 가져오는 것을 목적으로 하고 있다.

5.7.6 요가

삼림 내의 공간에서 느린 호흡법이나 명상을 행하고, 동시에 신체의 스트레칭을 실시함으로써 자기 내부의 불균형이나 생활 습관을 되돌리고, 조정·수정하는 방법 등이 행해지고 있다.

5.7.7 수림 기공

수목과 마주하거나 몸을 기대고, 수목을 만지거나 느끼거나 또 수목이 자연에 순응한 생활양식에 따라 자신의 심신을 조절하는 일 등이 행하여지고 있다.

5.8 실용적인 면에서의 이용

후박나무, 떡갈나무, 오시마벚나무 잎처럼 음식, 음식을 싸는 재료로서 혹은 식기로서 이용되며, 그 향이나 살균효과가 이용되는 것이나, 나무 과실의 식용이나 아이누 문화에서 보이는 의류(피나무)에 이용되는 것 등 실용면에서의 이용이다.

이상, 수목의 힐링을 몇 가지 요소로 분류했지만, 기본적인 공통점으로서 수목은 자연물이라는 것, 입수하기 쉽고, 가까운 곳의 생명이라는 점, 가공하기 쉽고, 화학적인 부작용이 없는 것, 인간의 신체 또한 자연물이기 때문에 수목이라는 자연, 혹은 수목을 통한 자연과의 연결로 자기 자신의 심신을 치유하고 다듬어간다고 하는 기본자세가 엿보인다. 그러나 이러한 수목의 힐링은 현대의학을 시작으로 현대의 자연과학과는 구별이 분명한 종교성이나 영성의 영역에 근본적인 차이가 있고 민간의 자연요법에 기반인 것이 특징이다. 이것이 힐링에 대한 기호의 차이도 일으키는 것이 되고, 그 효과 등에도 편차가 있을 수 있다.

수목의 힐링은 종교성, 심벌, 영성, 약용, 긴장풀기, 요가, 수림기공, 실용면에서의 이용 등의 요소를 가지며 그 방법도 다양하고, 현대의료와는 더욱 구별이 되는 대체요법이나 민간의 자연요법의 영역에 위치하고 있다.

향후에는, 수종별 힐링이나 힐링의 구체적인 수법 등에 대한 분류, 심도있는 고찰을 통해 그 특징을 한층 더 분명히 해 나가고 싶다.

5.9 독일의 수목 힐링

현재 힐링은 여러 나라에서 도입되고 있지만 유럽 중에서도 선진적으로 힐링 도입에 적극적이었던 독일의 사례는 특히 흥미롭다. 그래서 이 항에서는 독일의 수목 힐링의 개요에 대해서 문헌조사와 현지조사를 토대로 고찰하였다.

5.9.1 독일 힐링의 형태

「힐링」의 의미에는 신, 자연, 신화, 종교성, 신앙, 애니미즘(animism), 낭만주의, 자연회귀사상, 민간요법, 자연요법, 건강법 등의 요소가 복층적, 중층적으로 관련되어 사용되고 있는 경우가 많다는 것은 전술한 바와 같으나 그것을 도식화하면 그림 5.3과 같다.

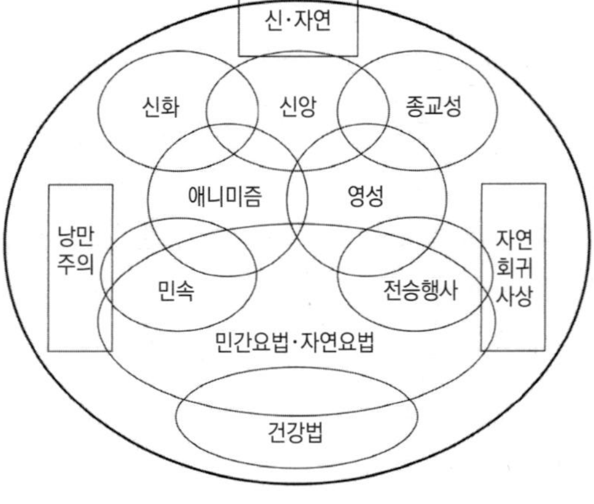

【그림 5.3】 힐링의 요소

특히 유럽의 게르만 문화에서는 각 수목에 다양한 이미지, 심볼을 지닌 민속전승이 있으며, 「신－자연－인간」이라는 관계성 속에서 인간은 창조주가 만든 자연의 일부분으로 인식하고, 자연 속에 인간 존재의 균형 및 자연과 자기와의 균형을 재검토하고, 더 나아가 자기 내부에 있는 자연의 균형을 도모하는 것을 목표로 하는 것이 힐링의 기반에 놓여져 있다(上原(2011a)).

5.9.2 독일과 게르만 문화에서의 수목 힐링 요소

표 5.2는 독일과 게르만 문화에 있어서의 대표적인 수목 힐링 요소를 나타낸다.

이들 나무의 힐링에 관한 요소를 종합하면, ①민속성, ②심볼, ③약용이용의 3가지 그룹으로 나뉜다.

최초의 민속성에는 전통행사, 신(神)의 일, 제사, 경조사 때 수목을 사용할 경우가 많았다. 이는 게르만 문화, 민화전승에 입각한 수목의 수호신, 심벌 등이 정해졌으며, 이로 인해 재난으로부터의 액막이나 풍작에 대한 감사 등이 행해졌다. 그 수목이 각 심볼이 된 유래에 대해서는 게르만 문화의 전승 외에 그 수목이 생육하고 있는 자연환경이나 수목의 생육특성, 생육상태, 외관을 통해서도 그 심볼이 정해졌음을 짐작할 수 있다.

수목 함유 성분의 약효는 식물요법 등의 민간요법, 자연요법에도 이용되고 있다. 유럽 특히, 독일에서는 고대 로마시대의 오랜 역사를 가진 자연휴양지가 많이 존재하고 건강보험의 적용도 가능하며 사회적 제도 속에 자연환경에서의 휴양이 공적으로 자리 잡혀 있다. 또한 의사가 진단하고 판단해서 필요하다고 허가를 하면 삼림휴양에 대한 건강보험 적용이 가능해진다. 독일의 자연휴양지에는 온천, 광천, 진흙찜질, 기후, 대기, 해변, 크나이프(kneipp) 등의 종류가 있으며, 모든 자연휴양지에서도 식물 혹은 수목을 원료로 한 치료법이 실행되며, 삼림환경을 활용한 보건휴양, 건강증진에 힘쓰고 있는 휴양지도 많다.

전술한 각 자연요법 중 크나이프요법(Kneippkur)이란 세바스티안 크나이프(Sebastian Kneipp; 1821-1897)에 의해 제창된 물, 운동, 식품, 식물, 조화 등 5요법으로 이루어진 자연요법으로, 이 식물요법에는 방향요법, 약초차 등이 포함되어 있다. 크나이프 요법은 일반 의료에서는 다루기 어려운 부분, 즉 예방의학이나 재활요법, 대체요법 등에서 주로 이용되고 있다. 동 요법이 취급하는 주된 질환의 내용으로서는 호흡기계, 혈액순환기계, 보행 재활요법, 신경통, 류마티스, 천식, 불면증, 비만증 등이며, 대상자는 중·노년이 많기 때문에 향후 일본의 생활 습관병 예방이나 고령자 의료의 1모델로로서도 적당하다고 생각할 수 있다(上原(1997b)). 최근에는 조화요법이 「라이프 스타일요법」이라는 새로운 명칭으로 사용되고 있으며 식물의 방향과 자연삼림환경의 활용 등도 적극적으로 도입되고 있다.

【표 5.2】 독일과 게르만 문화에서 각 수목의 힐링 요소에 대하여

수목명	과·속 학명	게르만 민속전승 이미지, 심볼	함유물질 이용방법
소나무 *Die Kiefer*	소나무과 소나무속 *Pinus silvestris*	불사신의 심볼, 횃불의 나무	송지, 정유: 테르펜유 대증(對症) : 진핵(鎭咳), 혈행(血行)촉진
주목 *Die Eibe*	주목과 주목속 *Taxus baccata*	신성한 나무, 즐거움의 심볼, 사후 영원한 상징	taxine: homeopathie 대증 : 통풍, rheumatism, 간장병
루브라참나무 *Die Eiche*	참나무과 참나무속 *Quercus rubor*	남성나무, 전투와 번개 신의 나무, 강함과 인내의 나무, 심판의 나무	Tannin 대증 : 습진, 부스럼, 설사멈춤, 소염
낙엽송 *Die Laerche*	소나무과 잎갈나무속 *Larix europea*	숲의 요정이 좋아하는 나무	수지(樹脂): 테르펜유, 낙엽송 수지연고 대증 : 류마티스, 요통, 신경통
산딸나무 *Die Brombeere*	장미과 산딸기속 *Rubus fructiosus*	마법 나무, 불행이나 병을 떨쳐 버리는 나무	pectin, 비타민 C, tannin
호두나무 *Der Walnussbaum*	가래나무과 호두나무속 *Juglans regia*	신들의 식사, 풍양, 다산의 심볼	tannin, 정유 대증 : 혈액정화, 유해물질의 배출
벚나무 *Der Kirschbaum*	장미과 벚나무속 *Prunus avium, cerasus*	숲의 정령, 나무 정령이 사는 곳, 달의 나무	tannin, 유기산, 청산 glycosidic 대증 : 이뇨, 거담
산사나무 *Der Weisdorn*	장미과 산사나무속 *Crataegus oxyacantha*	귀신을 쫓는 나무(액막이 나무)	산사산, glycosidic, oxyacanthine, flavone, 정유 대증 : 강심제, 순환촉진
자작나무 *Die Birke*	자작나무과 자작나무속 *Betula pendula*	여신이 머무르는 나무, 젊은이 나무, 봄의 화신, 자작나무축제(白樺祭)(봄축제), Maypole	tannin, 정유, saponin, flavone 대증 : 부종, 류마티스, 통풍, 관절염, 결석
가문비나무 *Die Fichte*	소나무과 가문비나무속 *Picea abies*	수호 나무, 보호목, 인간의 병을 떠맡음, 상량식 장식목, Maypole, 돛대	수지, 정유 : 테르펜류, 꿀 대증 : 류마티스, 요통, 풍상
칠엽수 *Die Rosskastanie*	무환자나무과 칠엽수속 *Aesculus hippocastnum*	풍양, 건강, 부의 나무	saponin, esukin, aesculin, flavone, tannin 대증 : 신진대사, 혈행촉진
물푸레나무 *Die Esche*	물푸레나무과 물푸레나무속 *Fraxinus excelsior*	생명 나무, 사려깊음의 심볼	fraxin, Mannit, Quercitrin, tannin, 정유 대증 : 이뇨, 변비통, 류마티스, 통풍
배나무 *Der Birmbaum*	장미과 배나무속 *Pyrus communis*	남성 심볼, 연애점 나무	pectin, 유기산, 무기염, tannin 대증 : 이뇨, 식사요법
마가목 *Die Eberesche*	장미과 마가목속 *Sorbus aucuparia*	행운, 풍양을 주는 나무	Malic acid, pectin, Sorbic acid 대증 : 설사, 건위
느릅나무 *Die Ulme*	느릅나무과 느릅나무속 *Ulmus campestris, montama*	남성의 나무, 부부 나무	탄닌 對症 : 설사, 소염
말오줌나무 *Der Holunder*	인동과 말오줌나무속 *Sambus nigra, edulus*	오곡 풍양의 여신목	choline, flavone, tannin, 정유 對症 : 감기, 발한촉진

수목명	과·속 학명	게르만 민속전승 이미지, 심볼	함유물질 이용방법
들장미 *Die Hecken rose*	장미과 장미속 *Rosa canina*	사랑의 심볼, 여성의 꽃	pectin, 구연산, 사과산, carotene, 비타민C, 탄닌 對症 : 강장, 진정
개암나무 *Die Haselnuss Strauch*	자작나무과 개암나무속 *Corylus avellana*	천둥피하기, 풍양과 성적인 힘의 심볼	탄닌 對症 : 감기, 발한
오리나무 *Die Erle*	자작나무과 오리나무속 *Alnus glutinosa,incana*	마녀 나무, 물의 파괴력을 지닌 나무	탄닌, 수지산 對症 : 해열, 편도염
향나무 *Der Wacholder*	편백과 향나무속 *Jinipwerus communis*	영혼목, 마법에 저항하는 나무	정유, 수지 對症 : 신장의 해독, 류마치, 통풍, 관절증, 피부병, 수종, 입욕제
너도밤나무 *Die Buche*	너도밤나무과 너도밤나무속 *Fagus silvatica*	게르만 제사문자를 새긴 나무, 천둥피하기, 숲의 어머니	크레오소트, 탄닌, 열매를 식용, 수피를 음용차
보리수 *Die Linde*	참피나무과 참피나무속 *Tilia cordata, glandifolia*	사랑의 나무, 가족의 나무, 수호신나무, 마름질 나무	정유, 후라보노이드, 사포닌 對症 : 감기, 기관지염
포플러 *Die Pappel*	버드나무과 사시나무속 *Populus nigra, tremula*	계속 뛰게 하는 나무	정유, 탄닌, 살리신 對症 : 류마치, 통풍, 방광염 포플러연고 : 화상, 절단상처
매자나무 *Die Berberitze*	매자나무과 매자나무속 *Berberis Vulgaris*	지식의 나무, 神佛의 계시 나무	알칼로이드, berberine, 정유 對症 : 간장, 담낭, 신장
전나무 *Die Tanne*	소나무과 전나무속 *Abies alba*	게르만의 동지축제, 불로장수, 영원의 심볼, 크리스마스 트리	정유, 수지 對症 : 폐질환, 기관지염
겨우살이 *Die Mistel*	겨우살이과 겨우살이속 *Viscum album subsp. coloratum*	신성한 나무, 마귀막이, 천둥막이	triterpenoid, flavonoid, flavonoid배당체(지엽) 對症 : 요통, 혈행촉진
버드나무 *Die Weide*	버드나무과 버드나무속 *Salix alba*	식물의 열매와 성숙의 여신, 죽음과 부활의 여신 심볼	살리신, 탄닌 對症 : 해열, 이뇨, 발한, 진통
사과나무 *Der Apfelbaum*	장미과 사과속 *Malus communis*	생명, 사랑, 풍양의 심볼, 대지와 여성의 심볼, 연애점 나무, 천국의 나무	pectin, 비타민C, 유기산, 효소 對症 : 소화촉진, 해열작용, 이뇨, 식이요법

생활습관병의 예방이나 정신건강은 현재 독일에서도 큰 사회적 과제가 되고 있으며, 독일의 「쿠르(Kur, 보양)」는 「예방과 재활을 위한 의학적 대처」라고 법적으로 정하고, 가까운 장래에 질환으로 발전할 가능성이 있는 건강적으로 쇠약해진 상태를 개선하거나, 아이의 건강적인 성장을 막는 인자에 대한 저항력을 기르거나, 간호의 필요성을 경감하는 등이 정의되어 있다.

수목을 이용한 힐링의 수법으로는 심신을 이완시키고 호흡을 편하게 하면서 수목의 정유성분(에센셜 오일)의 향기를 맡거나 정유를 피부에 도포, 마사지, 침투시키는 긴장풀기(relaxation)의 형태 등이 있으며, 심신의 긴장완화와 함께 자율신경의 균형, 체내의 항상성(homeostasis)의 조화, 정신안정을 가져오는 것을 목표로 하고 있다.

또한 숲속 공간에서 느린 호흡법이나 명상을 하고 신체 스트레칭을 하며 자신의 내부 불균형이나 생활습관을 돌아보고 조정하거나 수정하는 요가 등도 행해지고 있다. 이것들에 의해서도 증상과 증상의 경중에 따라 건강보험 적용이 가능하며 의사로부터 처방받는 경우가 있다.

독일에서의 수목 힐링은 민속성, 심벌, 약용, 자연요법 등의 요소를 가지고 있으며 그 방법도 다양하며, 일부는 건강보험제도에 의거한 자연휴양지에서의 대체요법이나 건강증진의 일환으로 활용되고 있고, 민간의 자연요법의 영역에 위치하고 있는 것이 특징이다.

(上原 巌)

과제

(1) 「플래시보 효과」란 무엇인가. 또 약용효과의 임상시험에서의 기본 룰에는 어떠한 것이 있는가?

(2) 「힐링」의 아시아와 유럽간의 차이점을 살펴 보자.

제6장

지역의료 사례

삼림환경이 인체에 미치는 영향에 대해 조금씩 의학적 근거가 증명되기 시작하면서, 삼림워킹을 건강 가꾸기의 일환으로 포함시키는 시도가 시작되고 있다. 이 장에서는 현재, 우리들이 확인하고 있는 효과에 대해 언급하고, 의료·보건이 지역주민의 건강 가꾸기와 그 응용으로서 마을조성의 가능성에 대해 생각한다.

6.1 건강 가꾸기는 치료와 등가

이 책을 읽은 분들은, 의료직 이외의 분들이 많을지도 모르겠다. 고령화를 배경으로 건강을 가꾸는 기운이 높아지고, 자치체의 보건복지사업, 자치체 동호인회에서 삼림워킹을 실시하고 있는 곳도 있을 것이다. 그러면, 여러분들의 지역에서 주치의나 의료진들이 주민의 건강 가꾸기에 얼마나 관여하고 있는 것인가.

의사법 제1조에는 의사의 임무로서「의료와 보건지도를 맡음으로서, 공중위생의 향상과 증진에 기여하고, 국민의 건강적인 생활을 확보한다」고 기재되어 있으며, 의사의 업무는「병을 치료하는 것」과「예방하는 것」의 2가지라 할 수 있다. 예방은, 병의 근원을 확인하고, 개입하고, 개선하는 것이다. 표현을 바꾸면 건강 격차의 근원인 지역 내 각종 격차의 시정을 추진하는 것이기도 하다.

최근, 주목받고 있는 종합진료전문의의 성과(outcome)로서 일본전문의기구는 다음과 같이 나타내고 있다.

지역을 지탱하는 진료소나 병원에서는 다른 영역별 전문의, 일반 의사, 치과의사, 의료나 건강에 관련된 기타 직종 등과 연계하여 지역의 보전·의료·간호·복지 등 다양한 분야에서 리더십을 발휘하면서, 다양한 의료서비스(재택의료, 완화 케어, 고령자 케어를 포함한다)를 포괄적이면서 유연하게 제공할 수 있다. 또한, 종합진료부문(종합진료과·종합내과 등)이 있는 병원에서는, 장기별이 아닌 병동진료(고령입원환자나 심리·사회·윤리적 문제를 포함한 복수의 건강문제를 가지고 있는 환자의 케어, 암·비 암환자의 완화 케어 등)와 장기별이 아닌 외래진료(구급이나 복수의 건강문제를 지닌 환자에 대한 포괄적인 케어)를 제공할 수 있다. 구체적으로는 이하 7가지 자질·능력을 획득하는 것을 목표로 한다.

1. 포괄적 통합 접근
2. 일반적인 건강문제에 대한 진료능력
3. 환자 중심의 의료·케어
4. 연계 중시의 매니지먼트
5. 지역포괄 케어를 포함한 지역 지향 어프로치
6. 공익에 이바지하는 직업 규범
7. 다양한 진료상황에 대응하는 능력

의사는 병을 고치는 것에 전념하여 왔지만, 고령화시대에 돌입하면서 의사 역할의 변화가 대두되었다. 국민의 건강수명을 어떻게 늘릴 것인가라는 과제와 함께, 가능한 한 건강하게 살며 익숙한 환경에서 수명을 다할 수 있는 사회 가꾸기(지역포괄 케어)에 의사는 도전하게 된다.

고령화사회는 인지증, 생활습관병이 누적되어 일어나는 뇌졸중이나 심장병, 신장병의 증가를 가져온다. 연령이 늘어남에 따른 근골격계의 쇠퇴로부터, 정형질환이 합병된다면 일상생활의 지장을 초래한다. 심신의 쇠퇴로부터 왜 그런지, 쭉 자리보전하고 있는 사람이 늘어나고 있는 일본사회에서 의사법 제1조에 열거하고 있는 건강유지 증진을 위한 「예방」활동은 더욱 중요성이 더해가고 있다고 할 수 있다. 그러나 우리들, 많은 임상의들의 현상은 눈앞의 환자 치료에만 전념하고, 질병의 근원을 차단하는 것을 놓치는 경향이 있다. 실은 의학교육 중에 건강 가꾸기 강의나 지도를 받는 경험이 부족하고, 본래 예방에 대해 구체적인 방법론을 가르치고 있지 않은 의사는 많을지도 모른다. 그 결과, 치료에 비해 예방의 가치는 낮다고 생각하고 있는 의사는 많을지도 모른다. 필자도 벽지근무를 경험하기까지 그렇게 생각하는 면이 있었다. 벽지근무를 통하여 지역의 환자와 마주앉았을 때(과거 도시부 병원에서는 바쁜 관계로 중증환자와 마주보고 있을 때에는 느끼지 못했으나), 「치료는 중요하지만 두더지 잡기와 비슷하다」고 생각했다. 치료되어도 반복해서 오는 사람, 다음에 유사 증상으로 병원을 수진하는 환자를 진료하고 있으면 끝이 없다고 생각하고, 개별 병의 치료와 동시에 집단 질병관리의 중요성을 인식했다.

필자가 2004년 당시 근무했던 지자체의 재정난, 의사·직원 부족의 환경에서 특별한 예산을 필요로 하지 않고 주민이 참가하기 쉬운 질병예방을 위한 기획으로서「삼림워킹」이 탄생하였다. 그리고, 의사 동료들에게 삼림워킹에서 얻어진 임상효과를 이해할 수 있도록 기초적인 연구를 하고, 지역발 의학적 근거를 지닌 건강수단으로서 삼림워킹의 보급을 추진하기에 이르렀다. 이 장을 읽은 의료종사자와 지역주민에게 건강 가꾸기의 중요성과 재미를 전할 수 있다면 더할 나위 없는 기쁨이라고 생각한다.

이 장에서는 삼림을 활용한 건강 가꾸기의 구체적인 사례를 소개했다. 사례 소개를 위해 목표의 설정과 기획 디자인의 수립, 행정·원내·주민과의 조정, 무엇을 어떻게 평가하면 좋을 것인가, 측정항목의 선정, 데이터 해석과 그 해석 등에 대해 지면 형편상 생략하였다.

6.2 주민의 혈압개선 효과와 뇌졸중 예방-북해도 나카돈베츠정(中頓別町)의 대처

6.2.1 고혈압 치료에 삼림 워킹을 응용한다

염분섭취량과 혈압의 관계는 Intersalt 연구(1988, 그림 6.1)에서 알 수 있는 바와 같이 염분섭취량에 비례하여 혈압이 높아진다는 것이 알려져 있다. 일본고혈압학회 가이드라인(일본

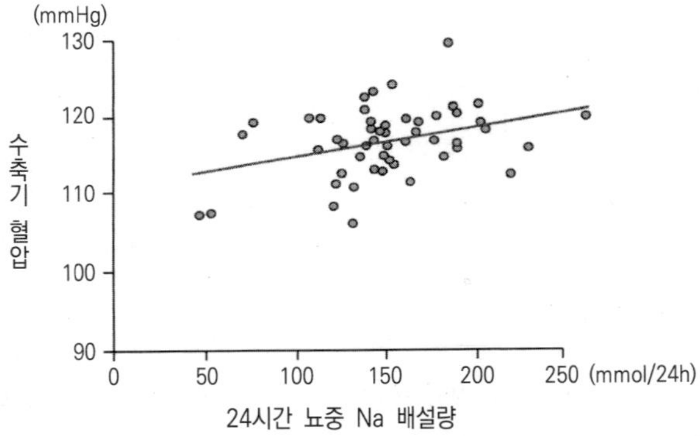

【그림 6.1】 염분섭취량과 혈압의 관계

체내에 있는 염분의 대부분은 뇨중으로 배설되기 때문에 24시간 뇨중의 Na 배설량은 거의 그 염분 섭취량을 나타낸다. 이 연구에 의해 24시간 축뇨중의 Na 배설량과 수축기 혈압 간에 정의 상관이 있다는 점이 밝혀졌다.

Intersalt Cooperative Research Group(1988)에서

고혈압학회 고혈압 치료 가이드라인 작성위원회편(2014)에 의하면, 흡연에 이어 일본인 사인의 제2위가 고혈압이었다라고 나타나고 있다(그림 6.2). 고혈압은 동맥경화의 진전인자인 뇌졸중, 심근경색, 만성신장병(CKD), 말초동맥질환(PAD)의 원인이 된다.

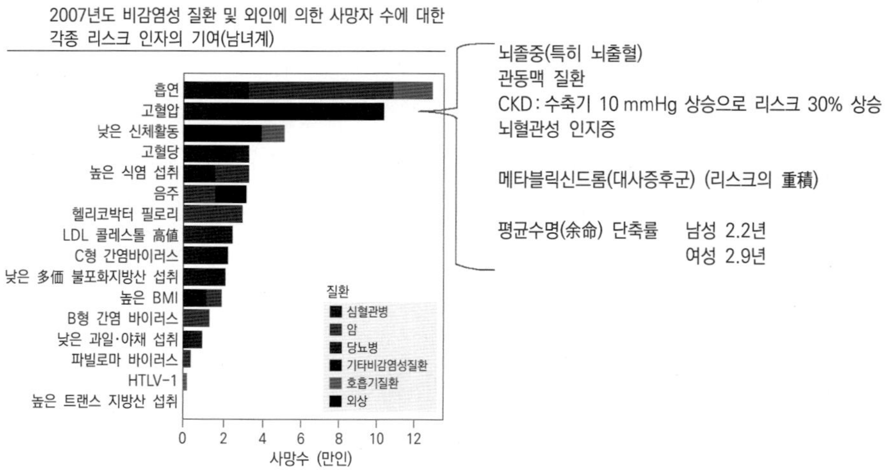

【그림 6.2】 사망 리스크 인자

일본 고혈압학회 고혈압치료 가이드라인 작성위원회 편(2014. p.11)을 수정

2004년 당시 나카돈베츠정(中頓別町) 주민검진 결과에서는, 고혈압 환자의 비율이 40%를 넘어섰다. 그 원인으로는 절인채소를 먹는 습관, 간장 사용량이 많으며, 식사의 간이 진하다는 등의 이유를 들 수 있다. 당시 북해도 북부의 뇌출혈환자 비율은 전국 평균 15%에 비한다면 26.3%로 대단히 높다(그림 6.3). 염분섭취 과잉 → 고혈압 → 뇌졸중이라는 인과관계가 시사되고 있었다. 실제로, 필자가 근무하기 시작한 무렵, 야간에 혈압이 올라 두통, 토할 기운, 현기증과 같은 고혈압에 의한 증상을 호소하여 수진하는 주민이 다른 지역에 비해 많다는 것을 느끼고 있었다. 급한 혈압상승에 따른 증상은 강압약을 투여하여 혈압을 낮추면 개선된다. 그렇게 하기 위해, 상세한 검사를 위한 익일의 수진을 권고하지만, 무증상으로 의료기관에서 수진하지 않게 되고 결과적으로 지역의 뇌졸중 발생율을 높이는 요인이 되고 있었다고 생각되어진다. 실제로 북해도 북부 뇌졸중 공동연구 속보에서는, 북해도 북부에서의 뇌출혈 환자비율은 25.9%로 높고, 그 배경으로서 고혈압 콘트롤 불량과 미치료자가 뇌졸중 환자의 30%를 차지하고 있었다. 주민의 건강의식 계발에 덧붙여, 의사에 대한 엄격한 혈압관리의 중요성 환기도 필요하다고 기술하고 있다.

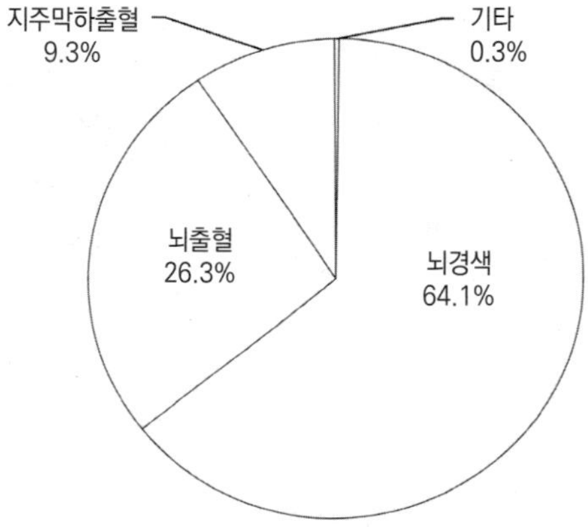

【그림 6.3】 북해도 북부의 뇌출혈환자 비율

2002년 7월 1일 이후 발증 증후성 뇌혈관장애를 전향적으로 등록하고, 병의 유형·위험인자·재발률을 해석했다. 전 뇌졸중 792 사례, 발증률은 4.09(대 1000인/년). 뇌졸중병형 분포는 뇌경색 64.1%, 뇌출혈 26.3%, 지주막하 출혈 9.3%였다. 북해도 북부지역의 뇌졸중은 전국조사와 비교하여 뇌출혈이 차지하는 비율이 높고, 또한 뇌경색에서는 라쿠나 경색이 아직까지 고율이었다.
德先 외(2006)에서

지역의료 최전선의 의사로서 지역의 건강 가꾸기에 대한 중요성을 크게 느끼고, 건강 가꾸기를 솔선하고자 하는 의지는 강했지만, 당시 의사들의 바람직한 모습에 대해 행정이나 주민들의 생각은, 「의사는 병원에서 환자의 치료에 전념하는 사람」이라는 고정관념이 강하며, 지역의 건강 가꾸기를 위해 의료 종사자가 거리로 나오는 것은 대단히 어려웠다. 마을사람들의 건강 상태는 보건사들이 주민건진의 결과 등을 감안하여 잘 파악하고 있고, 보건복지과와의 연계 필요성을 느끼고 있었다. 주민건진에서 고혈압이 지적되더라도 무증상이라면 의료기관에서 진료를 받지 않는 주민이 많다. 이유를 들어보면 「병원에 가면 병명이 부착된 병자가 되므로」라는 대답이 돌아왔다. 건강한 사람이 건강하게 있고, 건강과 병의 틈새에서 건강하게 지낼 구조 만들기가 이제부터의 지역의료에 있어 필요하다고 느끼고, 주민만을 환자로 하지 않고 누구나 폭넓게 참가 가능한 고혈압 대책으로서 「삼림워킹」의 기획을 행정에 제안하여, 2005년에 국보(國保)병원, 보건복지과, 총무과, 삼림조합, 아사히카와(旭川) 의과대학의 협력을 얻어 실증연구를 시작했다.

6.2.2 숲 향기의 생리적 효과

삼림욕을 고혈압 예방에 활용하는 힌트는 필자가 학생 때에 참여했던 연구에 있다. 야마오카(山岡, 1992)의 연구에서는 구속 스트레스(움직이지 않도록 억제를 한 상태)를 준 쥐(rat)에서는 무처치 대상군에 비해 비장B세포에서의 항체산생능(抗體産生能)이 약 7할 저하한다. 그러나, 일부러 α-피넨을 맡게 하고 나서부터 구속스트레스를 주면, 항체산생능은 약 3할만 저하할 뿐이고 구속스트레스 단독군에 비해 항체산생의 억제경감효과가 확인되었다. 이 메카니즘으로서 ①비장 교감신경의 활성에 의해 B세포의 비장에서의 성숙이 저해되고 항체산생능이 저하한다. ②α-피넨을 미리 쥐에 폭로해 두면, 억제스트레스에 의한 교감신경계의 활성을 억제할 수 있으며 항체산생능의 저하가 경감된다고 생각된다.

α-피넨은 수목의 이소플렌(C5)을 기본구조로 하여 생합성하는 분자량 136의 소수성(疎水性), 휘발성이 풍부한 물질로 모노테르펜류(C10)로 분류된다. 같은 분자량이라도 구조의 차이로부터 리모넨, 카렌, β-피넨 등 몇 가지 이성체(異性体)가 알려져 있다(그림 6.4).

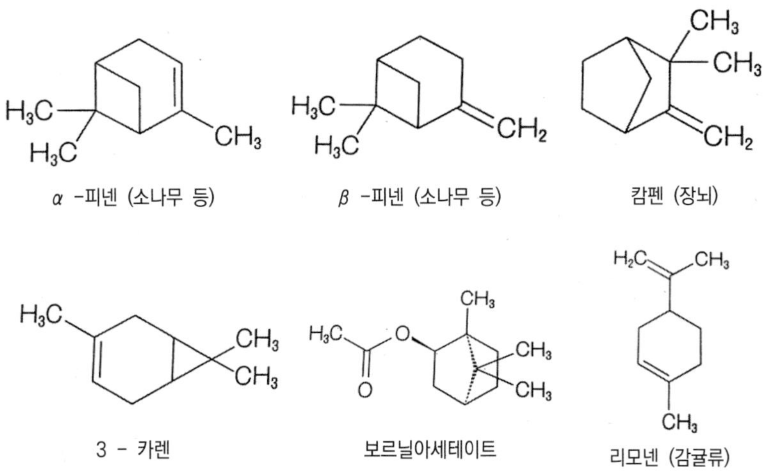

【그림 6.4】 침엽수림 대기에 검출되는 주요 모노테르펜류

α-피넨은 송지(松脂)의 주성분이고, 그 향은 멘솔과 유사한 상쾌감(爽快感)을 지닌다. 모노테레펜(Monoterpene)은 2개의 이소프렌으로 이루어지며 $C_{10}H_{16}$ 분자식으로 표현된다.

그 연구성과는 침엽수의 주성분인 α-피넨이 교감신경활성을 억제할 가능성을 나타내고 있었다. 혈압은 교감신경의 영향을 받아 상승한다. 역으로 부교감신경의 작용으로 저하한다. 따라서, 교감신경 활성의 조절이 가능하다면 혈압의 조절도 가능할지도 모른다고 생각되었다. 다행히 북해도 북부의 식생은 분비나무와 가문비나무가 주체이며 침엽수림이 풍부하였다(사진 6.1).

【사진 6.1】 나카돈베츠정(中頓別町)의 전경

2004년 당시 인구 2,200명. 시가지 주위에 목초지가 있고 그 외측을 침엽수림이 둘러싸고 있다.

6.2.3 나카돈베츠(中頓別)의 사례 – 삼림욕의 강압 효과

2005년 여름, 「삼림워킹에 의해 교감신경 활성이 억제되고 혈압이 저하했다」는 가설을 확인하기 위해 20명의 자원봉사자가 참가하여 실증연구를 실시했다. 연구디자인은, 10명씩 「삼림워킹군」과 「길거리보행군」의 2그룹으로 나누고, 1일째와 2일째에 2그룹을 크로스한다. 참가자의 평균연령은 67.3세±2.3세, 보행시간은 1시간, 기상조건은 맑음, 운동량은 양 그룹을 동일하게 했다. 보행 전후로 혈압, 맥박, 혈중 코르티솔을 측정하고, 피험자에게 Holter EDG를 장착하여 심박변동해석을 행하고, 자율신경 밸런스의 변화를 검토했다.

결과를 그림 6.5에 나타낸다. 양군(兩群) 모두 워킹 전의 수축기혈압 140 mmHg에 대해, 1시간의 워킹 후는 저하(삼림워킹군 126 mmHg, 길거리워킹군 136 mmHg)하지만, 삼림 워킹군 쪽에서는 유의($p<0.05$)한 혈압 저하를 나타냈다. Holter 심전도로부터 구한 심박변동해석

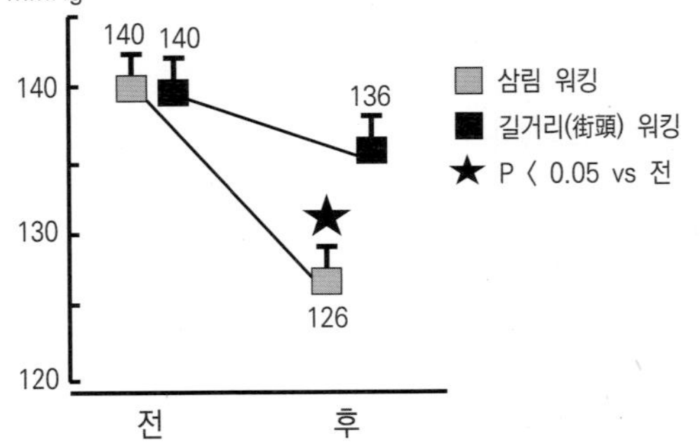

【그림 6.5】 삼림 워킹, 길거리(街頭) 워킹에서 혈압 변동

워킹 시간은 1시간, 양군의 기상조건과 운동량은 동일 조건

결과에서는 삼림워킹군에서 유의하게 교감신경활성이 억제되고 있고, 그 결과로서 심박수 상승의 억제와 혈압의 강압이 초래될 것으로 생각되었다. 또한, 스트레스 호르몬인 혈중코르티솔도 억제되고 있었다.

이 예비연구로부터 삼림워킹에 의해 교감신경계의 활성이 억제되고 혈압 강하가 초래될 가능성이 시사되어, 본격적으로 주민의 건강 가꾸기를 목표로 한 삼림워킹사업이 시작되게 된다.

정립(町立)병원, 보건복지과, 산업건설과, 町만들기추진과 등 행정기관과 협력하여 회의를 거듭하여 「나카돈베츠 숲과 건강 프로젝트」가 시작되었다(上原감수, 2008). 데이터의 해석과 타당성에 대해서는 아사히카와(旭川)의과대학 제1내과의 협력을 얻었다. 기획내용은 다음과 같다. 기간: 5월~10월까지 매월 1회 실시. 측정항목: 워킹 전후로 혈압측정과 타액 아밀라제 활성 측정(교감신경 활성, 스트레스 지표가 된다). 프로그램: 약 1시간의 삼림 워킹과 약 20분의 건강 강의로 구성. 교통수단: 町이 준비하는 마이크로버스로 숲까지 이동. 정오 전에 프로그램을 종료하고, 점심때에는 자택에 귀가할 수 있도록 치밀하게 시간 배분을 하였다. 이 프로그램에서는 워킹 전후의 혈압과 타액 아밀라제 활성의 변화를 그래프화하고, 강의 시에 보여줄 수 있도록 신경을 썼다. 삼림 워킹에 의한 상쾌한 기분과 혈압, 스트레스의 생리적 변화를 체감하는 것으로 건강의식이 높아지고, 이 사업은 반복적으로 이어졌다.

코스 설정의 요소는 α-피넨이 많은 침엽수림, 작은 시내가 흐르며, 상징이 되는 나무가 있고 밝고 풍경이 아름다운 장소가 있는 곳, 걷기 쉽고, 화장실이 있는 휴게소가 있는 곳, 강의를 할 수 있는 큰방이 있는 곳, 시가지에서 멀지 않는 곳 등의 조건을 고려하였다. 이 조건에 맞는 접근이 좋은 코스로서, 町의 정비를 추진하고 있었던 종유동(鍾乳洞) 코스와 핀네시리산 등산로 2코스가 후보에 올랐다. 모두 침엽수림을 걷고, 전속 가이드는 없지만 지형을 잘 아는 주민의 즉석 가이드로 계절별 자연을 만끽하였다. 워킹 시간은 1시간으로 정해 참가자의 체력에 따라 보행거리는 조절하여 자유로운 분위기에서 걸었다.

운동습관을 만들고, 삼림욕 효과의 지속성을 고려하여 NPO법인 나카돈베츠 삼림요법연구회가 매주 목요일 「나카돈베츠 도보대」를 개최하고, 시가지 인근의 숲으로 주민을 초대하여, 1~2시간 정도의 워킹을 하였다. 「도보대」에서는 보다 쉽게 걸을 수 있도록 혈압 측정이나 스트레스 측정은 실시하지 않았다. 참가자 중에 고령자의 비율이 많기 때문에 살짝 땀을 흘리는 정도의 운동 강도로 워킹을 하도록 했다.

이 사업은 2005년의 실험적인 대응을 시작으로, 2006년 이후 정기적으로 개최되어 2010년까지 계속되었다. 인구 약 2천명의 정(町)에서 65세 이상의 인구는 약 660명이며, 매회 참가자 20~40명의 대부분이 65세 이상이었으므로 65세 이상의 3~6%에 해당하는 사람들이 참가하고 있었던 것이다. 이 사업에 매회 참가한 주민의 혈압 추이는 그림 6.6과 같이, 5월의 첫번째 수축기혈압 평균 142 mmHg에서 10월 평균 132 mmHg로 개선을 인정하고, 겨울 기간에는 걷지 않았기 때문에 혈압은 약간 상승 경향으로 돌아갔지만 5월의 수준으로 되돌아가지는 않았다. 하절기 기간의 혈압 정상화는 삼림욕의 효과와 운동습관, 건강강의에 의한 생활습관 개선의 결과라고 생각한다.

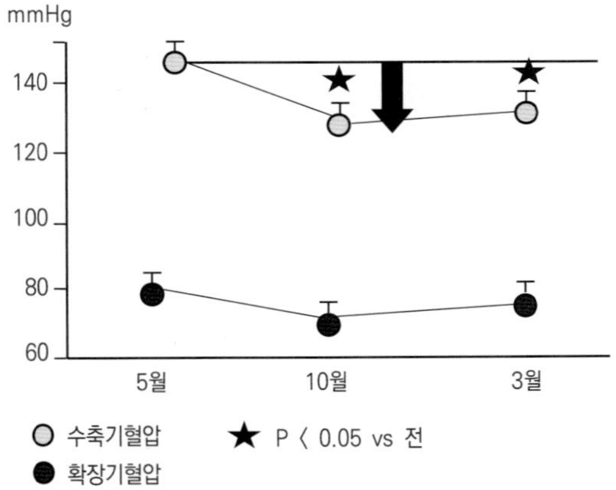

【그림 **6.6**】 삼림워킹 참가자의 혈압 추이

6.2.4 삼림 워킹의 건강에 대한 영향

이 사업은 2010년까지 정기적으로 실시되고, 2011년과 2012년에는 비정기적으로 개최되다가 2012년도에 종료했다. 2005년부터 2011년까지 나카돈베츠정(中頓別町)에서 고혈압환자, 북해도보건통계에서 보는 뇌혈관질환사망률, 뇌출혈·거미막하출혈 환자수의 추이를 보면, 2008년경부터 고혈압환자수가 감소하고 뇌혈관질환사망률, 뇌출혈·거미막하출혈환자수도 감소경향으로 전환되고 있다는 것을 알 수 있다(그림 6.7).

삼림 워킹이라는 건강프로그램의 도입에 의해 소규모 지자체의 고령자 질병구조가 바뀌었다고 평가할 수 있다. 인구 2천명의 마을에서 뇌출혈환자의 연간발생수는 악성종양에 비하면 작지만, 마을 전체 의료비에서 차지하는 뇌졸중의 급성기 의료와 만성기 의료비에 주목한다면 억제효과는 명확했다. 삼림 워킹에 의한 뇌졸중의 의료비 억제라는 형태로 주민들의 대처를 보이도록 함으로써 건강의 의의를 알고, 다음 건강 가꾸기의 동기부여로 연결된다는 것은 의료직의 업무라고 할 수 있다.

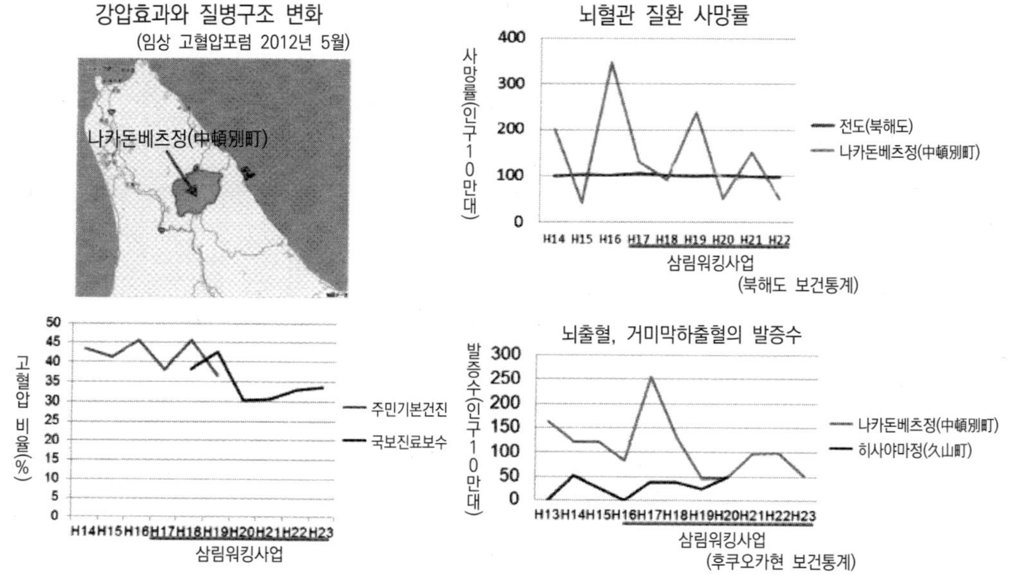

【그림 **6.7**】 고혈압 환자수의 추이와 뇌졸중 사망률 추이

저출산초고령화 시대에 돌입하고, 의료비가 늘고 있다고 일컬어지는 시대에, 건강하게 늙고 자립하는 생활을 보내는 것의 의의는 대단히 크다. 건강하게 늙는 것은 병이 들기 전이고, 매년 1조엔 규모로 늘어나는 일본의 의료비를 억제하는 구원투수가 된다. 지역의 건강 가꾸기는 개인, 자치체, 국가의 재정부담을 경감하고, 세계 제일의 고령화 국가라고 하더라도 절약한 의료비를 다른 사업에 사용하여 지속가능한 새로운 사회의 얼개 만들기가 가능할 것으로 생각한다.

지역의 건강 가꾸기 에센스

- 지역의 건강 가꾸기는 의사나 의료종사자가 병원에서 나와 지역 가운데에서 다직종과 연계하면서, 주민과의 교류를 심화시켜 나가면서 하는 것이 효과적이다.
- 건강 가꾸기 이벤트는 주민, 스탭 쌍방의 부담이 되지 않도록 배려하고, 평가항목은 일반적으로 용이하게 측정할 수 있는 항목으로 한다. 결과는 가능한 한 그 이벤트 내에서 피드백하는 것이 건강의식 증진에는 효과적이다.
- 건강 가꾸기 이벤트를 통해 개선하고자 하는 질환을 가시화함으로써, 주민에게 노력의 결과를 피드백한다.

6.3 아시베쓰시(芦別市), 히가시카와정(東川町)의 대처

6.3.1 시민용 프로그램의 개요

나카돈베츠정(中頓別町)에서 혈압개선과 뇌졸중 예방효과가 확인되고, 교감신경 활성억제 효과도 명확해졌다. 이 장에서는 나카돈베츠정(中頓別町) 이외에서 실시한 사업에 대해 서술한다.

삼림욕은 관광이나 지역활성화에 활용한 사례로서 삼림세라피 사업이 알려져 있고, 풍요로운 삼림을 지닌 전국 약 50개소의 지역이 삼림세라피 기지로서 인정되고 있다. 우리들의 대응은 지역주민의 건강 가꾸기를 목적으로 하고 있고, 삼림세라피와는 약간 내용이 다르다. 우리들이 관여하는 행정청의 담당과는 보건복지과나 교육위원회가 많고, 때로는 관광과의 업무도 있다.

여기에서는 2014년에 실시한 아시베쓰시(芦別市)와 히가시카와정(東川町)의 대응에 대해 서술한다. 이 두 자치체 모두 주민 건강 가꾸기가 목적이었지만, 히가시가와정(東川町)의 건강 가꾸기 삼림워킹은 매회 자유참가, 아시베쓰시(芦別市)는 생애교육의 일환으로서 개최되고 있고 멤버는 고정되어 있었다. 히가시카와정(東川町)은 5~10명 정도, 아시베쓰시(芦別市)는 25명이었다. 삼림워킹을 하는 회장은 두 자치체 모두 시내에 정비된 자연공원이 있고, 히가시카와정(東川町)은 키토우시 삼림공원, 아시베쓰시(芦別市)는 아사히가오카(旭ケ丘)공원을 약 1시간 걸었다. 프로그램은 다음과 같다.

삼림워킹 프로그램 사례 : 아시베쓰시(芦別市)의 경우(히가시카와정(東川町)은 9:00 개시, 11:30 해산, 가이드에 의한 자연안내가 붙어 있다)

10:00 아사히가오카공원(旭ケ丘公園) 주차장 집합

접수 순으로 혈압, 타액 아밀라제 활성측정 * (* 어귀는 章末에 설명)

POMS * , WHO QOL26 * (첫회와 최종회만) 기입(사진 6.2)

10:30 준비체조

워킹 시작

야생 다람쥐 관찰, 사계절의 야초 관찰, 숲속에서 심호흡, 나무 종자나 꽃해설 등(사진6.3)

11:30 돌아온 사람부터 POMS 기입, 혈압, 타액 아밀라제 활성 측정

측정결과의 집계, 집계결과의 보고와 건강 강의

12:00 해산

【사진 6.2】 삼림 워킹 전의 혈압 측정과 타액 아밀라제 측정. 앙케이트에 기입하는 모습.
앙케이트는 POMS, WHO QOL26을 실시했다.

【사진 6.3】 아사히가오카(旭ヶ丘)공원내에서 산책하는 모습
계절은 5월 하순. 신록이 새롭고 수목의 잎은 아직 하늘을 덮고 있지 않다.

기존 워킹 코스를 사용하여, 특별한 준비는 필요로 하지 않으며, 혈압계와 타액 아밀라제 활성측정기, 그 검사용 칩을 다시금 준비한다. 각각의 지자체 인구규모는 나카돈베츠정(中頓別町)에 비해 크고 질병구조변화의 증명은 용이하지 않다. 따라서 사업 디자인으로서는 종래와 같이 생리지표로서의 혈압, 타액 아밀라제 활성을 측정하고, 참가자의 주관적인 건강상태의 파악을 위해 앙케이트 조사를 추가했다.

앙케이트로서는 주관적 건강행복도를 나타내는 WHO QOL26, 기분조사를 위한 POMS를 실시했다.

지역의 건강 가꾸기 성과를 평가하기 위해서는 건강지표의 설정이 중요하다. 막연하게 사업을 실시하는 것은 시간과 비용의 낭비이며, PDCA사이클에서 사업 프로토콜과 성과평가를 하고, 건강을 가시화함으로써 불특정 다수의 주민들에 대해 건강 가꾸기의 중요성을 계발하는 기회를 제공할 수 있다. 강제가 아닌 임의 지역의 건강 가꾸기에서는, 열성분자의 획득이 사업성과에 크게 영향받는다. 「또한 참가하고 싶은데」와 같이 생리학적 지표와 기분조사 결과의 해설과, 건강 강의에서는 꼭 하나의 Take home message를 준비하면 좋다. 아시베쓰시(芦別市)에서 사용하고 있었던 기록표를 사진 6.4에 나타냈다.

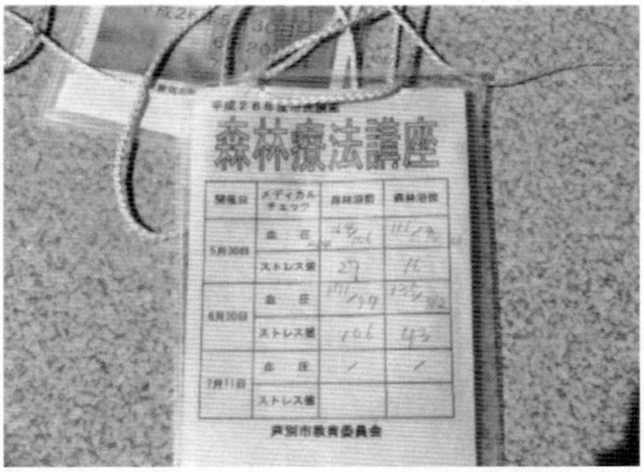

【사진 6.4】 혈압, 타액 아밀라제 활성측정결과 개인용 기록지

3회분의 데이터가 기입될 수 있도록 되어 있다. 접수 시에 배포하고, 종료 시에 회수하고 있다. 매회 참가자 데이터는 개인표에 데이터를 기입할 때에 사무국 기록용지에도 동시에 기입하고, 건강 강의 시작할 때까지 집계를 종료한다. 집계 결과는 강의 시 매회 보고하고, 해설을 하였다.

강의를 함에 있어 지속적으로 확인한 것은, 전회의 복습을 하고 기억의 정착과 강의 스토리를 이해하도록 한 것이었다. 매회 건강 강의의 시작부분에는 전번 강의의 복습을 하는데 신규 참가자도 참가하기 쉽게 궁리한 것이다.

나카돈베츠(中頓別)의 삼림워킹 강의에서는 건강 가꾸기를 의식한 그 해의 메인 테마를 정하고, 매회 테마와 관련된 화제를 제공했다. 주민들이 가진 단편적인 건강정보를 정리하고, 바른 정보의 체계화와 정리도 우리들 업무의 하나이다.

「건강하게 되기 위해 삼림 워킹에 참가하는 것이 아니라, 즐거워서 참가한다. 참가한 결과, 의식하면 건강하게 되어 있었다」라고 하는 바와 같이 주민전체의 자발성을 끌어내는 궁리가 필요하며, 건강 가꾸기를 하는 측도 항상 주민의 소리에 귀를 기울여 함께 기획하고 함께 운영해 가는 것이 중요하다.

6.3.2 시민용 삼림 워킹의 결과

2014년 5~7월 3개월간 매회 참가한 아시베쓰시(芦別市)와 히가시카와정(東川町)의 삼림워킹 참가자의 혈압, 타액 아밀라제 활성, 혈압의 변화를 그림 6.8에 나타냈다. 참가자의 내역은 아시베츠(芦別)시민 21명, 히가시카와정민(東川町民) 6명, 남성과 여성의 비율은 남성 3: 여성 24, 평균연령은 68.7±1.4세였다.

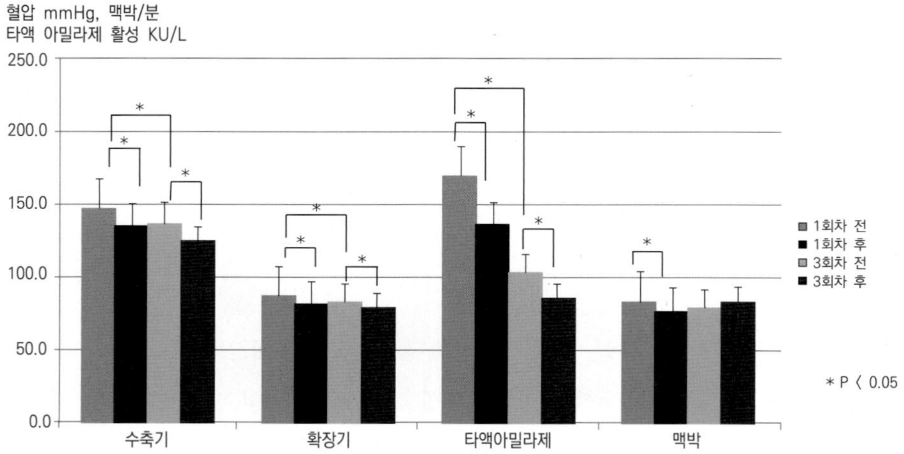

【그림 6.8】 삼림워킹 참가자의 혈압, 심박수, 타액 아밀라제 활성의 추이

3개월간 연속 참가한 주민 27명을 대상. 아시베쓰(芦別) 시민 21명. 히가시카와 町民 6명. 남성: 여성 3:24. 평균연령 68.7±1.4세.

삼림워킹 첫회 전후로 타액 아밀라제 활성이 유의하게 저하되고 있고, 교감신경 활성이 억제된 것이 나타나고, 수축기 혈압도 유의하게 저하하였다. 첫 회와 3회째의 삼림워킹 전의 타액 아밀라제 활성, 수축기 혈압을 각각 비교하여도 유의하게 저하하였다.

그림 6.9는 기분조사 POMS의 해석결과를 나타냈다. 첫 회, 3회째 모두에서 삼림워킹 전후에 긴장불안, 억울, 분노, 피로, 혼란 등 네거티브 감정은 개선되고, 활기는 증가하였다. 삼림워킹 후에 느끼는 상쾌함, 기운회복감이 수치에 반영되었다.

그림 6.10은 WHO QOL26의 결과를 나타낸다. 3개월간의 삼림워킹 후, 자기 생활의 질을 전향적으로 바라보는 사람이 늘고, 건강상태에 만족하고 있는 사람이 늘고 있었다.

자치체가 기획하여 실시하고 있는 보건사업은 다수 있지만, 이와 같이 계속적인 참가에 의해 주민의 건강의식이 전향적으로 된 기획은 매우 적다.

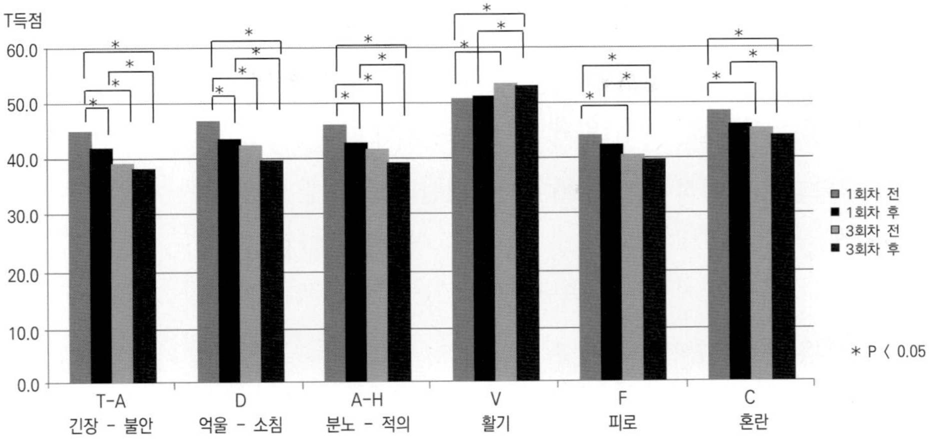

【그림 6.9】 삼림워킹 참가자의 기분 조사 POMS 해석 결과

3개월간 연속 참가한 주민 27명을 대상. 아시베쓰(芦別) 시민 21명. 히가시카와 町民 6명. 남성: 여성 3:24. 평균연령 68.7±1.4세.

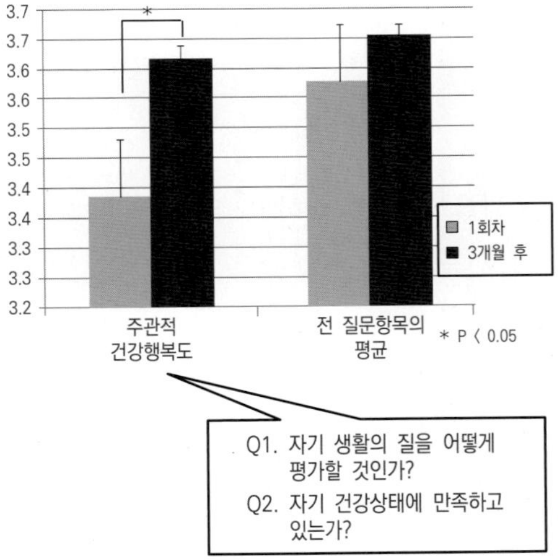

【그림 6.10】 삼림워킹 참가자의 주관적 건강행복도 WHO QOL26 결과

전 회의 삼림워킹에서 POMS가 제시한 바와 같이 감정이 포지티브하게 되고, 교감신경 활성이 억제되기 때문에 부교감신경 활성이 역으로 증가하고, 스트레스와 혈압 개선이 일어난다. 이 상태를 정기적으로 실감함으로써 주관적인 건강의식이 개선되었다고 생각된다.

아시베쓰시(芦別市)에서 삼림워킹에 참가한 주민들의 앙케이트 조사결과는 다음과 같았다.

문 1. 삼림요법에 참가하여 몸의 상태(컨디션)에 변화가 있었는가?

좋아졌다 46%　　변함없다 45%　　무회답 9%

문 2. 삼림워킹에 참가하여 이전보다도 삼림산책을 하게 되었는가?

걷게 되었다 31%　　변화없음 17%

걷고 싶었지만 시간이 없었다 39%　　무응답 13%

문 3. 삼림워킹에 또 참가하고 싶은가?

참가하고 싶다 82%　　참가하지 않는다 14%　　무응답 4%

감상을 열거하면 다음과 같았다.

- 말고 깨끗하고 생기가 넘친다.
- 기분이 좋고, 또 걷고 싶다.
- 혼자라도 삼림욕을 하게 되었다.
- 움직임이 좋아졌다.
- 혈압이 떨어졌다.
- 매년 계속하고 싶다.
- 워킹 시간이 1시간은 짧으므로 길게 하고 싶다.
- 숲속 나무들의 이야기를 듣고 싶었다.

본 강좌의 성과는 삼림 워킹에 의해 기분과 생리변화의 일치를 체험하고, 주민의 건강의식에 변화가 나타나 「또 걷고 싶다」, 「혼자서라도 워킹이 가능하게 되었다」라는 행동 변화로 이어진 것이다.

6.4 아사히카와(旭川)市에서의 대처 - 시민의 건강 가꾸기로 부터 IT기업의 정신위생(Mental Health)·정신 후생에 대한 응용까지

아사히카와(旭川)市는 인구 34만 명의 북해도에서 2번째로 큰 도시이다. 고령화율은 30.3%(2016년 4월 1일 현재)이며 금후 증가 경향이다. 고령자의 건강수명 연장이 과제라고 할 수 있다. 2015년부터 가구라오카(神楽岡)공원을 이용한 삼림워킹을 NPO법인 북해도삼림요법연구회가 주체가 되어 아사히카와 시민들에게 실시하고 있다. 삼림워킹의 모임 장소는 시가지에 가까운 가미카와(上川)신사와 인접한 가구라오카(神楽岡)공원을 이용하고 있다. 이곳은 메이지(明治)시대, 가미카와(上川)離宮건설후보지가 된 장소라는 역사가 있다. 시민들이 휴식하는 숲으로서 산책로가 정비되고 휴게소, 집회장, 식물원, 캠프장 등도 병설되어 있다. 야생조류들도 관찰할 수 있다. 또한, 2015년부터 아사히카와역 남쪽 입구인 구 JR부지에서 츄베츠천(忠別川) 하천부지에 걸쳐 대규모 녹지정비가 추진되고 있고, 가구라오카공원과 연속한 오랜 산책이 가능하게 되었다. 조금 시가지를 걸으면 미우라아야코(三浦綾子)기념관이 있는 견본림으로도 갈 수 있기 때문에, 금후 보행로로서 이용치가 높아질 것으로 생각한다.

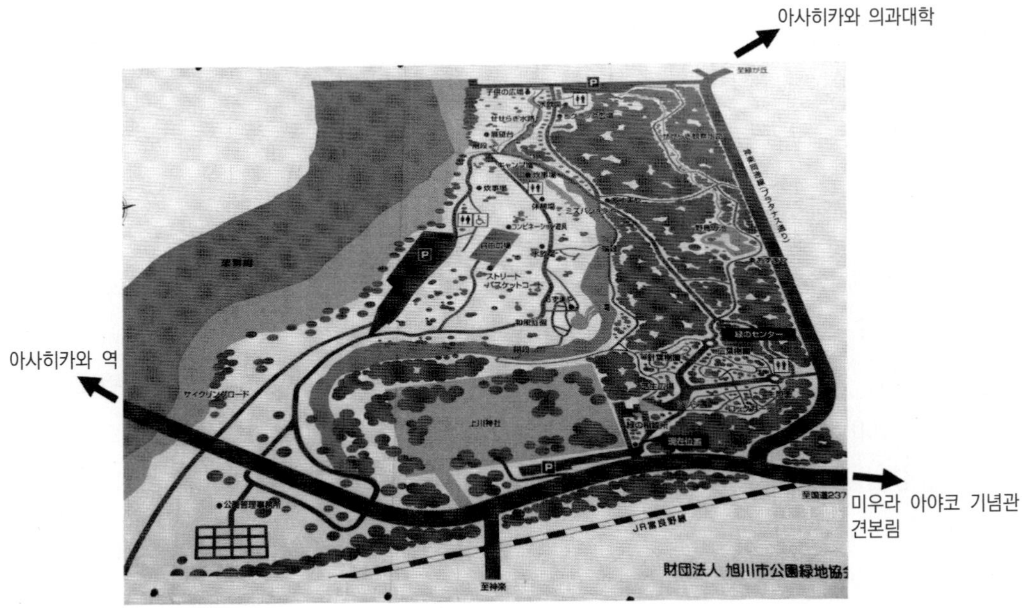

【그림 6.11】 神楽岡(가구라오카)공원 전경

아사히카와역(旭川驛) 남구(南口)에서 가미카와(上川)신사 경내, 캠프장, 자연공원의 3 에어리어로 구성된다. 공원 입구 녹색센터에는 사무소가 있으며 50명 정도 수용이 가능한 강의실, 식물원이 병설되어 있다.

이 공원을 사용하는 시민들의 삼림워킹을 5월부터 10월까지 제1 토요일 오전 9시 30분~12시까지의 예정으로 정기 개최하고 있다. 여기에서도 혈압, 타액아밀라제활성에 의한 스트레스 측정을 실시하고 있다. 아사히카와에서는 시민 유지, NPO회원이 가이드를 하면서 워킹을 하고 있다.

아사히카와시를 필드로 한 주된 활동은 다음 3가지이다.

1. 시민 건강을 위한 삼림워킹(활동하는 모습은 페이스북(facebook)에서 북해도 삼림요법 연구회를 검색하면 볼 수 있다).
2. 인지증 대책으로서 삼림워킹
3. IT기업의 정신건강으로서 삼림워킹

여기에서는 3.의 IT기업을 위한 정신건강으로서 삼림워킹에 대해 서술한다.

6.4.1 왜 IT기업인가

일본의 우울병 환자수는 2014년의 후생성 환자조사에 의하면 111만6천명으로 증가 경향에 있으며, 직업별로는 IT기업이 상위에 랭크되어 있다. 나의 삼림워킹 강연회를 개최한 IT기업 분으로부터 자사의 정신건강의 일환으로서 실시하고 싶다는 상담을 받은 것도 심각성을 엿볼 수 있다.

삼림욕을 사원의 건강 가꾸기에 포함시킨 선구적인 사업은 1970년대 독일에서 시작된다. 1972년 폭스바겐사가 순환기질환을 앓는 사원 643명을 대상으로 2년간 크나이프요법을 실행한 결과, 의료비가 1/3로 줄어들었다(Brüggemann(1972), Pflanz and Brüggemann(1972)). 크나이프요법이란 물요법, 운동요법, 식사요법 등을 조합시킨 독일 오리지널 건강법으로 크나이프에 의해 100년 이상 전에 고안되고 건강보험대상으로서 현재에도 이용되고 있다. 운동요법 중에 삼림내에서의 작업요법, 이학요법이 포함되며 현대삼림요법의 원형이 되고 있다(Gilder(1987)).

2014년 6~9월에 걸쳐 IT기업사원 35명(남성 31명, 여성 4명, 평균연령 40.7세±1.1세)을 대상으로 삼림욕 전후의 혈압 변화, 정신건강에 대한 영향에 대해 실증연구를 실시했다. 몇 명씩 그룹으로 나누어, 표 6.1과 같은 타임 스케줄로 측정과 삼림욕을 실시했다.

이 실증연구는 피험자의 교감신경활성, 혈압, 심리적 측면이 도쿄(東京)-아사히카와(旭川)-도쿄(東京)의 생활을 통하여 어떻게 변화하는가를 본 관찰연구이다. 아사히카와 체재중인 5일간 중 화요~금요 오전중은 우천을 제외하고 삼림욕을 1시간 이상 실시하도록 했다.

결과는 그림 6.12와 같이, 도쿄 체재중은 타액 아밀라제 활성이 귀택하기 전보다 상승해 있고, 업무에 의해 교감신경이 활성화되어 스트레스의 영향이 시사된다. 교감신경의 활성화에 연동하여 혈압도 변동하고 있다. 아사히카와에 가서 삼림욕을 하는 것으로 피험자의 교감신경활성은 억제되고, 혈압 변동도 적게 되었다. 그러나, 도쿄의 생활로 되돌아가면 다시 교

【표 6.1】 정신위생 프로그램의 1 사례

타임 스케줄		측정 내용	측정 항목
도쿄(東京)	북해도 오기 1주일 전	출사시, 퇴사시에 혈압과 타액 아밀라제 활성을 측정	혈압, 타액 아밀라제 활성, POMS, SDS
아사히카와(旭川)	월요	오전중, 하네다(羽田)공항에서 아사히카와(旭川)공항으로 이동하고, 낮에 아사히카와 의대에서 검진	혈압, 타액아밀라제 활성, POMS, SDS, WHO QOL26.
	화~금	오전중에 삼림욕	혈압, 타액아밀라제 활성,
	금요	낮에 아사히카와의대에서 검진후, 아사히카와 공항에서 부터 하네다 공항으로 이동	혈압, 타액아밀라제 활성, POMS, SDS, WHO QOL26
도쿄(東京)	귀경후 일주간, 1개월 후	출사시, 퇴사시에 혈압과 타액 아밀라제 활성을 측정	혈압, 타액아밀라제 활성, POMS, SDS, WHO QOL26

POMS: 기분조사표. SDS: 우울 조사표 WHO QOL26: 주관적 건강행복도 조사표

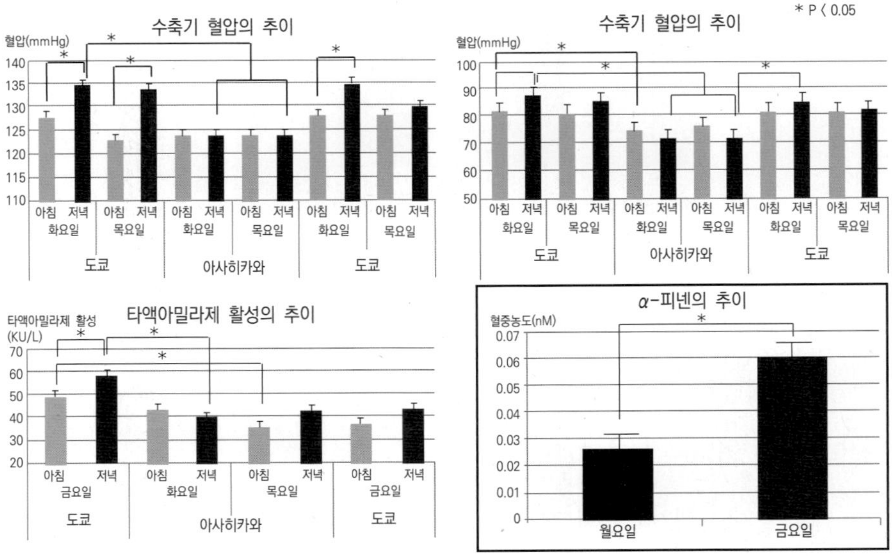

【그림 6.12】 IT 기업사원을 대상으로한 삼림워킹 전후의 타액아밀라제 활성, 혈압, 혈중 α-피넨의 추이

삼림휘발성 물질인 혈중 α-피넨 농도는 삼림워킹전(월요일, 아사히카와 도착시)과 비교하여 삼림욕 후에 유의하게 증가하고, 혈중 α-피넨 농도와 반비례하는 바와 같이 아사히카와 체재 기간 중 교감신경 활성을 나타내는 타액아밀라제 활성과 혈압의 변동은 적게 되었었다. 도쿄로 돌아가면 다시 타액아밀라제 활성과 혈압의 변동폭이 크게 되는 경향이 있었다.

감신경활성이 상승하고, 혈압변동이 인정되게 되었다. 우리들은 삼림욕 작용의 일부가 삼림 휘발성 물질 모노테레핀류에 의한 것을 확인하고, 혈액중으로 이행하는 것을 확인하고 있다 (Sumitomo et al.(2015)). 또한 교감신경활성, 혈압과 혈액 중의 모노테레핀류에 상관이 있는 것도 찾아내 보고하고 있다.

그림 6.13에는 심박변동해석에 의한 교감신경활성과 조기혈압을 나타내고 있다. POMS에서는 흥분, 불안 등 모든 항목에서 개선을 나타내고, 활기(活氣)는 상승하고 있었다. SDS, WHO QOL 26, 수면조사도 유의한 결과를 나타내고, 참가자의 만족도를 앙케이트 조사한 바, 만족이라고 답한 사람이 90%에 달했다. 삼림욕에 의한 단기적인 생리적, 심리적 효과에 대해서는 이 실증연구에서 명확해졌다. 이 연구는 3년 계속되고 있으며, 개입 전과 비교하여 기분 장해의 발생율에 차가 있는지 장기적 효과에 대해 조사 검토하려고 생각하고 있다.

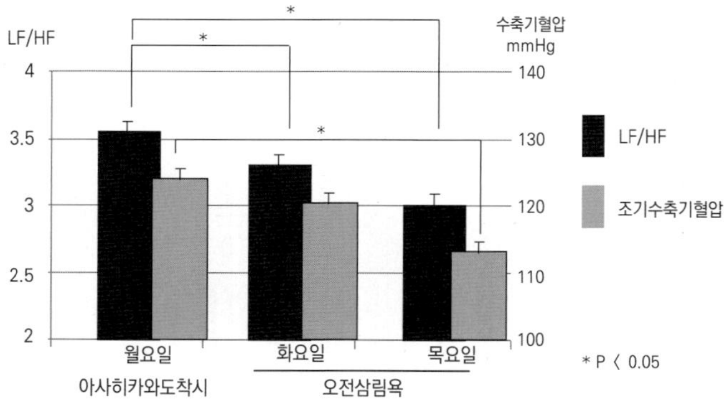

【그림 6.13】 삼림워킹 실시기간 중 심박변동해석결과와 조기혈압의 추이

아사히카와 첫날은 교감신경과 부교감신경의 밸런스를 나타내는 LF/HF비가 높은 수치를 나타내고 있었지만, 삼림워킹을 실시할 때 마다 LF/HF는 저하하고, 조기 혈압도 하강하고 있었다.

6.4.2 삼림요법이 가져온 지역 가꾸기의 가능성

또한 IT기업과의 아사히카와에서 정신건강대책사업은, 리쿠르트 굿 액션 어워드 2015를 수상, 게다가 2017년에는 아사히카와에 이 기업 사무실이 개설되고 지역경제에 공헌하고 있다.

의료에 관한 지역가꾸기 관점으로서 Medical Community Design이라는 개념을 생각하고 있다. 현재, 지역가꾸기 수법으로서 Community Design이라는 말을 들을 기회가 늘어나고 있다. 단순하게 지역에 사람들이 이용하고 모이는 상자들을 건설하여도 인구감소시대에 들어와 그 효과는 충분히 기대할 수 없게 되었다. 하드측면의 정비보다도 거기에 사는 주민의 살

기쉬움이나 생활하기 쉬움에 포커스를 맞춰 소프트측면, 얼개 만들기를 고안하는 것이 Community Design이다. 지역의료에 종사하면 이 발상이 대단히 중요하다고 인식할 수 있다. 삼림워킹은 벽지의 元氣 만들기부터 시작했고, 도회에서 일하는 기업전사의 건강 가꾸기에 응용되기 시작하여 도시와 지방의 2지역 교류에 의한 지역 가꾸기의 가능성을 보아 왔다. 당초, 지역에서 과학적 증거에 입각한 건강 가꾸기를 발신하고, 지방의 자연과 링크함으로써 지방관광의 도움이 된다면 좋겠다고 생각하고 있었다. 아사히카와에서의 삼림워킹은 동경과 지방도시의 상보보완에 의한 건강 가꾸기이고, 경제교류, 마을가꾸기의 가능성을 시사하고 있다. 지금까지 지역간 상호교류에 의한 지역재생과 다른 점은 「건강 가꾸기」가 키워드로 되고 있고, 거기에는 「의료」와의 관련성이 불가결하다는 점이다. 의료보건복지개호에 관련된 지역 가꾸기를 Medical Community Design으로서 제창할 것은 제안하고 싶다.

개요는 그림 6.14에서 나타난 바와 같이 개인의 질병치료로부터 개인의 건강관리라는 의료의 흐름을 조금 확대하고, 지역자원과 관련된 주민의 건강 가꾸기를 추진하고, 건강 가꾸

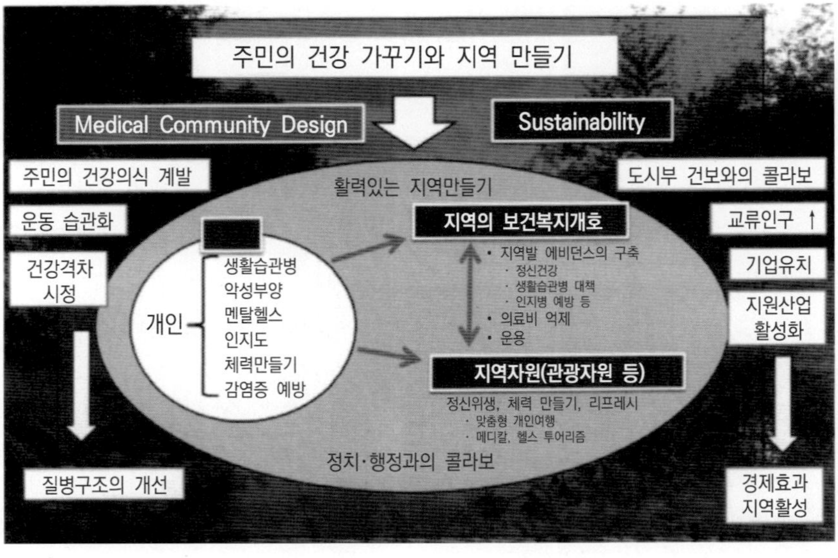

【그림 6.14】 Medical Community Dessign의 개념도

의료가 개인의 질병치료만 아니라 지역자원을 활용한 건강 가꾸기를 행정, 지역의 개체, 주민과 추진하는 것으로 「자연히 건강하게 되는 마을」가꾸기가 가능하게 된다. 지역발 건강 가꾸기의 증거를 기업의 건강 가꾸기, 헬스케어산업과 링크시킴으로서 활력있는 지역만들기, 지속가능한 지역만들기가 가능하다고 생각하고 있다. 의료·보건·복지·개호를 축으로 한 지역가꾸기를 Medical Community Design이라 부른다.

기의 백데이터를 구축하여 의료관광이나 건강관광으로 발전시킨다. 이 활동을 통해 지역의 건강증진이 초래되고, 의료직, 행정, 시민과의 다직종 연계교류로부터 지역 활성화로 효과가 파급된 결과, 지역의 자율성과 지속가능성이 늘어난다고 생각한다.

Medical Community Design의 추진은 아사히카와시(旭川市) 이외에 홋카이도(北海道) 쿠로마쓰나이정(黑松内町), 시마네현(島根縣) 이난정(飯南町), 미야기현(宮城縣) 도메시(登米市)에서 실천 중이다.

(住友和弘)

과제

(1) 삼림요법의 생리학적 효과를 열거하시오.

(2) 삼림요법에 의한 건강 가꾸기와 지역 창생(創生)의 가능성을 고찰하시오.

(3) 삼림요법을 「건강 가꾸기와 지역 창생」으로 보급시키는데 있어 장애는 무엇이 있는가? 그것을 해결하는 방법을 고찰하시오.

용어해설

타액(唾液) 아밀라제(Amylase) 활성 : 타액 중의 아밀라제 활성은 교감신경 활성의 지표가 된다. 니프로사 타액 아밀라제 측정기를 사용. 검사에 있어서 착색료가 들어가 식품, 음료수의 섭취를 삼간다. 전용 측정칩이 시판되고 있으며, 측정용 칩을 30초 입에 물고, 여과지에 타액을 묻힌다. 후에는 기기의 지시 대로 조작을 진행하면, 약 1분 정도에 결과가 표시된다.

POMS : Profile of Mood States. 기분 프로필 검사. 현재는 POMS 제2판을 金子書房에서 판매하고 있다.

WHO QOL26 : WHO Quality of Life 26. WHO가 개발한 「생활의 질」을 측정하는 조사표. 金子書房에서 판매하고 있다.

PDCA 사이클 : 사업, 프로젝트에서 업무나 미션을 원활하게 추진하는 수법의 1. Plan(계획) → Do(실행) → Check(평가) → Act(개선)의 4단계를 반복함으로써, 사무를 계속적으로 개선한다.

제7장

해외에서 삼림보건휴양의 사례

「삼림욕」이나 「삼림요법(Forest Therapy)」은 일본뿐 아니라, 한국이나 대만, 중국 등 아시아에서도 확대되고 있다. 그런 나라들에서 삼림보건휴양을 요구하는 수요는 일본과 거의 유사하지만, 한편으로 각각의 특징도 살펴볼 수 있다.

이 장에서는, 그러한 해외에서의 몇 가지 삼림보건휴양 실태를 소개한다.

7.1 독일의 보양지와 삼림

독일은, 「반데룽(Wanderung)」이라 불리는 자연산책이, 예전부터 광범위하게 국민에게 침투하고 있는 국가이다. 그러한 독일의 삼림에서 최근 다시 강조되고 있는 것은, 주로 천연갱신을 포함한, 또는 보다 천연림에 가까운 형태로 실행하는 「보다 자연에 가까운 삼림시업(Naturaliche Forstwissenshaft)」이라는 주제와, 「목재생산+보건휴양의 삼림보전」이다.

어쨌든 일본에서는, 삼림계획을 하는 경우, 여기는 시업, 여기는 레크리에이션 목적 등의 area 구분이나 zoning이라는 구분의 공존으로 임분에 경계선을 긋고, 계획하는 경우가 많다. 그러나, 독일에서는 동일 임분에서 목재생산이나 보건휴양이 중복해 기능이 발휘되고 있는 지역을 많이 볼 수 있다. 입목을 벌채, 반출하고 있는 산림에서 작업로는 산책로로서, 시업림은 보건휴양림으로 사용되고 있는 경우이다. 물론 이 두 가지 activity는 동시에 행해지는 것이 아니라, 요일에 따라 서로 엇갈리게 운영된다. 예를 들어 인공림이라도 엄격하게 시업이 이루어지고 있는 삼림·임분의 경관은 일반적으로 기분 좋고, 풍치효과도 높다(사진 7.1). 일본은, 이러한 「목재생산+보건휴양」 형태의 삼림경영은 차후 검토될 필요가 있다.

【사진 7.1】 독일 보건휴양림의 산책로

보건휴양림에 있는 삼림작업 안내판, 「지속적인 삼림보전을 위한 작업을 하고 있습니다」라고 안내하고 있다(A). 임내작업도가 그대로 산책로로도 사용되고 있다(B). 가족이 산림산책을 즐기는 모습(C)과 산책로 입구에 있는 통나무들 : 임업과 보건이 공존하고 있다(D).

또한, 일본의 삼림·임업계에서 해외 보양지에 대한 화제로는, 독일의 보양지에 대해 이야기 되는 경우가 많다. 자연보양지는 다른 유럽 국가들을 위시하여 아시아, 오세아니아, 북남미의 어느 나라에서도 볼 수 있는 것이다. 그럼에도 불구하고, 왜 독일의 보양지가 자주 화제가 되는가. 거기에는, 과거 일본이 독일 임학에서 배운 경험이 뒷받침되어 있을지도 모른다.

그러나, 새삼스럽게도 현재 독일의 삼림과 일본의 삼림을 비교해 보면, 삼림율은 독일 약 30%, 일본은 약 67%로 차이가 있다. 그러나, 독일의 삼림은 대도시 근교에도 위치해 있고, 시민과 친숙해지기 쉬우며, 평지림이 많은 것이 잘 알려져 있다. 따라서, 삼림율의 저위성은 그다지 의식되지 않는다. 또한, 평균적인 삼림의 축적량은, 독일은 270㎥/ha, 일본은 180㎥/ha로 상당한 차이가 있고, 성장량에서도 독일 13㎥/ha·년, 일본 3㎥/ha·년으로 크게 격차가 나는 것은 의외로 알려져 있지 않다. 독일에서는 일반적으로 평지에 있는 삼림이 많으므로 임내도로망도 평균적으로 약 120m/ha나 깔려 있으며, 그러한 임도는 시민의 레크리에이션이나 지역주민의 생활도로로도 사용되고 있다.

7.2 독일 보양지의 특징

유럽과 미국, 특히 유럽에는 오랜 역사를 지닌 자연보양지가 많이 존재하고 있다. 그 중에서도 독일의 자연보양지에서는 통상 건강보험 적용이 가능하며, 사회적인 건강증진제도로 자리 잡고 있다.

생활습관병의 예방이나 멘탈 헬스는 현재 독일에서도 큰 사회적 과제로 되어 있다. 독일의 「케어」는 「예방과 재활(Rehabilitation)을 위한 의학적 대처」로 법적으로 정해지고, 건강이 쇠약해져 머지않아 질환으로 발전할 가능성이 있는 상태를 개선하는 것이나, 어린이의 건강한 성장을 저해하는 인자에 대해 저항력을 키울 것, 개호의 필요성을 경감한다 등이 정의되고 있다. 이 보호의 정의에도 독일의 국가적 정체성을 느낄 수 있다. 일본에서는 「보양」이라 말하면, 「온천지역에서 차분하게」, 「그리고 온천 후에는 술 한잔」과 같은 이미지가 일반적이지는 않는가? 「건강적으로 쇠약해진 상태를 개선한다」, 「성장을 저해하는 인자에 대해 저항력을 만든다」, 「개호의 필요성을 경감한다」 등과는 취지가 다르고, 그것도 또한 일본의 국가적 정체성일 것이다.

독일의 보양지에는 온천·광천, 진흙욕, 기후, 대기, 해변, 크나이프 등 범위가 넓다. 그 중 기후, 대기, 크나이프 보양지 등에서는 산책 재활(Rehabilitation, Kurwanderung)이 실행되고 있는 곳이 많고, 그 재활코스(Rehabilitation course)가 삼림환경 내에 설정되어 있는 곳이 많다.

7.3 보양지의 환경조건

여기에서는, 그 중 하나의 사례인 「크나이프 보양지」의 인정기준을 살펴보자. ①보양환경으로서 10년 이상 그 보양지 운영에 문제가 없을 것. ②의사, 요법사(療法士) 등 의료 스탭이 갖추어져 있을 것. ③병원, 보양시설 등 hard 측면의 조건이 정비되어 있을 것 등이 정해져 있다.

또한, 독일의 보험시스템을 활용하고, 보양희망자는 고용기관에서 가입하는 건강보험회사에 보양 희망을 신청하고, 의사에 의한 최종결정에 따라 보양하게 된다. 보양지의 선택은 임의와 강제의 2가지가 있으며, 전자는 자기부담, 후자는 약 3/4이 건강보험에 의해 부담된다(독일의 보양제도는 매년 어지러울 정도의 개정이 있다). 의외인 것은, 최근에는 자기부담을 하여도 보양지를 자기선택하는 보양객의 수가 증가하고 있다.

7.4 해변보양지 게렌

게렌(Gohren)은, 독일 북동 류-겐(Rugen)반도에 있는 해변보양지이다. 구 동독령 장소이며, 역사적으로는 어촌이었지만 그 후 20세기 초경부터 보양지로서 발전해 온 도시이다. 현재 인구는 약 2,000명 정도이지만, 연간 20만 명의 사람들이 방문한다. 발트해를 볼 수 있는 해안과, 반도에 남은 아름다운 너도밤나무림이 이 지역의 매력이며, 최근에는 리조트지로서 독일 내에서도 인기가 높다.

해변 보양지라는 점 때문에 보양은 해변에서 해풍을 맞으면서 일광욕을 즐기는 것이 중심이 된다. 일광욕이라고 하면, 일본에서는 리조트적인 의의를 강하게 느끼는 사람들도 많을지 모르지만, 동기의 일조시간이 적은 지역에 사는 독일인들에 있어, 봄이나 여름의 일광욕은 1년 중 건강지킴으로도 중요한 의의를 지니고 있다. 일본에서도, 과거 고원의 결핵요양소 등에서는 고지에서 일광욕을 하는 것에 의한 요양을 하고 있던 시기가 있었다. 게렌 해변에는 일광욕용 개인 단위(사진 1.15 참조)까지 설치되고, 보양객에게 제공되고 있다(上原(2007d)).

7.5 게렌의 너도밤나무림

게렌은 해변 보양을 주로 하면서도, 이 지역의 너도밤나무림을 주체로 한 삼림환경도 자연보호구로서 중요하게 보호되며, 보양환경에도 이바지하고 있다(사진 7.2 A, B). 보호구내에는 산책코스가 설치되고, 보양산책(쿠아·반데룽) 코스로서 사용되고 있다. 너도밤나무림은 풍치적으로도 아름답게 관리되고, 산책로도 관리·유지되고 있다. 해변 보양지이면서도, 이 지역의 너도밤나무림은 아름답고 다른 보양지 산림환경에도 결코 뒤지지 않는다. 건강 가꾸기, 트레킹, 하이킹 등 다양한 이용자가 이 너도밤나무림을 방문하고 있으며, 독일에는 삼림과 친근한 국민성이 기본적으로 있다는 것을 엿볼 수 있다.

또한, 해안선에 따라서는 방풍·방사림(防砂林)으로서 일본과 마찬가지로 소나무림이 식재되어 있지만, 그 소나무림 중에도 산책 코스가 설정되고 조석으로 산책이나 조깅에 힘쓰는 보양객의 모습을 볼 수 있다(사진 7.2 C, D). 이와 같이 바다의 보양요소와 삼림의 보양요소 모두를 구비한 것이 보양지로서 게렌의 큰 매력이 되고 있다.

【사진 **7.2**】 류겐의 너도밤나무림

풍치·경관적으로 아름다운 너도밤나무림 산책로 사이를 걷는 보양객(A, B)과 해안 연안의 산책코스(C, D)

7.6 크나이프 요법의 국제 심포지엄

2007년 5월에는 이 게렌을 개최지로 하여 크나이프 요법의 국제심포지엄 「Kneippiade 2007」이 개최되었다. 이 요법은 물, 운동, 영양, 식물, 조화(라이프 밸런스)의 다섯가지 주제로 성립된 자연요법이다. 1주간의 심포지엄은 크나이프 요법의 5가지 주제를 매일 바꾸어 설정하고 행해졌다.

필자도 「Forest Therapy in Japan-일본의 삼림요법」이라는 제목으로 기조강연을 할 기회를 얻고, 활발한 의견교류를 하였다(사진 7.3).

【사진 **7.3**】 일본의 삼림요법에 대해 발표하는 필자

회장에서 받은 질문은 일본에서는 침엽수와 활엽수의 숲 등 수종별로 삼림을 선택하는 것이 가능한가, 삼림요법에는 어느 정도의 삼림환경이 필요한가, 삼림요법의 빈도, 효과의 지속도는 어느 정도인가 등 계속적으로 이어졌다. 독일인들에게 있어서도 또한, 일본의 삼림요법은 흥미를 돋우는 내용인 것 같다.

자연·삼림환경과 건강증진의 건전하고 새로운 방향성, 가능성이 국제적으로 더욱 확산될 것으로 기대된다.

7.7 아시아의 사례

다음과 같이 아시아 국가들의 현황을 소개한다.

7.7.1 한국

한국에서는 금세기 초반부터, 등산이나 트레킹 등 야외레크리에이션이 사회적으로 큰 붐이 되고, 그에 따라 의류나 신발 등 텔레비 광고도 자주 방영되고, 아웃도어 상품의 인기는 하나의 사회현상으로 되고 있는 느낌이다.

그 아웃도어 레크리에이션의 조류 중에서, 삼림의 보건휴양에 대해서도 일본과 마찬가지로 시민의 건강증진을 위시하여, 정신위생의 일환으로서 계획, 시행되고 있는 지역이 많다. 삼림요법에 관한 일본서적도 다수 한국어로 번역되고 있다. 또한, 도시 근교의 삼림에는 건강 증진을 위한 산책코스가 설정되어 있고, 이용하고 있는 시민들도 다수 볼 수 있다. 수목, 식생 등도 일본과 상당히 유사하며, 일본의 마을 숲과 같은 풍경도 볼 수 있다(사진 7.4).

【사진 7.4】 한국의 삼림산책로와 삼림요법 서적

한국의 삼림산책로 간판(A, B). 삼림산책로를 걷는 시민과, 임간에 설정된 휴양공간(C, D). 한국에서 번역 출간된 일본 삼림요법서적, 한국어 제목은「우리들의 산림치료」(E, F). 서울시 교외의 삼림산책로(G, H).

한국은 또한, 의료와 관광을 믹스한「메디칼 투어리즘(Medicak Tourism)」의 선진국이기도 하다. 이것은 출산이나 미용성형수술 등으로 한국을 방문함과 동시에, 한국의 자연에서 보양·휴양도 한다는 개성적인 투어리즘을 말하며, 이러한 병원이나 보양지도 매년 증가하고 있다.

7.7.2 대만

대만에서는 국가의 목재자원 확보를 위하여 삼림의 벌채제한을 지금까지 국책으로서 시행하여 왔다. 특히, 예로부터 천연림의 보전은 여전히 중요한 과제이다.

대만에서 건강증진, 정신위생 등을 목적으로 한 삼림이용계획이 최근 수년간에 추진되고 있다. 2013년에는, 필자의 삼림요법 책이 연이어 번역되고,「삼림요법」도 대만에 상륙했다. 현재 각지에서 시민 워크숍을 중심으로 삼림에서의 보건휴양, 건강증진의 가능성이 검토되고 있다(사진 7.5).

【사진 7.5】 타이페이시 교외 삼림공원에서의 워크숍 모습

워크숍(A)과 임상에서의 휴식(B). 자기 카운슬링(C)의 모습. 숲의 향을 즐기고(D), 채취한 나뭇잎에서 방향증류수를 만든다(E).

아열대림이나 난대림의 식생환경에서, 어떤 보양프로그램의 기획이 가능하며 어떤 장점과 단점이 있는가를 각지에서 검증 중이지만, 도쿄농업대학과 제휴하고 있는 국립중흥대학의 부속연습림에서는「경관조림」이라는 용어를 내세워, 삼림의 풍치효과나 어메니티 작용을 향수할 수 있는 삼림조성, 삼림보육방법도 검토하고 있다.

7.7.3 중국

대국인 중국에서도 아시아의 다른 나라와 마찬가지로, 삼림 보건휴양의 사회적인 기반정비에 힘을 쏟고 있다(사진 7.6).

【사진 7.6】 북경시 교외에 만들어진 삼림공원과 삼림공원 내에 설치된 휴양공간

특히 북경 올림픽 개최 전후부터 그러한 경향은 증가되고 있으며, 대기오염이나 공해, 온난화대책으로서 녹화, 조림에 우선은 역점이 두어지고 있는 것이, 타국에는 없는 중국의 특징이다. 결국, 녹화, 조림사업과 병행하여 보건휴양사업도 추진되어 가고 있다.

그러나 그 보건휴양 목적은 역시 도시부에서 일하는 사람들의 정신건강이나 심리적인 보양이 중심이며, 타국과 사정은 크게 다르지 않다. 중국에서는 세계적으로도「도시임업(urban forestry)」의 조사연구도 많고, 도시 교외에 삼림을 급 피치로 조성하고 있다(사진 7.7), 현재는 주로 일본의 기술과 소프트 측면의 지도를 받고, 삼림활용의 보건휴양 효과 데이터를 축적해 가고자 하는, 단계도상에 있다(上原(2016)).

【사진 **7.7**】 삼림산책 나무데크와 휴양벤치

7.8 그 외의 나라 : 영국

그 외에도 북반구 뿐 아니라 남반구에도 삼림에서 보건휴양을 하고 있는 나라들은 다수 볼 수 있지만, 여기에서는 그 대표 사례로 영국을 소개하고자 한다.

영국은 그린투어리즘의 선진국이며 「전원생활」의 즐기는 방법은 전부터 국제적으로 알려져 있다. 제1차 세계대전 후 장기불황기에서 생긴 「산책 : 돈이 들지 않는 건강지키기」는 그 후, 공적 산책로인 「푸트패스(footpath)」를 만들고, 그것은 영국 전역으로 확산되게 되어, 「돈을 들이지 않는 건강지키기」의 면목이 생생하게 드러나 있다(사진 7.8 B).

영국에서도 또한 「자연보양지」가 각지에 존재하고 있지만(사진 7.8 A, C), 그 취지는 명확하게 독일과는 다르다. 그 차이에 대한 이유의 하나는 「개인주의」이다. 이 개인주의는 이기주의를 의미하는 것은 물론 아니며, 「個」의 강함으로 나타내고 있다.

예를 들면 독일 자연보양지의 숲에서 산책을 하고, 구렁텅이 진창인 악로나, 길에 결손부가 있는 경우 독일에서는 지방행정이 꼼꼼하고 빈틈이 없게 그 땅을 고르게 하고, 보수를 하는 것이다. 또한 보양객으로 부터 행정 측에 수선을 희망하는 불만도 터져 나올 것이다. 그러나, 영국에서도 만약 이러한 일이 있다고 한다면, 어떻게 될 것인가. 실은 그대로 둔 보양지가 많다. 「진흙 진창이나 물구덩이? 아아, 그런 곳이 있더라도, 피해서 걸으면 끝날 일 아니야」. 개인이 강하고, 개별적으로 판단·행동할 수 있으며 게다가 각각 자연의 즐거움을 아는 것이 영국 전원에서의 보양의 즐거움을 즐기는 방법인 것이다.

【사진 **7.8**】 영국의 산책로와 자연보양지

Foot-path 입구(B). 농장, 사유림에도 Foot-path는 나 있고, Foot-path를 산책하는 것이 허용되고 있다. 관리는 내쇼날트러스트가 하고 있다. 곰돌이 푸(A)와 식재된 참나무로 만들어진 나무 터널과 산책로(C).

7.8.1 영국의 BTCV 및 「그린짐」활동

영국에서 전원, 삼림에서의 즐거움을 즐기는 방법의 또 하나의 형태를 보고한다. 그것이 BTCV가 행한 그린짐이다(上原(2012b)).

BTCV란 British trust for conservation volunteers(영국 환경보전 볼런티어·트러스트)의 약칭이다. 현재, 영국 전 국토에 100개소 이상의 지방사무소와 2000개 이상의 지역보전활동 그룹을 가지고 있다.

BTCV는 영국환경성, 교육·과학성을 위시하여 내쇼날 트러스트, 왕립 조류보호연맹, 각 지방자치체와도 연계한 활동을 하고 있고, 운영경비는 정부나 지방자치체, 민간기업, 재단, 개인부터의 조성금이나 기부금 등에 의해 충당되고 있다.

BTCV의 활동목적은 전원지대에서의 전통적인 경관의 보전을 위시하여, 자연보호의 원리와 실천의 교육·훈련, 또한 전원지구만이 아니라, 도시지역에서 환경보전, 자연복원활동 등 각 지원활동도 하고 있다.

7.8.2 그린짐「녹색의 짐」

BTCV에서는 2003년부터「Green Gym」이라 불리는 활동을 시작하고 있다.「Gym」이라 하면, 복싱 짐과 같은 신체를 training하는 장소와 같은 이미지가 떠오르지만, Green Gym은 지역의 녹색 보전활동에 대처함으로써 그 기술을 몸에 익히면서 자율적인 사회활동을 할 수 있다는 것을 목적으로 한 활동이다. 즉, 나무를 베거나 혹은 심거나, 가지를 운반하거나 녹색 환경에 작용하는 작업 그것을 트레이닝 재료로서 자율능력이나 사회성을 높인다는「Gym」에 관한 것이다.

Green Gym에는「보다 좋은 자연환경이, 우리들의 건강을 높여 간다(Better environment brings our health better)」라는 명제가 놓여 있다. 자기 몸 주변의 자연을 건강하게 해 두는 것이, 즉 자기 자신의 건강으로도 된다는 생각이나 자세는 일본의「삼림요법」(단, 관광면을 강조한 세라피 사업과는 다르다)의 개념과도 공통이라고 말할 수 있을 것이다.

Green Gym의 활동에는 심신장애가 없는 사람만이 아니라, 장애를 안고 있는 분, 재활치료중인 분, 고령자, 실업 중인 분 등이 참가하고 있는 점이 큰 특징이며, 이것이 단순한 녹색 보전활동이 아니라는 것을 나타내고 있다.

7.8.3 그린짐의 효용

지금까지 Green Gym에 참가한 분들의 사례는, 녹색보전활동에 참가함으로써 우울 경향이었던 기분이 개선된 것을 위시하여, 부정적인 감정, 기분을 지닌 어린이들의 마음의 회복, 또한 비만경향인 대상자들의 감량 등 다양한 경우가 보고되고 있다. 그리고 Green-gym 활동에서는 그 활동을 통하여 개별 참가자들의 사는 보람의 획득이나, 사회참가에 대한 지원 등이 이루어지고 있다. 결국, 각 지역의 자연보전활동을 함으로써 그 자연의 회복만이 아니라, 참가자 자신의 생활을 고친다는 점이 Green-gym이 지닌 큰 효용이며, 사회적 의의라고 할 수 있다.

7.8.4 Green-gym 활동사례

그러면 Green-gym에서는 구체적으로 어떤 활동이 행해지고 있는 것일까.

Green-gym에서는 삼림이나 관목, 녹지의 관리, 돌담의 수리, 울타리 만들기, 연못 수리, 보도(footpath) 수선 등 영국의 지역생활에서 녹색과 관련된 일들을 추진하고 있다. 또한, 활동에 있어서는, 참가자의 과거 경험 유무 등은 요구하고 있지 않으며 완전 초보자라고 하더라도, 항상 활동에 참가할 수 있다.

이 항에서는, 2011년에 런던 교외와 공업의 도시 브리스톨시 교외에서 필자 자신이 참가한 2가지 사례를 간단하게 소개한다. 모든 활동의 홍보, 안내는 주로 인터넷으로 행해지고, 자연이나 삼림, 수목에 흥미나 관심이 있는 사람, 녹색 보전활동을 하고 싶은 사람, 장애나 질환이 있는 사람, 그리고 Green-gym을 통해 사회복귀를 지향하는 사람들이 모이며, 연령층은 20대부터 60대까지 폭넓게 분포했다.

참가자는 참가등록과 동시에 전원이 활동보험에 가입하고, 활동등록 시 자기의 생활, 건강상태 등에 대해서도 기록하는 시스템으로 되어 있다. 한편, Green-gym을 운영하는 스탭은 BTCV에서의 활동 트레이닝을 받은 지역 리더가 복수체제로 담당하고 있었다. 이러한 큰 틀은 각 지역에서도 마찬가지이다.

(1) 런던 교외의 Green-gym 사례

런던 교외의 고급주택가 햄스테드에 있는 공동묘지를 모임장소로 하여, 묘지에 침입하고 묘석 등을 압박, 피압하고 있는 외래종 수목을 제벌하는 Green-gym 활동이 2011년 3월에 행해졌다. 「녹색의 보전활동」이라고 하더라도, 이와 같은 묘지 녹색정비도 활동재료가 된 것에서 영국적 독특함의 일단을 엿볼 수 있지 않을까.

참가자는 모두 12명. 아침 10시 반에 묘지에 집합하고, 작업내용이나 도구의 설명을 듣고, 가벼운 체조를 하면서 작업을 추진하였다. 정오 무렵 30분 정도의 tea-brake가 있고(음료수나 도시락은 지참), 그 후 14시까지 제벌활동을 하였다. 제벌된 수목은 그 후 chip화되어, 원예용으로 재이용되고 있다. 참가자들은 원예작업이 처음인 사람도 있었으며, 추진방법은 다양하지만 일정한 작업내용이나 형세가 지도, 강제된 것이 아니라, 개별 참가자의 자주성과 능력에 맡기는 자세를 경지하고 있다(사진 7.9)

(2) 브리스톨 시의 사례

다음은 공업도시 브리스톨에서 Green-gym 활동사례이다.

앞의 사례와 마찬가지로, 2011년 3월에 시 교외 삼림공원에서 관목류(호랑가시나무 등)의 제벌작업을 하는 Green-gym 활동이 실행되었다. 제벌의 목적은 관목을 제외하고 임내경관의 전망을 양호하게 하는 것, 하층식생을 풍요롭게 하고, 다양성을 증가시키는 것이며, 작업 전에 참가자 전원에게 사전설명을 하였다.

【사진 **7.9**】 런던 교외에서의 Green-gym

「Green Gym」의 작업조끼를 입는 참가자(A). 묘지 내의 수목정비작업(B). 묘지에 침입한 덩굴식물, 관목류의 제벌작업(C). 연대가 오래 된 묘석에 파고든 외래식물의 제거작업(D, E). 벌채된 수목, 가지를 쌓은 산더미(F). 이것들을 칩화해서, 산책로에 사용한다. 영국에서 tea break의 모습(G). 일본에서 가지고 간 전병(납작과자)이 큰 인기!

여기서 참가자는 모두 8명, 아침 9시 반에 삼림공원에 집합하고, 작업내용과 유의점에 대한 설명을 듣고 가벼운 준비체조를 하면서 작업을 추진하였다. 11시 무렵 tea-brake(음료수, 과자를 지참)를 사이에 두고, 오전 1시까지 작업을 실시하였으며, 제벌된 관목류는 생울타리

【사진 7.10】 브리스톨 시 교외 삼림공원에서의 Green-gym 활동

삼림공원에 모이는 참가자(A). 호랑가시나무 등 관목의 제벌작업(B). 제벌한 관목을 활용하여 산책로, 생울타리, 울타리를 만든다(C, D, E, F). tea break의 한 때(G).

로 그대로 이용되었다. 참가자의 자주성과 속도가 존중되고 있는 점은 전날 런던 교외에서의 사례와 마찬가지다. 정력적으로 관목을 손질하는 사람도 있는가하면, 천천히 자기 속도로 작업을 추진하는 사람도 볼 수 있었다(사진 7.10).

참가한 당일은, 마침 동일본대진재(東日本大震災)가 발생한 날이고, 영국에서도 텔레비젼, 라디오에서 하루 종일 그 뉴스가 방송되었다. 참가자로부터 「당신 집은 괜찮은가?」, 「가족은 안전한가?」, 「전화를 빌려줄까?」 등 따뜻한 말들이 쏟아졌다.

(3) Green-gym 활동을 통한 참가자의 감상

런던과 브리스톨 쌍방의 장소에서, 당지에서의 Green-gym 활동에 참가한 사람들에게, 참가한 목적을 묻자 「원예작업이 즐거워서」, 「녹색을 지키는 기술을 배우고 싶어서」, 「운동을 하고 싶어서」, 「볼런티어 활동을 하고 싶어서」, 「사회 복귀 전의 체험으로서」, 「장애, 질환의 재활(rehabilitation)로」, 「여가로서」 등의 답이 돌아 왔다. 또한, 참가자의 감상을 묻자, 「자연 중에서 몸을 움직이는 것은 기분이 좋다」, 「가까운 자연을 지키는 즐거움을 느낀다」 등의 답변이 있었다. 이들 답에서 엿볼 수 있는 바와 같이, Green-gym에는 다양한 동기나 목적을 지닌 사람들이 참가하면서도, 활동을 체험함으로써 각각이 어떤 긍정적인 감정을, 자연·녹색과 자기자신에 대해 지니고자 하는 경향이 있는 것과 같이 느꼈다. 또한, 자연의 장을 공유함으로써 참가자들끼리 긴장감도 어느새 완화되고, 공통의 작업목적을 지님으로써 상호 커뮤니케이션이나 팀워크도 또한 높아지는 것도 느꼈다.

(4) 일본의 가능성

BTCV 및 Green-gym 활동은 전통적인 「볼런티어」의 사고방식이나, 각 개인의 시민의식이 확실한 영국이 아니라면 할 수 없는 활동이라고도 할 수 있다. 실제, Green-gym의 참가자는 활동에 참가하고, 녹색 보전활동을 계속적으로 해도 수익은 물론 수료증이나 자격 등도 주는 것 없이, 각자의 건강도를 높이고 작업을 통하여 충실감이나 만족감, 사는 보람이 얻어지는 외에는 아무것도 도움이 되는 것은 없다. 그러나 지역의 녹색과 함께 자기 자신이 보다 건강하게 변모했다는, 활동을 통한 실제 체험, 실감이야말로 Green-gym의 최대의 수확이며 각지에서 오늘도 그 활동이 계속되고 있는 원동력이 되고 있는 것으로 추측된다. 이것은 현재 일본의 지역에서 자주 볼 수 있는 단락적인 지역 활성화 사업이나 영리목적의 자격제도와는 전적으로 차원이 다른 이야기이다.

일본에서도 전국 각지에서 자연, 삼림보전에 대한 시민활동이나 볼런티어 활동이 행해지고 있다. 그러나 그런 활동에, 이 영국의 Green-gym과 같은 건강 가꾸기나 사는 보람의 획득, 사회참가의 지원 등 목적을 가미하는 것, 그 자주적인 조직운용을 해 가는 것 등은 가능할 것인가.

Green-gym과 같은 지역에서의 자주적인 활동 형태가 뿌리내려 가는 것이, 일본에서 삼림보건휴양 활동의 차후 큰 과제의 하나일 것이다.

(上原 巖)

과제

(1) 아시아 국가들(한국, 대만, 중국 등)에서 삼림의 보건휴양활동(삼림욕, 삼림요법)의 확대를 둘러싼 문제점에는 어떤 것들이 있는가?

(2) 아시아 국가들에 있어, 삼림의 보건휴양활동이 확산되고 있는 이유, 배경에는 어떤 점들을 생각해 볼 수 있는가?

제8장

숲 유치원

현재 일본에서는 「숲 유치원」이라고 하는 유아·어린이의 야외체험활동이 확대되고 있다. 원래 「숲 유치원(Waldkindergarten)」은, 덴마크에서 시작되어 독일에서 보편화된 야외 유치원을 말하는 것으로 매일 일정 지역 내에서 보내는 것이 특징이다. 이 장에서는 그 「숲 유치원」에 대한 일본의 현황이나 과제에 대해 생각해 보고자 한다.

8.1 어머니와 같은 고향의 숲 - 유소년기의 추억

필자는 신주(信州)에서 태어나 산에서 자랐다. 매일 놀이터도 인근 산속이었다. 50세가 넘은 지금도 고향에 가면 산이나 숲이 오늘까지 자신을 길러 주었음을 재인식한다.

사진 8.1은 필자가 6살 때의 사진이다. 다니던 천주교 보육원의 소풍 풍경이다. 하지만, 행선지는 나가노시(長野市) 교외의 대봉산(大峰山)으로 삼림은 적송이 주종인 보건휴양림이었다. 시가지에 위치한 보육원 원아들의 소풍장소로서는 꽤 긴 거리였으며 또 급사면의 임지였던 것이 새삼 놀랍다. 사진 8.2는 2016년 현재 같은 장소의 임분 모습이다. 50여 년의 세월이 흘렀지만 임지는 거의 바뀌지 않았다. 바로 어머니인 고향의 숲이다.

8.2 숲 유치원 개요

「숲 유치원(Waldkindergarten)」은 1960년에 덴마크의 수도 코펜하겐 교외에서 탄생하였다. 당시 유럽 환경보호사상이 확산되고 있었으며 그 영향도 받아서 만들어진 것이다. 하지만 숲 유치원은 공적인 조직으로 태어난 것이 아니라, 그 모체는 코펜하겐에 사는 어린아이를 사랑하는 부모 그룹이었다. 민간의 풀뿌리 싹을 틔운 것도 숲 유치원의 특징이라고 할 수 있다.

【사진 8.1】 유소년기 필자들의 숲에서의 놀이 풍경

사진중앙, 적송에 에워싸여 있는 필자(A)(1970년, 長野市)

【사진 8.2】 2016년 현재의 임분

숲 유치원은 그 이름이 가리키는 것처럼 유치원 건물이나 정원 없이 야외, 삼림 속에서 지내는 이른바 「청공보육[1](青空保育)」이다. 비나 눈이 오더라도 1년 내내 매일 야외에서 보내는 것을 보육활동의 기본으로 하고 있다(사진 8.3).

그 후, 독일에서는 1968년에 첫 숲 유치원이 만들어졌다. 독일은 원래 「유치원(kindergarten)」을 19세기에 만든 나라이고 그 유치원을 만든 것은 유아 교육자가 아닌 삼림기관이었던 프뢰벨(Friedrich Wihelm Augus Fröbel, 1782-1852)이었다. 프뢰벨은 「어린이들이 자유롭게 꽃피는 정원」으로서 유치원을 이미지화하여 창안하였다.

1) 지붕이 없는 곳에서의 보육(역자주)

프뢰벨 시대부터 100년 이상 후의 시대에 야외·자연에서 시간을 보내는 새로운 유치원 형태로서 숲 유치원은 다시 태어났다고도 할 수 있다. 혹시 당시의 프뢰벨이 구상하였던 것은 숲 유치원과 같은 형태, 형식의 유치원이었는지도 모른다.

현재, 숲 유치원은 발상지 덴마크에는 70개소, 독일에는 500개소 이상 있다고도 한다(上原(2001c)).

【사진 8.3】 비가 내려도 바람이 불어도 야외에서 생활하는 「숲 유치원」

점심(도시락)도 야외에서 먹는다(A), 아우구스부르크(Augsburg)

동화 낭독에 귀를 기울이는 어린이들(C)

우산을 쓰고 있는 사람은 선생님뿐이고 어린이들은 비를 맞고 있다.

8.3 숲 유치원의 보육·교육 효과

「숲 유치원」은 현재 독일 전 국토에 퍼져 있으며 일본에서도 인터넷으로 검색할 수 있다.

그러면 숲 유치원에서는 어떠한 특징의 보육, 교육 효과를 기대할 수 있을까? 지금까지의 숲 유치원의 보육, 교육 효과로 아래와 같이 보고되고 있다.

① 인근의 삼림환경을 이용한 전인적(全人的) 보육, 교육 활동을 전개할 수 있고,
② 언어의 발달이 통상의 보육원아보다도 빠르며,
③ 감기 등에 걸려도 장기 결석하는 일이 적으며,
④ 밤에 잠을 잘 자는 아동이 많으며,
⑤ 감정이 안정되어 있으며,
⑥ 오감의 발달이 촉진되고, 손재주가 있으며,
⑦ 초등학교 입학 후 친구 만들기가 능숙하고 협동성이 있으며,
⑧ 혼자 놀기도 가능하며,
⑨ 집중력이나 인내력 등이 길러져 초등학교 입학 후 학습면에서도 양호하다 등이다.

그림 8.1에 초등학교 입학 후 일반적인 유치원 출신 학생과 숲 유치원 출신 학생과의 성적비교를 나타냈다. 모 집단에 차이가 있으므로 정확한 대비는 되지 않지만 어느 평가항목에 있어서도 숲 유치원 출신자의 성적이 양호한 것을 알 수 있다. 특히 학습에 대한 동기부여(movibation)와 자세(하고자 하는 노력), 내구력, 집중력과 집단에서의 협조성의 평가가 높다. 이러한 점도, 숲 유치원의 보육효과로서 일부분이라 할 수 있다.

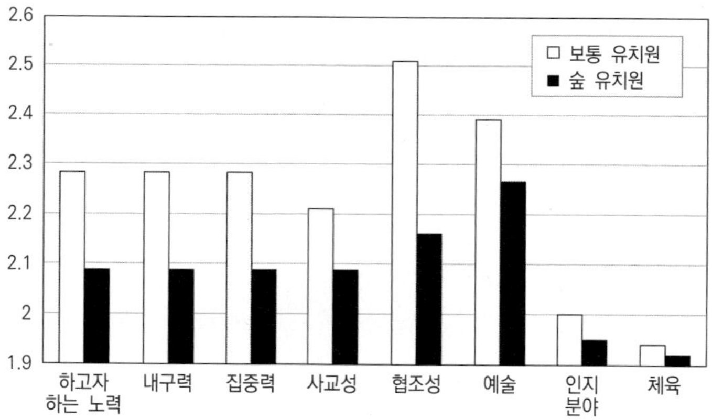

【그림 8.1】 초등학교 입학 후의 성적비교

모집단 n = 344(일반 유치원 출신 114명, 숲 유치원 출신 230명). 독일에서는 포인트가 낮을수록 성적이 양호한 것을 나타낸다. Hafner P.(2002) "University of Heidelberg"에서 작성

8.4 독일 숲 유치원의 사례

그럼, 독일 숲 유치원 사례를 소개한다.

8.4.1 아우구스부르크(Augsburg) 숲 유치원 사례

아우구스부르크시는 독일 남부 바이에른(Bavaria)주의 고도(古都)이다. 모차르트의 아버지가 태어난 고장이며 극작가 브레히트(Bertolt Brecht, 1898~1956)도 이 고장의 인물이다.

아우구스부르크 교외에 하나의 숲 유치원이 있다(사진 8.4).

아우구스부르크 숲 유치원의 하루는 아침 8시에 집합 장소인 사유림 입구에 부모와 보육교사가 집합하는 것으로 시작된다. 이 숲 유치원은 2명의 보육교사로 운영되고 있다.

원아들은 숲내에서의 다양한 놀이를 통해 하루를 보내며, 이 유치원은 정확히 시간표와 같이 경시적(経時的)으로 다른 임분으로 이동하여 서로 다른 임상에서 노는 프로그램으로 되어 있다. 이로부터 원아들은 다양한 삼림환경을 체감할 수 있으며 동시에 어느 정도의 시간감각도 몸에 익혀간다. 또한 숲에서의 놀이 중에도 개별 수종마다 그 성질이 다르고 개성이 있는 것을 비롯해 놀이 안에서 공동, 협동, 팀워크의 자세나 규칙을 배우고 커뮤니케이션의 기반도 형성해 가고 있다.

숲 유치원에서는 금지 사항을 설정하고 있으며, 이 아우구스부르크 숲 유치원에서는 독일 어린이들에게도 인기 있는 포켓몬 카드를 가져오거나 사탕, 초콜릿 등 인공적인 과자를 가지고 가거나 유행하는 외국어를 사용하는 것 등은 금지되어 있다. 인생의 기반인 유아기에 제대로 된 식생활이나 정확한 독일어를 몸에 익히는 것에 유의하고 있다.

8.5 일본의 숲 유치원 사례

8.5.1 숲 유치원 「네꼬보꼬」

그럼 현재 일본에도 몇 개인가 있는 숲 유치원 가운데 아이치현(愛知県) 카스가이시(春日井市)의 자연을 활용한 「숲 유치원 네꼬보꼬」(오리타 아츠코원장(織田敦子園長))의 사례를 우선 보고한다.

이 유치원에서는 지역의 동해자연산책로(東海自然遊歩道)나 마을숲, 삼림공원을 중심으로, 취학전 만 3세부터 6세까지의 아이들이, 월요일부터 금요일까지, 매일 9:30~13:30의 사이에, 매일 도시락을 지참하고, 현지 집합·현지 해산하는 야외 보육이 실천되고 있다(사진 8.5).

【사진 8.4】 아우구스부르크 숲 유치원 사례

아침 8시에 사유림의 입구에 집합(A). 이 사유림에는 자동차나 오토바이는 진입금지이기 때문에(사진 뒷부분에 표지판이 있음) 어린이들은 안전한 활동을 할 수 있다. 숲 입구에서 나뭇가지를 주어서 걷고 있다(B). 나무를 흔들고 수종마다 부드러움이 다르다는 것을 체감한다(C). 숲에서의 이야기 시간(D), 음악 시간, 다른 수종의 가지나 나무 조각들을 선생님이 잡아 당기고 그것들을 두드려 소리나 반향(反響)의 차이를 체감한다(E). 임내에 쓰러진 나무를 우물 정(井)자 모양으로 조합하여 그것들을 가마와 같이 위아래로 엮어 가면서 선생님의 리드로 독일 민요를 노래한다(F). 커뮤니케이션 시간, 최근 자기 생활에서 있었던 것을 한사람씩 이야기한다. 자기표현과 동시에 다른 사람의 말에 경청하는 자세도 배운다(G). 전차놀이, 역할분담, 순서를 지키는 등 사회적 규칙 준수 등을 집단놀이에서 배운다(H).

【사진 8.5】 아이치현(愛知県) 카스가이시(春日井市)의 숲 유치원 「네꼬보꼬」

매일 활동내용의 대부분이 산책이다. 아침 모임에서 그날의 목적지와 활동 장소를 정하고 나이가 많은 아이들을 중심으로 보육교사가 상담하여 결정한다. 아이들의 모습, 계절, 날씨에 따라서는 보육교사들이 제안하는 날도 있지만, 연간 같은 공원 내의 활동 거점을 산책함으로써 계절의 변화를 아이들이 체감하고, 어린이 자신의 놀이 전개·전망을 고려하면서 매일의 활동을 계속하고 있다. 또 야외 요리, 그림, 계절행사 등도 실시하고 지역에 뿌리내린 일상생활을 하는 것도 중요하게 생각하고 있다.

숲에서 보내는 시간 중에는 자연의 혜택인 숲의 도토리, 으름덩굴, 밤, 뽕나무 열매 등 식용할 수 있는 과실을 먹거나 친밀한 초목으로 염색하거나 숲속의 여러가지 요소를 활용하고 있다.

8.5.2 네꼬보꼬의 보육이념과 운영이념

「네꼬보꼬」는 스탭과 부모들이 아이의 행복을 바라고 만들어 냈다. 손수 만든 「푸른 하늘 유치원」이고 사람은 태어나면서 본능·재질·개성·자아 등의 힘을 가지고 있으며 「자연 속에서 자연스러운 성장을 지켜본다」는 것을 보육이념으로 내걸고 있다. 사계절을 통한 느긋한 시간의 흐름 속에서 아이들이 오감을 전부 사용하면서 「자연과 사람, 사람과 사람 사이에서, 사람과 자연을 사랑하는 것」, 「사람으로서 사는 힘·풍부한 마음, 건강한 몸을 기른다」는 것을 배우는 목적으로 하여 느긋히, 천천히, 충분히 성장하여 가도록 기르는 것에 유의하고 있다.

또, 유치원의 운영은 스탭·보호자·볼런티어(volunteer)가 매일의 보육을 원활히 진행시키기 위하여 역할분담을 하는 「협동 보육·운영」체제를 취하고 「할 수 있는 사람이 할 수 있을 때에 할 수 있는 범위에서 할 수 있는 일」을 모토로 내걸고 동료끼리의 팀워크를 돈독히 하고 있다. 현재 아이들을 둘러싼 환경에서는 정보와 지식이 넘쳐나고, 그 중에서 선택을 할 때 핵가족에서 자란 요즘 엄마들은 경험 부족으로 판단을 힘들어 하는 경우가 많으며, 일상생활에서도 엄마들의 부담이 크다. 그 때문에 때로는 고립화되거나 부모와 자식이 안심하고 활동할 수 있는 장소가 협소해지는 경우도 많기 때문에 이러한 운영 이념이 정하여졌다.

또 한 달에 한 번 정례회를 개최하고 그 달의 행사와 어린이들의 모습을 서로 전하고 고민이나 문제를 공유하는 장도 만들고 있다.

8.5.3 네꼬보꼬 어린이들의 모습

네꼬보꼬에서 시간을 보내고 있는 어린이들의 모습에서 다음과 같은 것들이 보고되고 있다.

- 매일 다른 만남과 감동이 있으며 그것을 찾아내고 느끼는 것의 훌륭함, 친구들과 공감하는 기쁨을 얻고 있다.
- 한 사람 한 사람의 페이스(face)로 좋아하는 놀이를 만족할 때까지 깊이 빠지고 「어린이 나름의 놀이」를 친구라고 생각하고 창조해 내고 있다
- 숲 속에서는 어른들이 만든 장난감이 없기 때문에 상상력·창조력이 자란다.
- 친구관계속에서 순서를 지키고 싸움을 하는 등의 사회성도 배우고 있다.
- 나무타기나 가재잡기 등에서 나이가 많은 어린이의 행동을 모방하고 배우고 있다. 반대로 나이가 많은 어린이는 나이가 적은 어린이에 대한 연민의 마음, 자세를 배우고 있다.
- 사계절 내내 자연 속에서 지냄으로써 여름의 더위와 숲의 시원함, 겨울의 추위와 숲의 따스함, 장마의 습도 등에 견딜 수 있는 몸과 정신력이 단련되고 있다.
- 하루하루 위안을 받고 기분좋은 생활을 보내고 있다.
- 위험은 항상 리스크로서 존재하므로 그 위험의 예지(予知), 사고 회피 등 몸을 지키는 방법을 자연스럽게 배우고 있다.
- 일상생활 속에서 각자가 자신의 의지로 행동하고 판단할 수 있도록 된다.

8.5.4 숲 유치원 「마루탄보우」(鳥取県智頭町)

다음으로 돗토리현 치토마치(鳥取県智頭町)에 있는 숲 유치원, 「마루탄보우」(西村早栄子園長)의 사례를 소개한다.

치토쬬우(智頭町)는 유명한 임업 마을이다. 그 마을에도 숲 유치원이 생겼다. 현재 2명의 보육교사에 의해 30명의 원아들과의 활동이 이루어지고 있으며 운영에 마을의 지원도 받고 있다.

마루탄보우의 하루도 전술한 네꼬보꼬와 마찬가지로 삼림환경을 중심으로 한 지역의 야외에서 보낸다. 보호자와 원아들은 매일 아침 마을 사무소에서 집합하여 조림지나 삼림공원을 시간의 흐름에 따라 돌고 시간을 보낸다(사진 8.6).

마루탄보우의 숲에서 지내는 방법의 특징은 아이들이 매일 숲에서의 놀이를 스스로 리드해 가는 것이다. 낙엽이 있으면 낙엽으로 놀고, 새소리가 나면 그 새의 모습을 숲에서 찾는다. 이것들은 아이들의 마음에 하고 싶을 때까지 천천히 충분히 시간을 들일 수 있다. 「자, 이제 다음에 갈까?」 라고 보육교사 측에서 시간이나 장소를 관리하는 것은 기본적으로 행하지 않고 있다. 「아이들에게는 위험하다」, 「아이들에게는 무리가 아닐까?」를 시작으로 제한을 하는 경우가 적고 진흙탕이 되거나 벌거벗은 채로 놀아도 허용되지만 그 뒤 처리나 옷 갈아입기 등도 기본적으로 아이가 스스로 하고 있다. 이것들은 현재 일본의 보육사정, 보육관계 속에서는 상당히 독특하고 특이한 상황일 것이다. 하지만 마루탄보우 원아들은 실로 여유로운 지역의 자연, 삼림 속에서 매일 지내고 있다.

향후 이 아이들의 성장 과정도 즐거운 곳이다.

8.6 일본의 과제

8.6.1 어린이의 거처를 만드는 워크숍

앞 항에서는 일본 숲 유치원의 2가지 사례를 소개하였다. 지역의 삼림, 자연환경을 숲 유치원에서 활용하고 있으며 독특한 활동이 전개되고 있었다.

그러면 아이들은 도대체 어떠한 장소를 선호하고 자신들의 거처를 만드는 것일까? 삼림에서 어떻게 지내고, 어떤 요소를 필요로 하는 것일까?

이러한 소박한 의문에 대답할 수 있도록 에히메현 마츠야마시(愛媛県松山市) 교외의 삼림에서 「어린이 거처를 만드는 워크숍」이 2008년에 열렸다.

【사진 8.6】 치토쬬우(智頭町)의 숲 유치원 「마루탄보우」

아침의 모습(A). 임도상의 삼나무 낙엽을 어느새 발로 긁어내기 시작하여 이윽고 「청소」가 되고 있다(B). 산책 도중 길에서 벗어나 있는 아이를 다시 길로 되돌아가게 한다(C). 새의 울음소리를 듣고 그 소리의 주인이 발견될 때까지 계속 숲을 응시한다(D). 전날에 간벌 작업이 있었던 편백나무 숲에서 향을 내뿜는 낙엽이나 잘린 나무로 논다(E). 급경사의 임내를 걷는다(F). 어린아이라도 손발을 이용해 씩씩하게 올라간다. 계류에서 물놀이(G, H). 알몸이 되어 노는 아이도 있지만 더러워진 몸을 닦거나 옷을 다시 입거나 하는 것은 모두 스스로 하고 있다.

우선 보호자가 선행하여 작업을 하고 방치림을 제벌하면 거기서 나온 재목을 활용하여 전망이 좋은 장소에 벤치를 만들었다(사진 8.7). 아이들은 그 장소나 벤치에는 거의 흥미를 나타내는 일이 없었다. 「전망이 좋다」, 「휴게용 벤치」 등은 모두 어른이 생각하는 공간이었던 것이다.

다음으로 그곳에서 정작 아이들 자신은 어떤 장소를 좋아할까? 그 장소에 어른들을 안내하도록 하였다(사진 8.8). 그 결과 아이들이 어른들을 인도한 곳은 상록수의 관목이 우거진 덤불이었다. 어린이들에게는 처음부터 벌개(伐開)된 부지가 아니라 상상력을 풍부하게 하는 또 자신들의 몸을 완전히 덮을 수 있는 덤불에서 미지의 세계를 발견했을지도 모른다. 어른들이 선정한 공간과 아이들이 선정한 공간과의 차이는 향후 야외보육, 교육활동을 생각하는 부분에 도움이 될 것이다.

【사진 **8.7**】 어린이의 거처를 만드는 워크숍

어른이 제작·설치한 벤치(B)

【사진 **8.8**】 어린이들이 자신들이 좋아하는 숲속 장소를 어른에게 안내한다.

대부분의 어린이들이 좋아한 장소는 상록 관목의 무성한 덤불이었다(B).

또 일반적으로 나무타기를 즐기는 아이의 비율은 높다. 가르치지 않아도 나무를 잘 타는 아이가 있는가 하면 약간의 어드바이스로 나무타기를 체득 할 수 있는 아이도 있다(사진 8.9). 나무타기는 학술적으로도 연구되고 있고 나무타기를 하는 중에 오감의 기능이 촉진되고 있다고 보고되고 있다.

그리고, 나무타기에 있어서도 거기에 동반되는 것은 모험심이며 개척 정신이다. 전술한 덤불 환경을 선택해 가는 심리와의 공통 요소도 엿볼 수 있다.

즉, 아이가 좋아하는 자연환경이란 모험심, 개척정신, 호기심이 환기될 수 있는 장소이며 자신행동의 일거수일투족이 환경에 반영되는 장소라고도 생각할 수 있을 것이다.

【사진 **8.9**】 나무타기를 하는 어린이와 그것을 걱정하면서 바라보고 있는 보호자

8.7 보호자로부터 자주 듣는 질문

일본의 보호자들이 숲 유치원에 대해 물어보는 주된 질문으로는,

- 숲 유치원을 졸업하고 초등학교에 입학한 후의 모습은 어떻습니까?
- 숲 유치원을 졸업하면 공부를 잘 한다고 들었습니다만, 보육·교육효과는 정말로 있습니까?
- 비오는 날, 눈 오는 날에도 정말로 삼림, 야외에서 지내나요?
- 감기에 걸리거나 다치거나 하면 어떤 사람이 책임을 지나요?

등이다. 모든 질문은 현재의 보호자 사정, 교육 사정을 반영하고 있다고 할 수 있다.

이러한 질문에 대해 필자는

- 삼림, 자연에서의 일상적인 놀이는 「자연 결손 장애(nature deficit disorder)」와 원기회복에 대한 효과가 있다(Louv.(2005)).
- 놀이가 가지는 기능은 「신체적·운동적 발달」, 「사회성의 발달」, 「정서 안정화」, 「자발성·자주성의 획득」, 「지적 능력의 발달」과 같이 5가지 발달을 촉진한다.
- 산림, 자연에서의 활동은 주의 결함, 다동성(多動性) 장애의 요법으로서도 유효하게 작용하여 약물요법이나 행동요법을 대신한다.

등이다.

이 가운데 「자연 결손 장애」라는 새로운 용어는 자연체험이 결여, 결핍되어 있어 인간으로서 바람직한 발달이 촉진되지 않고, 신체적인 면뿐만 아니라 감정적 감성 등에서도 치우침이나 미발달이 보이는 것을 가리킨다. 현재 일본에서는 비록 대도시의 환경이 아니더라도 많은 지역이 도시화되고 있어 아이들의 자연체험이 감소하고 있다. 자연결손장애는 이런 현황 속에서 태어난 새로운 측면이다.

8.8 일본의 숲 유치원 현황

여기서 일본의 숲 유치원 현황에 대해 논하고 싶다.

한마디로 현재는 「옥석혼합(玉石混交)」 상황에 있다. 즉, 본래의 「숲 유치원」 형태(계절 내내 그 지역의 삼림, 자연환경에서 보낸다)는 극히 드문 상황인 것이 특징이다. 「숲 유치원」이라고 명명하는 시도에 따라 전국에 갑자기 많은 유치원이 설립되었지만 그 대부분은 단발적, 단기적으로 행해지는 야외 체험, 야외 이벤트 「숲 유치원」인 곳이 많았다. 또 그 중에는 교육, 보육의 전문직이 관련되는 것이 아니라 전혀 관련이 없는 사람이나 이벤트 업자가 운영하고 있는 곳도 볼 수 있었다.

숲 유치원에 흥미를 가진 학부모는 「어떤 교육효과 있을까?」라고 하는 장점측면에서 접근하는 경우가 많고 그 보육효과의 「대가보증」까지 요구하기도 한다. 이러한 경우도 현재 일본의 교육, 보육에 있어서의 편중된 의식을 살펴볼 수 있다.

또, 지역의 삼림 소유자측에서도 만약 어린아이가 출입하여 상처나 무슨 일이 생기는 경우, 책임문제가 발생하는 것은 귀찮다 라고 아이의 출입을 거부하는 소유자도 나타난다. 이것은 전술한 독일의 아우구스부르크의 사유림을 활용한 사례와는 대조적이다 라고는 할 수 있지만 어느새 책임 소재가 문제가 되기 십상인 일본의 일 단면을 보여주고 있다고도 할 수 있다.

게다가 일본에서는 치토쵸는 예외이나, 일반적으로 숲 유치원에 대한 공적인 운영 조성금 등은 지급되지 않는다. 이로부터 숲 유치원은 「무인가 유치원」으로서 단독 운영, 경영되는 것이 기본이 되고 있다. 이것도 숲 유치원을 보급, 확대하는데 저해 요인의 하나가 되고 있을 것이다.

8.9 일본의 향후 전망

마지막으로 일본에서는 숲 유치원, 야외보육에 있어서 향후 어떤 전망과 가능성을 생각할 수 있을까?

우선 보호자에 대한 계몽, 유치원에 대한 계몽, 삼림 소유자에 대한 계몽이다. 숲 유치원의 활동 혹은 숲을 이용한 유아보육에 관한 지역에서의 이해를 도모하는 것이 필요하다. 전술한 바와 같이 「숲 유치원」이라 칭하여 야외체험이나 야외놀이 등을 실시하고 있는 시설, 단체, 그룹은 일본 각지에 존재하고 있다. 그러나 독일의 「숲 유치원」과 같이 1주일에 5일의 풀타임으로 1년을 통틀어 옥외에서 활동을 계속하는 것은 일본에서는 높은 장벽인 것이라고 말할 수 있다(上原(2005c)).

다음으로 일본은 삼림 지형은 급경사인 곳이 대부분이다. 삼림보다는 「산」이라고 부르는 것이 더 익숙한 것에서도 알 수 있다. 지형에서의 배려는 물론 정기적인 활동 장소의 확보라고 하는 근본적인 것에서부터 정리 할 필요가 있다. 독일에서는 각 지역의 공유, 사유지를 빌려서 숲 유치원 활동을 전개하고 있지만 아이들을 정기적으로 받아주는 공유림, 사유림이 일본에는 얼마나 있을지는 미지수이다.

그리고 숲 유치원에는 아이들과 일상적으로 삼림, 야외에서의 활동을 지도할 수 있는 보육교사 또는 아이의 보육, 돌보기를 적절히 할 수 있는 인재가 필요하다. 이것도 또한 큰 장애물인지도 모른다.

마지막으로 지역에 대한 계몽 활동 장소, 인재 확보가 가능해 일본의 삼림을 활용한 유아보육, 숲 유치원의 활동을 정기적으로 추진할 수 있게 되면 변화되어 질 수 있을까?

첫째는, 아이들이나 보호자와 함께 현지 자연의 재발견을 할 수 있을 것이다. 평소 무심코 당연한 일처럼 간과하고 있는 지역의 가까운 환경속에서 아이들의 신선한 눈이나 감성을 통해 그때까지 어른의 시각으로는 눈치채지 못했던 지역의 보물을 새로 발견할 수 있을지도 모른다.

둘째로는, 어린이와 보호자가 지역, 산림으로 들어감으로써 지역사회에도 활기를 불어넣을 어떤 것이 기대된다.

그리고 세 번째는, 야외에서의 보육활동을 통해 지역의 자연, 삼림 또한 살아날 것으로 기대된다.

그렇지만, 아이 키우기나 숲 가꾸기는 하루아침에 할 수 있는 것은 아니고 긴 세월을 걸쳐서 기르는 것이다. 아이들을 비롯하여 우리 인간과 삼림이 함께 건강하게 살아갈 수 있는 지역사회의 모델이 일본에서도 만들어질 것으로 기대된다. 필자도 또한 작은 힘이지만 그 지원을 해 나가려고 한다.

(上原 巌)

과제

(1) 덴마크, 독일에서의 「숲 유치원」과 현재 일본에서 급증하고 있는 「숲 유치원」에는 어떤 차이가 있을까?

(2) 본래의 「숲 유치원」을 운영하는 데에는 어떠한 조건이 필요한가?

제9장

삼림미학

이 장에서 해설하는 산림미학은 19세기 말에 독일에서 발행된 임업기술서의 책 이름이며, 메이지(明治)기에 임업·임학의 도입과 함께, 독일에서 일본에 소개된 학문체계다. 메이지 신궁림(神宮林) 조성이나, 국립공원 특히 보통 지역의 삼림 시업에 영향을 주었고, 삼림 보건 휴양기능이나 그 기능 발휘를 위한 삼림 조성의 시작점이라고도 일컬어지고 있다. 그러한 요청은 합자연적 시업에 의한 다양한 삼림미의 육성이며, 현대적 표현으로서는 다양한 생태계 서비스를 누릴 수 있는 시업림 육성을 목표로 하고 있다고 바꾸어 말할 수 있다.

이 장에서는, 이런 삼림에 대한 생각이 일본에 도입되고, 제2차 세계대전을 거치면서 삼림미학에서 삼림풍치(계획학), 그리고 삼림 어메니티로 전개된 경위를 1. 삼림미학의 개설, 2. 일본에서 삼림미학에 대한 수요의 역사, 3. 삼림미학에 있어서 삼림시업, 4. 현대에 남아있는 삼림미학의 숲, 그리고 5. 총괄과 향후 전망의 순서로 해설한다.

9.1 삼림미학 개설

9.1.1 삼림미학이란

삼림미학이란 독일에서 1885년에 폰 자릿쉬(von Salisch)(사진 9.1)가 저술한 Forest Ästhetik의 번역어이다. 18세기부터 19세기 전반의 임업 발달은 근대 임업의 기초를 이루었고, 「삼림미학」은 그 기초 위에서 임학과 함께 발전했다. 19세기 초반 임업경제의 발전은, 침엽수일제림의 법정상태로 삼림을 유도하는 것을 목적으로 하는 「토지순수확설」 학파에 의한 것으로, 이 시대의 삼림미는 「침엽수로 만들어진 법정림의 아름다움」, 침엽수 일제림으로 구성된 구축적인 공간미라는 시각에서 아름다움을 추구한 것이었다. 그러나 그 후, 국토에 확산된 일제림에 의해 다양한 기상해, 충해, 지력의 쇠퇴를 초래하였으며, 19세기 중반 인공적인 조림 방법을 배척하고 자연적인 삼림과 아름다움을 추구한 「삼림순수확설」 학파가 일어나며, 양

학파간에 삼림미학을 둘러싼 논쟁이 일어났다. 그러나 양 학파 모두 삼림미에 대한 주장의 차이는 있으나, 삼림에서 구하는 것은 그것이 인공적이든 자연적이든 시업림의 「공리(功利)」와 조화되는 「미」의 필요성이었다.

【사진 9.1】 자릿쉬의 사진

그와 같은 논쟁이 불었던 1885년, 자릿쉬의 『삼림미학』이 발간되었다. 자릿쉬는 독일 동부 시레지아지방(현재는 폴랜드공화국 남서부로부터 체코공화국 북동부)의 귀족으로, 임학을 에바스발데 산림학교에서 배우고, 삼림관의 경험을 거쳐 임업경영을 한 대산림지주였다.

삼림미학은 삼림관리 기술자와 경영자에게, 삼림의 육성은 목재생산 목적과 동시에 삼림환경을 미적으로 향상시키는 것이 주민의 이용에 도움이 된다는 점을 분명히 하고 있다. 또, 삼림 미학을 임학의 부문으로 하는 것을 주장하였다.

산림미학은 1885년부터 1911년까지 2판과 3판이 출판되었다. 3판 모두 일관되게, 전반과 후반으로 구성되어(표 9.1) 있으며, 간단한 기초편에서 주로 삼림 속의 자연미 전반에 관해 언급하고 있다. 즉, 토지이용 기술은 예술로 높일 수 있고 임업도 또한 삼림예술이 될 수 있다는 것, 또한 자연미는 예술미보다 뛰어나며, 인간에 있어서 미적 기쁨의 원인은 광선과 대기에 의한 색채의 지각, 삼림의 요소인 암석, 수목, 소리와 방향(芳香)에 미적 기쁨을 느낄 수 있다는 점을 서술하고 있다. 후반의 응용편은 주로 임업 경영을 구성하는 로망, 구획, 작업종, 수종 등 여러 요소에 대한 구체적인 삼림미에 대한 배려가 삼림을 아름답게 할 뿐만 아니라 임목의 성장을 오히려 조장시키는 경우 등을 소개하고 삼림기술자는 시업방법의 선택과 임업기술을 발휘하여 산림을 건전한 상태로 지속시키고, 임업이익과 양립하는 미적 기쁨을 고양시킬 것을 서술하고 있다.

【표 9.1】 「삼림미학」 목차(제1판~제3판)

삼림미학	1911년 제3판 구성	제1판 1985년	제2판 1901년	제3판 1911년
제1편 삼림미학의 기초				
A 삼림미학의 개설				
제 1장	삼림미학의 정의와 사명	○	○	○
제 2장	미에 관한 쾌감의 원인			○
B 자연미의 논급				
제 3장	자연미와 예술미의 관계		○	○
제 4장	풍경의 색채미	○	○	○
제 5장	지형에 관한 미적 고찰			○
제 6장	삼림의 장식으로서 본 암석		○	○
제 7장	식물계 미에 관한 일반적 고찰			○
제 8장	수목의 미적 가치	○	○	○
제 9장	삼림의 초화, 및 하초의 미			○
제10장	식물구계(植物區系)의 미적 고찰			○
제11장	독일에서 천연기념물 수목			○
제12장	삼림동물의 아름다움			○
제13장	삼림의 냄새와 음향	○	○	○
제2편 삼림미학 응용편				
A 미적 원려를 필요로 하는 삼림시업상의 제문제			○	○
제14장	삼림미의 관점에서 관찰한 토지이용법	○	○	○
제15장	삼림경리에서 로망설계와 삼림구획에 관한 미의 제문제	○	○	○
제16장	작업종	○	○	○
제17장	수종의 선택	○	○	○
제18장	윤벌기 확정법	○	○	○
제19장	갱신법	○	○	○
제20장	무육법	○	○	○
제21장	부산물 이용법	○	○	○
제22장	임지소속의 초생지	○	○	○
제23장	임지보호			○
제24장	임내에서 공업시설			○

삼림미학	1911년 제3판 구성	제1판 1985년	제2판 1901년	제3판 1911년
제25장	삼림미의 보호			○
제26장	수렵시설			○
제27장	임내구축물			○
제28장	부속정원			○
B 미적 흥미에 의해 실행된 시업림의 장식			○	○
제29장	공원인가 혹은 삼림인가		○	○
제30장	수장림		○	○
제31장	유원의 처리법	○	○	○
제32장	유원에 의한 삼림의 미화와 임도의 장식	○	○	○
제33장	임내의 가로수	○	○	○
제34장	임내 장식으로서의 노거수	○	○	○
제35장	외국수종 및 재래종 원예수종의 미적 응용	○	○	○
제36장	관목 및 초본류의 보호	○	○	○
제37장	암석에 의한 삼림의 장식		○	○
제38장	폐허, 공작물, 기념물의 처리			○
제39장	전망	○	○	○
결어				

이상의 내용에서, 잘리쉬는 삼림 기술자의 미적 배려에 대한 이점으로서 다음과 같은 4가지 사항을 거론하고 있다(von Salisch(2008)).

1. 미적 관점의 고려는 경제적 실패를 막습니다. 왜냐하면 완전한 아름다움을 위해 노력하는 것과 일치하여, 선과 유익이 동시에 달성됩니다.
2. 삼림관의 직무수행 열의는, 그의 관할구역인 담당구의 아름다움에 의해 좌우됩니다.
3. 삼림의 아름다움을 향한 사람들과의 애착은 많은 점에서 삼림에게 유용합니다.
4. 가까운 삼림의 아름다움을 즐기는 것은, 사람들을 정주시킵니다.

임학의 역사 속에서 삼림미학은 산림관찰에 입각한 현장과학으로서의 지식을 중시한 경영관리나, 삼림환경의 사회적 의의 증대를 배경으로 한 자본주의 성숙기에 출현한 신시대의 임업관(林業观)을 양성한 것이라고 말했다.

9.1.2 삼림의 보건휴양이용과 삼림미학과의 관계

독일에서 19세기는 근대화, 공업화가 급속히 진전되는 사회였다. 도시에 인구가 집중되고 도시환경은 극도로 악화돼 개선이 필요했다. 삼림이나 전원환경은 생활환경에서 소실됐고, 환경악화는 주민의 건강을 좀먹는 상태가 됐다.

1902년에 출판된『삼림미학』제2판의 서문에서 폰 자릿쉬 자신이 환경변화에 대한 향토보호운동에 찬동을 표명하고, 그 후 이 운동에 참가하고 있다(헬만트(1999)). 또한, 저서에서 가혹한 노동조건에 처한 노동자의 휴식을 위하여 삼림 환경이 지닌 의의를 주장하고 있다.

공업화에 의해 증대하는 노동자층의 생활개선 요구가 커지고, 일상적 휴식을 위한 삼림환경의 필요성은 증대했다.

자릿쉬는 임업경영자의 입장에서, 삼림에 의한 경제적 이익을 얻음으로써 삼림을 지속하고 또한, 삼림미를 향상시키는 삼림시업에 의해서 보건휴양 요구를 받아들이는 임업경영자, 삼림관의 사회적 공헌의 가능성을 삼림미학으로 나타냈다. 또, 도시주변이나 보양지 주변에 삼림환경을 존속시키는 주장은 녹지계획에 선수를 친 것이었다.

이 자릿쉬의 삼림미학은, 일본에서 독일 과학의 도입과 동시에 받아들여졌으며, 제2차 세계대전 전부터 후까지 오랜 논의를 거쳐 현대까지 계속 되는, 삼림의 보건휴양 이용과 그 삼림조성 기술로서 기대되어져 왔다고 할 수 있다.

9.2 일본에서 삼림미학의 수용 : 보건휴양과 삼림의 역사

9.2.1 삼림미학의 도입과 삼림의 근대적 풍경관

1897년에 일본 최초의 삼림법이 제정되었고, 그 삼림법에 의해 국책으로서의 삼림질서가 확립되었다. 그리고 민간 임업도 메이지(明治)기 식산흥업(殖産興業)의 일환으로서 1902년을 기점으로 급격히 증대되기 시작하였다.『삼림미학』은 독일에 유학한 젊은 임학자들에 의해 학문으로서 임학과 함께 받아들여졌다. 1896년에 독일 유학에서 귀국한 임학박사 카와세 젠타로(川瀨善太郞)에 의해 동경제국대학 임학과의 임정학 강의를 통해 일본에서는 처음 삼림미학이 소개되었다. 이어서 1910년에 혼다 세이로쿠(本多靜六)에 의해서「삼림미학」은 도쿄제국대학 임학과 조림학의 강의로 계속되었다. 혼다는 독일에서 사사했던 스테첼(H. Stoetzer)의 저서『삼림미의 보속』을 번역하고, 일본에서 최초로「삼림미학」이라는 번역어를 사용하였다. 그리고 다음해인 1911년 독일에서 혼고오 다카노리(本鄕高德)가 귀국하자, 혼다와 같은 조림학 교실에서 교편을 잡고, 자릿쉬의 『삼림미학』을 소개했다. 혼고오(本鄕)는 독일에서는 뮌헨대학의 조림학자인 하인리히·마이어(Heinrich Mayr)에 사사했다. 마이어는 자릿쉬의 산림 미학을 지지하고, 삼림의 자연적 취급을 중시한 「삼림순수확설」 지지자 중 한 명이었기 때문에, 아마도 혼고오(本鄕)에 의해 처음으로 산림미학에서 주장한 자연적 시업방법이 구체적으로 소개되었다고 생각된다.

메이지기 초기부터 중기에는 아직, 사람과 삼림·임업과의 관계에 대해, 근대 이전의 가치관에 입각한 사사(社寺)·명소, 또는 유적과 관련된 삼림의 조망(풍경·경관)으로밖에 인식되지 않았다. 그것은 「풍치」라는 말로 표현되었다. 삼림에 대한 「풍치」라는 말은 1897년 제정된 삼림법에도 사용되고 있었다. 삼림법에서의 풍치란 사사(社寺)·명소, 또는 유적과 관련된 삼림의 풍격(風格)이나 풍취(風趣)를 가리키는 추상적인 평가였지만, 목재생산 이외에서의 평가는 극히 일부 삼림이기는 하지만 이 시대에도 이루어졌다는 사실을 알 수 있다.

이러한 유적 등에서의 「풍치」 외에, 새로운 경관에 대한 가치관의 맹아도 볼 수 있었다. 그 시작은 1891년, 월터 웨스톤(Walter Weston)에 의해 저술된 『일본 알프스』였으며, 이 저서에 의해 근대 이전에는 인식되지 않았던 산악 풍경의 자연미에 대한 인식이 확산되었다. 계속해서 1894년, 시가 시게타카(志賀重昻)에 의한 『일본풍경론』, 1905년에 코지마 토리미즈(小島烏水)의 『일본산수론』이 발표되었다. 『일본 풍경론』에서는 일본의 대표적인 풍경으로서 나가노현의 고마가타케, 토미야마현의 다테야마 등을 들었고, 풍경미의 특징에 대해 처음으로 지리학적 해설을 추가했다는 점에서 근대 풍경이론의 발판으로 자리 잡았다. 그 후속 출판물에 끼친 영향은 크고, 특히 1905년 발표된 코지마 토리미즈(小島烏水)의 『일본 산수론』은 그 대표적인 성과로 간주되었다. 코지마(小島)는 웨스턴(Walter Weston)과의 교류가 있었던 것으로 특히 산악미론을 주제로 하고 있으며, 산악미에서 삼림미의 중요성을 설파함과 동시에, 삼림미를 산·자연과 사람, 혹은 과학과 역사의 통합으로 받아들여 전체적으로 『일본풍경론』을 발전시킨 풍경관을 보여주었다.

메이지 중기부터 후기의 삼림은, 목재 생산 장소로서의 가치 외에, 보안림제도에 의해 치산이나 수원함양이라는 현재의 다면적 기능의 가치는 이미 화제가 되고 있었다. 그러한 이용 외에도 과거 가치관에 의한 풍경과 새롭게 발흥한 가치관에 의한 풍경, 양자의 풍경미 창출을 위한 요소의 하나로서도 파악되었던 것은 특이할 만하다. 그렇지만 삼림은 아직 보고, 조망하는 대상이기는 하나, 동시대의 유럽과 같이 어떠한 이용 행동 장소로서의 파악하는 방법은 아직 없었다.

9.2.2 임업기술의 진전과 삼림미학

제1차 세계대전이 1914년에 개전하더니, 다음해인 1915년부터 경기가 급격하게 호전되어 다이쇼(大正) 버블이 시작되었다. 이 시대의 파도를 타고, 조림사업은 지금까지의 사업 추진이 주효해, 1913년에는 국유림이, 1915년에는 민유림이, 조림 면적의 피크에 이르렀다(그림 9.1, 삼림총합협의회(1980)).

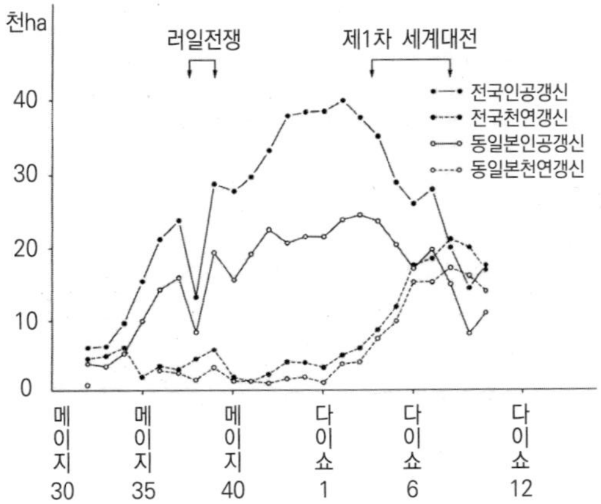

【그림 9.1】 조림면적의 추이

임정총합협의회(1980) 자료.

1915년 메이지 신궁 조영(造營)을 했다. 메이지 신궁은, 그 사사림원(社寺林苑)이라고 하는 성격 상 시업림과는 달리 미적인 목적, 「숲의 엄숙함」만을 표현하기 위해 육성된 삼림이었다. 한편, 그 삼림조성 방법은 잠재식생과 삼림의 천이, 천연갱신을 논거로 하여 구성되었다. 최신 독일 조림학에 기인한 것이었다(그림 9.2). 이 점으로부터 최신 임학의 수법(경제적인 수법)에 의거해 미적(환언하면 조원적)인 관점에서 삼림을 조성했다고 말할 수 있다. 삼림형태라는 점에서 이 시대의 일본에서는 예외적으로 독일 직류 「삼림미학」과 유사한 삼림이며, 삼림미학을 평가하고 있던 혼고오 다카노리(本鄕高德)의 삼림 계획에 의해서 조성되고 있다(사진 9.2, 3).

메이지 신궁 조영의 이듬해, 1916년에 혼다 세이로쿠(本多靜六)의 문하생이었던 타무라쵸(田村剛)는 『삼림미학』에서도 다루었던 「임업예술론」을 발표했다. 여기서 타무라(田村)는 독일에서의 일제개벌 조림방식에 대한 반성을 논거로, 일본에서 대면적 경제 일변도의 삼림 취급에 대한 반성을 촉구하고, 삼림 특히 시업림에 대해 약간이나마 조원적인 미적 취급을 고려할 필요성을, 실용과 미를 일원적으로 겸비한 건축물을 예로 들어 설명했다.

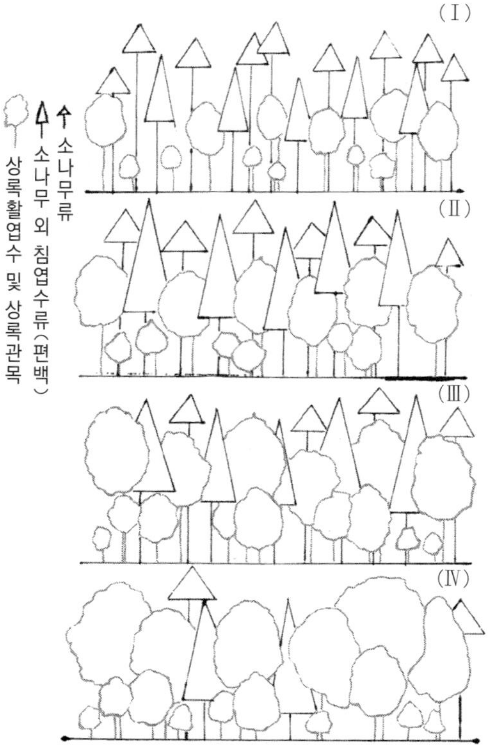

【그림 **9.2**】 임연부부터 마지막 임상에 이르기까지 변이의 순서

본향(本鄕(1921)에 의거

【사진 **9.2**】 현재의 자릿쉬 삼림 전경

【사진 **9.3**】 메이지신궁림

1918년, 독일에서 자릿쉬의 『삼림미학』 제3판 간행 7년 후, 홋카이도대학에서 독일류의 임학(삼림보호학)을 강의하고 있던 신시마 젠지카(新島善直)와 그 졸업생인 무라야마 조오조오(村山釀造)에 의해서 『삼림미학』이 간행되었다. 이 책은, 실존하는 홋카이도의 천연림을 소재로 한 구체적인 사례를 제시하고 「삼림미」를 설명했다. 이것은 당시 일본인에게 있어서, 독일 임학의 관념적일 수밖에 없었던 「삼림미」의 이해로부터 일본적이고, 구체적인 「삼림미학」으로의 새로운 전개이며, 일본에서 학문으로서의 출발이었다. 그러나 일본, 특히 홋카이도 천연림의 다양한 수목은 감상을 위한 기술에 멈추고, 자릿쉬 삼림미학의 주안이 되는 임업경영의 근원에서 발휘되는 삼림미와는 격차가 있었다.

1887년 전후로 일본을 방문하는 외국인이 점차 증가함에 따라 새로운 레크리에이션과 스포츠가 도입됐다. 전술한 웨스턴에 의한 등산 붐과 새로운 풍경 인식, 어윈 폰 벨츠(Erwin worn Bälz)에 의한 온천 요양 소개 등이 있으며, 1911년에는 오스트리아 군인에 의해 스키가 도입되었고, 같은 해에는 일본에서 첫 조직이었던 캠프가 실시되었다. 메이지 말기부터 다이쇼 초기가 되면 중산층에 의한 교외주택지 조성과 생활개선 운동이 전개되고, 건강상태가 "건강한 신체"라는 규범을 효율적으로 달성할 수 있도록 하는 계기 중 하나가 되었다. 여기서 단을 발해 스포츠나 레크리에이션이 건강하고 합리적인 생활양식과 결합되어 있는 것으로 이해되게 되어, 그 수요도 증대되어 갔다. 현대사회에서도 요구되는 산림의 보건휴양림 이용은 이렇게 시작되었다.

그때부터의 대면적개별 일제조림방식에 대한 비판으로 인해, 국유림의 조림방식이 인공갱신면적과 천연 갱신면적이 역전되고, 1922년 천연갱신방식이 대대적으로 추진되었다(그림 9.1). 그리고 독일에서의 개별 일제림방식의 비판으로부터 자연적 취급에 의한 삼림생태학적 조림의 도입이나, 1920년에 독일에서 등장한 알프레트·밀러(Alfred Möller)의 항속림 사상을 이론 근거로 하여 조림 방식을 전환해 갔다. 그 배경에는, 특별 경영기의 적지적수 판정 미스 등에 의한 불성적(不成績) 조림이 각지에서 다발, 가시화하였고, 제1차 세계대전 이후의 호황에 대한 반동 불황이 거론되었다. 그리고 해가 지나면서 삼림생태학을 근거로 한 영역이 확대되고, 국유림 조림의 대부분을 천연갱신에 따라 추진하게 되었다.

9.2.3 국립공원의 성립과 삼림의 풍치보건적 이용

1930년 철도성에서 국제관광국 설치를 계기로, 외국인 관광객 유치에 따른 외화 획득을 위한 국제관광이 활발해졌다. 또한 국내관광도 이전의 풍경 붐, 국내여행 붐에서 발전하여 활발해졌으며, 관광 목적지인 풍경지에 대한 국민적 관심이 창출되었다. 이 중 가장 큰 관심은 1927년의 '일본 신팔경 선정'이었다. 선정은 과거부터 유래한 팔경과 같은 고사나 시문뿐만 아니라, 지형학적 경관상의 분류에 의한 과학적인 해안, 호소, 산악, 하천, 계곡, 폭포, 온천, 평원의 8가지 풍경형을 미리 설정하고 선정되었다. 이러한 점에서 일본신팔경의 선정은, 메이지시대 이후 일본의 새로운 풍경관에 대한 광범위한 인지에 기여했다고 할 수 있다. 1927년 신8경 선출은, 그 후인 1931년 국립공원 탄생의 계기로 작용하였다.

1931년 4월에 「국립공원법」이 시행되고, 1934년과 1936년에 12개소의 국립공원이 지정되었다. 그리고 공원선정 시 핵심부분의 풍경 특히 현재의 「특별보호지구」에 해당하는 국립공원의 경관 상 core 부분은 금벌을 하도록 하여 「사적명승천연기념물 보존법」을 적용하는 취급을 하고 있었다. 하지만 이 core 부분과 보통 지역을 연결하는 완충지역(buffer)이 되는 공원구역의 많은 면적을 차지하는 삼림의 취급에 대해서는 공원 구역 전체의 풍치와 관련된 가장 중대한 문제였다. 「지역제」를 채택한 일본의 경우 국유, 공유지 이외에 상당 면적의 사유지가 공원 구역 내에 포함되어 시업제한에 그치지 않을 수 없었기 때문이었다. 이 시업제한적인 취급에는 많은 임지의 소유자가 불안을 호소하여 국립공원 유치가 대대적으로 이뤄진 반면, 유치 반대 운동도 일어났다. 국립공원법 제정 후에도 이 시업제한적인 취급에 관해서는 각 방면에서 논의를 초래하였다.

1929년 타무라(田村)에 의해 『삼림풍경계획』이 저술되었다. 이 저서는 1931년 국립공원법 제정을 염두에 두고 발간한 저서로서, 1929년의 간행 시기 때문에 알려졌다. 「시업림의 아름다움」은 전체 페이지 수로는 상대적으로 적지만, 스승인 혼다(本多)와 함께 관광계획 책정을 위한 전국 순회보고서에는, 명승지를 둘러싼 삼림환경에 대해 언급했다. 이와 같이 타무라는 「핵심풍경」을 둘러싼 환경으로서 삼림을 자리 매김하고, 이 핵심부 풍경과 함께 삼림을 취급하는 현실론을 채용했다.

다음으로 시업방법에 관해서는, 소나무 획벌(劃伐)과 같은 당시 최신 독일 임학에 입각한 시업방법의 해설과 시업론이 설명되었다. 이와 같이, 타무라는 일관되게 풍치적인 삼림조성의 기술적 가능성을, 독일 최신임학에서의 「삼림미학」에서 찾아냈다고 생각된다. 자릿쉬가 고안한 포스텔 간벌법 외에 1920년에 발표된 멜러의 「항속림사상」까지 소개되어 있는 것이 그 증거라고 할 수 있다.

마지막으로 타무라는 풍치적 이용을 위한 시설계획의 중요성을 주장하고, 이 책 후반부의 상당 페이지를 시설계획에 할애하였다. 삼림이 진정으로 감상할 수 있는 풍치를 구성하고, 그 보건적 이용을 위해 쾌적한 환경을 형성하기 위해서는 자연적 확장 요소가 짙은 것이라도 광의의 조원학 이치에 맞는 미장을 하지 않고서는 목적에 부합한 삼림이 될 수 없으며,

보건휴양적으로 쾌적한 임상이나 임지를 유지할 수 없다고 주장했다.

타무라는 이 책을 통해 독일 임학에서 「삼림미학」의 「자연미」를 국립공원의 「특별보호지구」로 풍경의 중핵에 놓고, 그 경관상의 core로부터, 지역 이용으로 구역을 넓힌 보통지역을 buffer 부분의 삼림풍경으로 하고, 시업림을 허용하면서 보건휴양적인 이용을 도입하는 것으로, 「공리(功利)」가 「아름다움」으로 조화되는 삼림조성의 목적으로 치환하였다. 그리고 지역의 관광개발 요청을 배경으로 하여 국립공원 구역의 삼림에 임업적 관점, 조경학적인 이용요소를 추가하여 통합화하고, 적극적으로 「삼림미학」을 실행 가능한 「풍경보건림」 조성 기술로서 자리매김했다고 생각된다.

제2차 세계대전 이전에 국유림에서 미적 산림의 취급이 밝혀진 가장 유명한 사례는, 오사카 영림국의 「아라시야마(嵐山) 풍치림 계획서」에 나타난 쿄토 아라시야마의 풍치림 시업일 것이다. 아라시야마 국유림은 그 주요소인 소나무, 벚나무, 단풍나무류의 삼림경관이 오래 전부터 풍치적인 가치를 극대화하고 있었고, 메이지 이전부터 일본의 대표적인 명승지였다. 1916년에 「풍치보안림」 지정을 받아 금벌(禁伐)로 관리되어 왔지만, 1917년 태풍피해에 대응하기 위해 그리고 이 시대의 삼림경관에 대한 높은 관심에 힘입어 1931년 시업계획이 책정되었다. 1931년, 1934년에 코데라노오(小寺農夫) 등이 「풍치적 취급에 의한 소나무의 획벌 작업」, 「아라시야마 풍치림에 대해서」를 발표함에 따라 시업계획에서는 면밀한 생태적 조사에 근거하여 소나무 획벌작업에 의한 적극적인 명승 아라시야마의 삼림경관의 유지, 고정화가 계획되었다. 소나무의 획벌작업은 타무라가 풍치적 시업으로 만들어낸 것이며, 이 아라시야마의 시업에서도 「풍치시업」이라는 단어가 사용되고 있지만, 이 「풍치시업」은 과거의 의미도 포함한 「풍치보안림」을 시업하는 「풍치림시업」이고, 타무라가 보건휴양적인 이용을 주목하고 있는 것과는 달리, 어디까지나 명소 유적이 있는 산복(山腹) 삼림경관의 달성에 사용되었다. 타무라의 『삼림풍경계획』에서는 이 혼동을 피하기 위해서인지, 「풍치보안림」을 조성하는 「풍치적시업」이라는 말을 사용하고 있지만, 제2차 세계대전 이후 「풍치시업」의 다양하고 광의적인 사용은 삼림 외 「조망」으로서의 삼림경관과, 쾌적한 레크리에이션 이용을 위한 임내 환경의 창출에 대한 명칭의 혼동을 불러올 가능성이 있었다.

9.2.4 삼림미학으로부터 삼림풍치로 전환

메이지기에 도입된 「삼림미학」은, 제2차 세계대전 전까지 대략 3가지 유형으로 전개되었다고 생각할 수 있다. 하나는 메이지시기 이전부터 명소·유적과 같은 경관을 고정적으로 유지하는 아라시야마의 「풍치시업」이며, 다음으로는 니이지마(新島)·무라야마(村山)로부터 이마다(今田)에 이르기까지 임학으로서 「삼림미학」의 학문체계 확립이며, 마지막으로 타무라(田村)의 새로운 풍경관에 따라 선정된 국립공원을 의식한, 실현 가능한, 사회적 요구를 배경으로 한 구체적 이용을 의식한 「보건풍치림」 창출이었다. 아라시야마의 「풍치시업」은, 이 풍치 유지를 생태적 수법으로, 삼림의 자연미를 끌어내는 시업 지침을 세웠다. 기술적인 측면에서 삼림의 천이를 원용하는 이 기술은 천이에 의한 경년(經年)의 변화를 바탕으로 하며, 당시 임학에서 천연림시업 범행 시대에 모순이 없는 방법이라고도 일컬어졌다. 그렇지만 풍치경관의 고정적 유지라는 목표와 이 수법 사이에 갭이 생겨, 후년에는 소나무, 벚나무 식재라는 인위적인 시업방법으로의 역전이 일어났다. 이것은, 아라시야마에 기대된 삼림이, 예로부터 명소·유적·사사의 연장선상에 자리 매김되고 있었기 때문이라고 생각된다(사진 9.4).

【사진 9.4】 嵐山(A)와 東山(B)의 삼림경관

한편, 근대적 수법으로, 계획단계에서부터 삼림의 자율적인 천이를 받아들여 삼림미학의 기법을 원용했다고 생각되어지는 메이지 신궁은 「숲의 엄숙함」이라고 하는 새로운 삼림미를 받아들임으로써 100년이란 세월을 넘어 목적에 맞는 모습으로 현존하고, 식재에 의해 만들어진 「생산림이 아닌 삼림」은 현대에 있어 희귀 도시림으로서 임학뿐만 아니라 조경분야까지 이목을 모으고 있다.

임학 분야에서는 니이지마(新島)의 일본판 『삼림미학』이 나왔지만, 그 후 삼림미학에 입각한 임업기술의 전개는 찾아볼 수 없었다. 게다가 제2차 세계대전 이후의 확대조림 등 국책사업 중 임학·임업 분야에서 실제로 시업림에 미적 요소를 포함시키려는 생각은 일본의 임업 실정에는 맞지 않았다고 생각된다.

국민의 관광 지향을 내셔널리즘으로 변환시킨 국립공원을 배경으로 「삼림미학」을 계승하고, 그 실행을 위한 현실노선을 채용한 타무라는, 보호적인 핵심 풍경과 그것을 둘러싼 삼림경관을 세트로 한 것으로, 핵심 풍경인 주변 삼림에 대해서는 보건휴양이나 레크리에이션 이용으로 대응하고, 동시에 시업림적 측면을 포함할 수 있는 기술로서 「삼림미학」의 「아름다움」의 목적을 당시까지 한 획을 긋는 새로운 삼림풍경 창출이나 시대가 요구한 새로운 이용 형태인 레크리에이션 이용의 목적으로 확대하고, 시업림으로서의 「공리」의 조화로 전개했다. 즉, 신시대의 삼림 이용에 이바지하는 새로운 가치관에 입각한 풍경관의 삼림경관을, 당시 최신 독일 임학기술로 실행함으로써 「삼림미학」은 시대의 요구와 기술에 대응한 실효성이 있는 「풍치보안림」으로 전개하였다.

제2차 세계대전이 발발한 후 일시 중단된 「삼림미학」은, 1970년부터 1980년에 걸쳐(1970년대) 여가 붐, 방치림 문제를 타개하기 위한 방책에 따라 재발되어 현재에 이르고 있다. 이후 「풍치보건림」을 둘러싸고 폭넓은 연구분야를 포함시켰고, 제2차 세계대전 후에는 「삼림풍치」라는 새로운 학문 분야가 성립되었다. 「삼림풍치」는 머지않아, 여러 가지 사회정세에 의해서 부침하여, 최종적으로는 「삼림 어메니티」로 계승되어 간다. 다음 절은 그 역사적 경과를 개설한다.

9.2.5 전후 임업문제와 삼림 레크리에이션의 행방

제2차 세계대전 이후의 사회는 전쟁 이후의 경제 부흥에서 비롯되었으며, 경제적 변화는 사람들의 일과 삶에 커다란 영향을 미친다. 이 절에서는 우선, 제2차 세계대전 이후부터 현대까지의 경제변동을, 전후부흥기(1945~59년), 고도경제성장기(1960~69년), 저성장기(1970~85년). 버블경제기(1986~91년), 침체기(1992~현대)와 같이 5번의 기복으로 시대 구분하고, 각 시대별 삼림·임업 문제와 삼림의 보건휴양 이용과의 관계를 기재한다. 각각의 시대 구분 중에서, 경제 변동에 따라 각 시대의 임업 문제가 생기고 국민생활에 영향을 주며, 삼림휴양·삼림레크리에이션, 휴양지 개발, 삼림어메니티·리조트 개발·삼림요법과 다른 이용들이 출현하여 왔다.

전후 부흥기(1945~59년)에는 전쟁에 의한 삼림황폐 때문에 1950년대 중반까지 "복구조림"

정책으로 산지의 삼림회복이 도모되었다. 그러나 생활영역에 근접한 산지는 오랜 자원채취로 민둥산 상태였다. 전쟁 재해의 부흥 도상(復興 途上)이라는 삼림의 상황 속에서, 카토 세이헤이(加藤誠平)는 삼림의 보건휴양기능을 끌어내기 위한 활동 이용, 특히 경제를 부흥하는 가운데에서 국민의 노동시간 증대에 따른 심신의 피폐로부터의 전환을 효용으로 하여 삼림 레크리에이션을 촉구하고, 목재산업이나 국토보안에 버금가는 삼림 제3 효용으로 자리매김하여 그 중요성을 강조했다(加藤, 1947), 이어서 국토의 대표적 풍경을 지정한 전쟁 전의 국립공원법은 야외 레크리에이션의 장을 확대하는 자연공원법으로 개정되었다. 이것은 미국 국립공원의 확대를 본뜬 것이었다. 전후 노동자의 권리 향상과 생활 조건의 개선은, 노동 시간의 축소에 의한 여가 시간의 확보에 의해서, 도시 근교 산지의 하이킹, 피크닉 등 당일치기 야외 레크리에이션이 활발하게 되었다.

고도 경제성장기(1960~69년)에는 경제회복이 진행되는 가운데, 석탄에서 석유로의 에너지 전환이 이루어졌다. 이 연료혁명에 의해서 신탄림은 불필요하다고 인식되었고 삼나무나 편백나무를 중심으로 한「확대조림」이 급속히 진전되었다. 게다가 목재수요 핍박을 배경으로 목재가격안정 긴급대책이 각의 결정되고, 이것을 계기로 외재수입이 본격적으로 개시되어, 60년대 종반에는 외재율이 50%를 넘고, 국내임업은 점차 핍박되어 갔다(半田(1990)). 도시로의 인구집중에 의해서 도시확대에 의한 근교 녹색식물 피복지의 감소가 현저해진다. 소득과 여가증대로 생긴 생활의 여유는 자연휴양의 요구를 증대시키고, 자가용차의 보급에 의한 아웃도어 활동, 관광 등 광역 레크리에이션이 왕성해 져, 녹지보전의 움직임이 표면화해 갔다.

다음의 저성장기(1970~85년)는 고도 경제성장을 더욱 더 계속하려고 한 신전국종합개발계획(열도개조론)이 오일 쇼크로 인해 파정하고, 1990년대 정주권 구상으로 전환되었다. 환경행정과 생활환경의 정비가 중시되고, 자연휴양림, 삼림공원이 각지에 조성되었다. 1966년에 제출된 과학기술청 자원조사회「자연휴양지로서의 삼림의 보전개발에 관한 권고」에 삼림 레크리에이션의 증대와 삼림환경을 제공할 필요성이 지적되고, 그 때 풍치시업이라는 단어가 정책 가운데에 명시되었다(과학기술청조사회(1966)). 여기서 풍치시업이란「삼림의 미적 효용을 발휘하여, 풍경의 장식에 유용하게 쓰임과 동시에 경제적인 생산도 하는 삼림의 미적 취급」기술이며, 그 기술창출이 학술계의 하나의 사명으로서 자리 매김하게 되었다. 이것을 계기로 대학에서의 삼림풍치계획학 강좌가 3대학(도쿄대학, 도쿄농공대학, 신슈대학)에 설치되고, 국유림에서는 자연휴양림제도가 1968년에 만들어졌으며, 민유림에 대해서는 생활환경 보전정비사업이 1971년에 시행되었다. 1980년대의 정주권 구상에서는, 도시환경의 거주 편리성으로서 어메니티라는 말이 도입되고, 삼림의 체감환경에도 어메니티라는 말이 사용되게 되었다(伊藤(2013)). 이 시대는 사회의 요구, 국책, 학문 분야의 성립 등, 삼림미학의 맥락에서 삼림풍치의 성숙기였다고 말할 수 있다.

버블 경제기(1986~91년)에는 민간 활력의 증진을 목적으로 한 제3차 전국종합계획 하에서, 급속한 호경기가 출현했다. 얻어진 자본의 투자처로서 리조트 개발에 기대가 모아졌다. 리조트법(1987년 종합보양지역정비법)이 제정되고, 여가 증대에 의한 장기 보양을 위해 보양지 개발을 정책으로 추진하였다. 그러나, 여가증대를 위한 노동시간의 단축은 호경기에 대한 불안이라는 점에서 기업의 이익추구에 반한다고 하여 받아들여지지 않았다. 한편, 외재수입에 의한 국내임업의 침체는 방치림을 증대시키고, 규제완화도 일조를 하여 임지개발을 용이하게 했다. 대자본에 의한 골프장, 스키장, 별장지 등 복합적인 관광이용을 목적으로 한 대규모 개발이 전국 각지에 이루어지게 되었다. 그 결과, 시설중점형 대규모개발로 인하여 주변 삼림의 이용은 진전되지 않고, 임지보전은 불충분한 경우가 많으며, 산지파괴가 문제시되었다(岡田(2010)).

이 시대의 산림풍치 분야에서는, 대규모 관광개발을 배경으로 하여 국토이용으로서의 큰 규모의 삼림경관 분석기술 개발이나(溝口(1987)), 삼림풍경디자인을 포함한 경관디자인 연구가 진행되었다(塩田(1983)). 또한, 임상식물의 경관향상을 목적으로 한 보전과 육성(義父(1990)), 임지개발에 의한 시설형 레크리에이션 편중의 동정(動静)에 대해 주변 경영림의 삼림관리 정체에 경종을 울리고, 이용과 자원관리를 조화하는 주장도 나왔다(林(1988)). 그러나, 모두 과잉 임지개발로부터 임지, 특히 시업림 자원관리의 정체를 염려하고 있었다는 것에는 변함이 없었다.

버블경기가 대자본의 일시적 활성화로는 되었지만, 지역 활성화에는 그다지 도움이 되지 않은 채, 휴양지 건설이 추진되었다. 버블 경제의 축소와 함께, 이러한 시설 이용은 급속히 냉각되어, 시설은 유체 상태가 되어 갔다.

1989년의 거듭된 일본은행 지급준비율 인상이나, 정부가 1990년에 행한 총량규제가 발단이 되어 버블경제가 붕괴했다. 다음 시대는 고도경제성장기의 도시개발, 버블기의 규제완화에 의한, 농산촌의 임지개발과 2차에 걸친 개발행위로 잃어버린 주변의 수림이나 삼림에 대한 반성에서 비롯되었다. 사람들의 가치관도 종래의 경제성이나 효율성, 기능성의 추구 등 양적 측면에서부터, 양호한 주거환경을 위해 삼림이나 수림을 요구하는 질적 향상으로 변화해 가고 있다.

이 시기의 제5차 전국종합계획에서는 민활에 대한 의존 파탄과 더불어 공공투자의 경감을 기대한 지역, 주민주체의 환경형성이 거론되었다. 삼림의 유지관리도 버블 후기에 시작된 공전의 마을산 붐을 탄 행정에 의해 삼림봉사활동이 많이 추진되었으며 주민들도 보다 좋은 환경을 창출하기 위해 직접 삼림관리를 하는 사례도 늘었고, 그 방법론이나 마을산 이용에 관한 보고가 증가하고 활발해졌다. 한편, 위험이 수반되는 중노동인 임업작업에서는 주민이 대응할 수 있는 범위가 한정되어 있으며, 계획자측의 경관이나 마을산에 대한 비전의 결여, 또한 활동을 위한 입지가 시민에 의한 관리나 이용에 적당하지 않았던 것이 문제가 되었다. 특히 버블기의 민간개발계획(리조트계획이나 골프장 등)이 좌절된 대면적의 숲을 지방자치체가 매입하지 않을 수 없게 된 삼림에서 그런 경향을 현저하게 볼 수 있었다(春(1988)).

버블기의 과잉 개발행위에 규제를 마련한다는 의미에서 환경영향평가의 법제화인 환경영향평가(1997년), 경관법 (2004년)이 제정된 것도 이 시기이다. 경관법은 특히 농업과 임업을 중심으로 한 지역의 경관 보전·형성에 중점을 두고 있으며, 기존의 도시지역 건축물 등을 중심으로 한 경관의 보전·형성과는 다르다. 그 때문에 농림업의 진흥과 경관보전·형성과의 조화를 목적으로 시정촌(市町村) 삼림계획의 변경 등 제도가 마련되었다(小林(2006)), 이러한 사회적 배경을 바탕으로 삼림환경평가의 가시화(斎藤(2000))와 삼림경관 시뮬레이션 등(吉置(1994)), 컴퓨터 기술의 비약적인 향상에 의해 개인의 지각으로부터 인근 주민의 시야라고 하는 규모로 확대되고, 삼림풍경의 보전에 관한 기술이 진전되었다.

또한, 1993년의 생물다양성협약 체결이나 2001년의 밀레니엄 생태계 평가에 대한 일본의 참가 등 자연생태계의 보전에 관한 이슈가 많고, 그때부터 마을산에 대한 관심이 높아지면서, 삼림의 보건휴양이용을 목적으로 한 삼림에도 생태적인 요소가 불가결하게 되었다. 이러한 정세에 따라, 당연히 삼림에 대한 사회적 관심이 높아지고, 보건휴양 이용에 제공하는 삼림에도 생태적인 관점이 불가피해졌다. 이러한 삼림에 관한 동향에 대하여, 질 높은 산림체험을 목적으로 한 임내환경에 대한 사람의 평가에 관한 연구(井 川原(2000))나, 기존의 일제 개벌형 임형에서 자연적 삼림으로의 전환을 목표로 한 풍치시업에 관한 연구(清水(2003))도 일정한 성과를 올렸다.

그러나, 이러한 사회의 동향을 받아들이는 현실의 삼림은 임업의 침체, 목재가격의 하락, 고령화에 의한 임업노동력의 부족에 의해, 관리가 안 되는 부족상태가 계속되었고, 방치림 문제가 표면화되어 그 황폐의 정도는 더욱 더 심각해지고 있었다. 그 때문에, 삼림의 보건휴양 이용을 목적으로 한 풍치시업을 할 수 있는 자본적 여유는 발생하지 않았고, 나아가 삼림의 풍치에 관한 심리적 평가나 임상의 개량기술 등의 효과로서 생태적 관점이나 임업적 가치라는 관점과, 사회적 의의의 논거가 널리 퍼지기 어려웠기 때문에 산림미학을 기점으로 한 보건휴양 이용에 제공하는 삼림풍치나 풍치시업이라는 말에 대한 관심이 희박해졌다.

2008년의 미국 금융위기를 계기로, 디플레이션 경제에 의한 장기불황이나 석유가격의 급등 등 사회정세의 마이너스 요인이 영향을 주어, 국민의 레크리에이션으로의 지향은 변화했다. 예를 들면 해외여행보다 국내여행, 숙박보다는 당일치기와 같이 여비를 억제하기 위해서 가깝고 친근한 장소가 인기를 얻었다. 시설중심의 소비적인 레크리에이션 활동으로부터 「안근단(安近短)」, 가족이 자연환경을 활용하는 야외 레크리에이션 활동이 활발해졌다. 또 고령화사회의 진전은 각자의 건강관리 지향의 증대, 걷기와 산책 요구를 증대시켜 가드닝 붐도 도래했다. 한편, 특히 저출산으로 감소하는 젊은 세대들은 저임금, 중노동에서 건강과 복지에 대한 관심이 높아졌다.

9.2.6 삼림풍치에서 삼림 어메니티(Amenity)로 발전

현대에 이르는 이러한 사회정세 속에서 도시의 노동환경 스트레스로부터의 치유가 필요하며, 삼림환경의 어메니티에 포함되는 삼림요양 활동이나 연구가 추진되었다. 종래의 어메니티와 달리 삼림의, 사람의 건강이나 스트레스에 대한 효과가 의학적으로 연구된 점도 사람들의 이목을 끌었다. 자연환경에 대한 관심의 고조는 도움이 되었고, 삼림요법은 급속도로 확산되었다. 걷기나 산책 등 일상생활에서 보건휴양 이용을 통해 달성할 수 있다는 측면도 고령화, 노동환경의 악화에 의한 스트레스, 지역의료 위기 등 사회문제와 동향에 대치하고 있다는 점에서 많은 사람들의 지지를 받았다. 삼림어메니티 계통으로 규정되는 삼림요법의 확대는, 점차 삼림풍치의 분야와도 겹쳐지고, 폭넓은 활동이나 연구가 행해져 삼림임업백서 중의 「삼림풍치」나 「풍치산업」과 같은 단어 대신에, 「삼림요법」, 「삼림세라피효과」 등이 빈번하게 나오게 되었다.

메이지기에 멀리 독일로부터 도입된 삼림미학은 임학이나 조경, 삼림의 보건휴양 이용, 국립공원의 삼림관리 등에 많은 영향을 주었고 제2차 세계대전을 넘어 삼림풍치, 삼림 어메니티로 진화했다. 한편, 이러한 대상이 되는 삼림은 임업의 침체가 약간 개선되기 시작되었다고 하더라도, 아직 근본적인 해결은 어려운 것이 현실이다. 그러나 최근, 방치림에서의 보육작업에 의한 임내공간의 변화에 대한 효과 등 새로운 성과가 발표되고, 산림경영과 연계되기 시작했다. 삼림의 「미와 공리(功利)의 조화」를 눈여겨보는 삼림미학이 기점이 되어 도달한 신시대의 삼림 어메니티는, 사람의 심신 건강을 증진함과 동시에 건전한 삼림경영도 달성할 수 있는 가능성을 포함하고 있다고 말할 수 있다.

9.3 삼림미학에서 삼림시업

9.3.1 삼림경영관리와 삼림미의 접점

삼림미학의 구성은 초판부터 제3장을 통해 미의 문제와 삼림시업에 관한 항목으로 양분하여 구성되어 있고, 기본적으로는 이 골격에 변화가 없다. 자연미의 논급에서는 수목의 미적 가치와 풍경의 색채, 삼림의 냄새와 음향에 관한 미적 특성 등을 다루고 있다. 그 해설은 예를 들어 색채에 관해서는 광학적 색채 이론 등에 의해 색채미의 체험에 대한 고찰이 이루어지고 있다. 더욱이 괴테나 실러의 문예에 의한 해설, 또한 길핀의 회화적인 풍경미의 영향을 크게 받은 미적 체험이 서술되어 있다. 그 외에도 수목의 미적 가치에는 식물분류에 근거하여 분포와 미적 특성이 기술되어 있다. 이와 같이 삼림을 중심으로 넓은 자연계의 현상에 관한 당시의 최신 과학예술, 철학에 의거하여 자릿쉬의 귀족이라는 입장을 바탕으로 한 높은 교양과 지식, 미의식에 의해 삼림미가 기술되어 있다.

삼림시업에 관해서는 기초편과 응용편으로 나누어, 기초편에서는 그 작업종, 수종, 벌기 등 삼림경영의 업무과정에 있어서의 미적배려에 관해서, 그리고 응용편에서는 삼림의 장식요소로서 유원(遊苑), 가로수, 노거수, 외국수종, 관목·초본의 보호, vista에 대해서, 어떻게 임지에 도입할지를 논하고 있다.

삼림미학은 숲을 직접 조성하는 기술자들을 위한 미학적 기초와, 이를 응용하는 시업림에 대한 미적 배려에 관한 골격을 나타내고 있다고 할 수 있다. 이렇게 저서 전반에 논한 삼림의 반예술로서의 자리매김은 자연미를 고려한 삼림시업의 실행에 의한 「미와 공리의 조화」에 의해 실현될 것을 시사하고 있다.

또한, 자릿쉬는 삼림이 보건휴양의 장소가 된다는 점에서 삼림기술자에게 그 토지에 가장 바람직한 삼림시업을 선택하고, 최고의 수익과 최대의 아름다움이 발휘되는 삼림을 만들 것을 권고하고 있다. 岡崎(1970)는 삼림의 직접적인 조성에 관여하는 시업기술은 출중한 것이며, 자연과학적인 기초를 둔 지견의 확실성에 대해 언급하고 있다.

이러한 산림경영을 훼손하지 않는 시업림의 미적 배려는, 후에 「가장 아름다운 삼림은, 또 가장 수확이 많은 삼림이다」라는 명언을 남긴 멜러의 저서 「항속림 사상」(멜러(1984)) 중에서도 높이 평가되고 있다. 자릿쉬가 제창하는 삼림경영 관리는 우선, 대상지마다 자연환경 조건을 정확하게 파악하고, 임지마다 다른 다양한 자연환경을 존중한 심미와 인간의 경제적 사정을 절충하면서 삼림시업을 한다는 큰 특징이 있다.

9.3.2 삼림미학에서 삼림관리와 시업

이 절에서는 특히, 직접 삼림의 경제적 경영으로 이어지는 작업종의 선택, 수종의 선정, 벌기령의 결정, 갱신, 삼림의 작업과 그것들 영위의 경제를 훼손하지 않는 자연미에 대한 배려에 대해 해설한다.

(1) 작업종

작업종이란 목표임형의 입체적 크기(고목이나 저목)에 의한 삼림관리법의 종류를 말한다. 여기에서는 어떤 생산을 할지(목재나 신탄생산 등)를 고려하여 선택을 한다. 임분의 수목 높이에 따라 고림, 중림, 저림으로 분류되며 이것에 따라 작업을 한다. 「삼림미학」에서 해설하고 있는 작업종은 고림의 택벌작업. 개벌작업, 중림(상층은 고림, 하층은 저림의 이단림), 저림의 단벌기 신탄림작업(신탄림)이 다루어지고 있다.

작업종을 설명하기 전에, 자릿쉬는 우선 협의의 원생림을 「원생림 보호를 위해서 필요한 면적 규모가 너무 크기 때문에 현실적이지 않고, 휴양 이용에 관해 낙지(落枝)나 도목(倒木)의 위험이 생기며, 목재수익은 전망하기 어려워서 삼림관리의 책임을 삼림관이 지기 어렵기 때문에 현실적이지 않다」라고 하여 이 책에서는 문제로 다루지 않았다. 이것에 대하여 목재생산과 인간의 보건적 이용 모두에 제공하는 것으로서, 어디까지나 시업림을 대상으로 하고 있다는 점을 주의하도록 하고 있다.

작업종 선택 외에 수종과 벌기령과의 상호 관련성이 중요하다고 하고 있다. 작업종을 경영관리 전략으로 했다면, 마지막 수종은 상품, 벌기령은 판매시기와 같은 것일까. 그리고 무엇보다도, 경영 전략을 행사하는 토대가 되는 자연 환경의 파악에 의해서, 이것들이 결정되는 일도 아울러 지적하고 있다.

작업종에서는 최초로 고림작업으로서 택벌림 작업을 권장하고 있다. 이 책이 발간된 19세기 후반은 때마침 삼림을 목재가치만 파악하는 토지순수익설에서 삼림 전체를 수익으로 생각한다는 산림순수익설로의 이행기여서 임업계에 이미 목재생산에 삼림의 지속성을 중심에 둔 택벌작업을 권장하는 논고가 이미 출현하고 있고, 이것을 거론함과 동시에 넓은 임지나 기복이 풍부한 구릉지형의 경우, 개벌작업으로 발생하는 다양한 크기의 수목으로 구성된 삼림의 조망경관, 아름다움에 대해 설명하고, 한편, 택벌림은 다양한 수목과 함께 특히 임내광의 다양한 변화의 아름다움을 설명하고 있다. 단목 단위의 취급으로 많은 노력이 필요하다는 것을 감안하여 관리를 소홀히 한 채 황폐해진 임분을 예로 들며 택벌림만을 고정적인 임형으로 고집하는 것의 위험성에 대해서도 언급하고, 일관되게 수익설에서의 관리보다는, 우선 장소의 특성이나 사후 육림비용을 감안한 유연한 선택이 권장되고 있다.

(2) 수종의 선택

수종의 선택에 대해 기술하기 전에, 자릿쉬는 우선 아름다운 임분이란 임분을 구성하는 각 수목이 활력이 가득하다는 것을 전제로 하고 있다. 그 전제를 배경으로, 수종의 선택에서 토양 상태를 검토하고, 특히 지위에 의한 수종의 결정을 호소하고 있다. 이것은 단적으로 말한다면, 수목의 장기적인 성장을 담보하기 위한 것으로, 지속적 삼림 조성 시작의 한발짝이다.

또한 넓은 임지를 모두 다 같은 형태라고는 생각하지 않는데, 예를 들어 「광대한 소나무숲 속에 불과 몇 ha라도 너도밤나무에 적합한 비옥한 토양이 있는 경우에는, 그것을 아무렇게나 되는대로 하지 않고 구멍과 같은 활엽수 임분을 만들어야 한다」라고 말하고 있다. 또한 소나무 숲 속에 근소한 비율이나마 활엽수를 혼합함으로써, 일제림의 단조로움을 보충하고, 다양한 경관을 얻을 수 있는 장점에 대해 거론한다. 이것은 동시에 간벌에 있어서 하층 활엽수 낙엽이 토양을 비옥하게 하고, 임상식물을 육성하는 효과, 예를 들면 갱신을 이루는 수목의 출현이나 생물 서식처로서의 효과로서, 아름다움과 공리의 조화를 설명하고 작업종의 설명에 있었듯이, 혼효림을 권장하고 있다.

전나무·가문비나무·너도밤나무와 같이 내음성이 높은 수종들은, 장기간에 걸쳐서 임상식물이 빈약한 빈상이 되기 십상이며, 지력 저하 등의 단점이 생기는 것을 시사하는 한편, 특징적인 지형의 장소에서 임상식물의 부재는 지형을 떠올리게 한다고 지적하고 있다. 이와 같이, 수종 선택도 대상지에 따라 유연하게 대응하고, 고정화를 피할 것을 권장하고 있다.

또 특히, 페이지의 상당 부분을 할당하여 수종의 수형특성이나 그 아름다움에 언급하고 있으며, 수형의 미적인 측면에 중점을 둔 선택도 예시하고 있다. 그 중 하나가 건물과의 궁합이다. 통상적인 건축물에는, 가문비나무나 사이프레스(cypress), 피라미드 포플러와 같은 첨두형 수종을, 한편으로는 탑과 같은 끝이 뾰족한 건물에는 수관이 둥근 수종이 적합하다고 생각하고 있다(사진 9.5).

자릿쉬는 순림도 혼합림도 각각 이질적인 아름다움이 있다고 하면서도 단층의 일제개벌형 임형의 단점, 즉 지력의 저하나 단조로운 경관에 관해서는 부정적인 태도를 일관하고, 단층림의 단점을 해소하는 방법으로서 예를 들면, 침엽수의 단층림에 침입한 활엽수는 각 수종 전체의 5% 정도를 받아들일 것을 제안하고 있다. 바로 이 수치는 단층림의 경제적인 장점을 훼손하지 않고, 지력을 유지하면서(성장을 담보하고, 경영적인 배려를 하면서) 아름다운 산림

【사진 9.5】 지형과 수종의 조합

을 만들어 가기 위한 방법이다.

수종 선정뿐 아니라, 삼림의 경영관리 전부에 걸쳐 대상지, 관리방법, 그 외 조건과 수많은 산림시업과의 조합에 의해 여러가지 문제를 해결할 수 있는 방법을 생각할 수 있음을 역설하고, 엄밀히 따라야 할 규칙을 설정하지 않고「대략적인 그 방향성」제시에 그치고 있다는 점을 명기하고 있다.

(3) 벌기령의 결정

벌기령이란 임업 경영의 목적으로 볼 때, 삼림의 벌채 이용에 적절한 시기를 말한다.

벌기령의 결정에 관해서는 임업경영을 좌우하는 중대사라는 측면과 함께 삼림의 아름다움을 크게 발휘하게 한다는 두 가지 측면이 있다고 서술하고 있다. 벌기령의 상한과 하한의 폭은 넓으며, 유럽소나무에서는 80년부터 200년, 참나무는 80년부터 300년이라는 편차를 제시했다. 하한은 아마 재적수확 최대의 벌기령, 상한은 평균 수명(자연고사의 평균수령)으로서의 생리적 벌기령이라고 생각된다.

19세기 중반부터 특히 후반의 산업혁명에 의한 공업화는 임업으로 파급되면서 그 영향으로 목재가격은 급상승하고, 임업은 이윤을 낳는 존재가 되었다. 이러한 시대 배경으로부터, 이 시대는 삼림의 토지순수익 붐이 도래하고 삼림은 침엽수 일제개벌형 조림과 결합해 이론이 구성된다. 토지순수익설 쪽이 목재수요의 급증에 적응하는 성격이 강하며, 투하 비용이 조기에 회수되기 쉽다는 점에서, 활엽수로부터 침엽수로 급격히 역전되었으며, 삼림에 대한 경제 우선적인 기운이 높아졌다. 그 때문에 재적수확량 최대의 단벌기령이 감행되고, 큰 나무의 대부분이 벌채되었다.

이러한 가운데 자릿쉬는 본문 중에서, 수확량 최대벌기령의 경제성을 일단 인정하면서도, 지나친 경제 편향적인 자세를 비판했다. 그리고 벌기령을 상승시켜 큰 나무를 많이 가지고 있는 삼림을 남기는 것의 경관적인 이점을 관광자원으로서의 삼림, 토지의 부동산가치를 높이는 요소로서의 삼림, 관광지나 고급주택지 전체의 가치를 높이고 있는 존재로서 현실적으로 성공하고 있는 지역을 실례로 들면서, 삼림이 지닌 목재 이외의 다양한 가치의 근거로 다루고, 벌기령의 상승 또한 경제적인 가치를 창출한다는 것, 그리고 그 이상으로 사람들의 일상의 피로를 치유하고, 행복감을 가져다주는 보건휴양으로서의 효용을 주장하고, 큰 나무를 삼림 내에 남기는 것을 권장한 것이었다.

이러한 생각은 자릿쉬(garish)가 혼자서 한 것이 아니라, 전술한 토지순수익설과 삼림순수익설과의 논쟁 중에서도 다루어졌다. 다만, 임업과 미(현대적으로는 환경)의 양립을 실행하고, 기술로서 체계를 세운 점은 큰 진전이며, 자릿쉬의 성과라고도 할 수 있다. 본서에 의해 목재수익을 통한 토지소유자의 경제적 수혜만을 둘러싼 논의에서, 삼림이 갖는 다기능성을 임업의 장에 포함시키는 것 특히 삼림의 보건휴양기능의 시민에 대한 개방을 의미하며, 후세에 독일의 다기능 임업론에도 영향을 미치고 독일 연방 삼림법 설립에 기여했다(林尾(2017)).

(4) 임분의 보육

임분의 보육이란 구체적으로 수목의 제벌, 가지치기, 간벌 작업을 말한다. 자릿쉬는 이들 보육작업은 모두 임업에서는 중요한 작업인 것을 감안하면서도, 작업 직후는 수목을 손상시키는 「파괴적 행위」이며, 일반적인 삼림방문자들에게는 바람직하지 않은 조망이라는 점, 임업가로서 자각, 미적 배려를 하기 이전으로 주의를 환기하고, 작업을 실시하는 간벌 구역, 제벌, 간벌, 가지치기 순으로 미적 배려의 구체적인 방안에 대해 기술하고 있다.

임업이라는 작업은 생산과 삼림을 유지하기 위해 필요하다. 작업을 하는 구역에 관한 배려에 대해 자릿쉬는 첫머리에 자신의 소유림에서의 연구를 소개하고 있다. 즉, 665 ha의 소유림지를 4분할하고, 매년 1개의 동일구역에서만 벌채, 간벌, 가지치기, 도로관리 등을 하고, 다른 3개 구역에서는 작업을 하지 않고 정적을 유지하는 것으로 작업 자체, 그리고 작업 후의 상태가 눈에 띄지 않고, 삼림방문자들이 불안감을 가지지 않도록 배려하고 있다.

또한 얼핏 보면 생산에 직접 관여하지 않는, 오히려 주된 생산품인 목재의 생산력을 저감시키는 것으로 간주되는 임상식물을 다양한 임업의 작업으로 일망타진하는 것과 같은 극단적인 보육작업에 대해서는 엄중하게 경계하고 있다. 그 이유는 임상식물이 계절마다 달라지는 양상을 보이고, 시업림의 미적 가치를 올리는 것 이상으로 표토를 보호하고, 토양을 비옥하게 하고, 야생생물의 서식처와 식량으로도 되며, 또한 이들 몇 가지 수종은 상층 점유 수종에 대해 차세대의 갱신수가 될 수 있는 등 그 역할을 다방면으로 설명하고, 잔존시키는 것의 가치를 역설하고 있다.

임상식물을 남기는 것을 포함하여 작업종, 수종의 선택, 벌기령에서 지금까지의 해설내용을 종합적으로 고려하여 행하는 미적 간벌에 대하여, 자릿쉬는 자신의 삼림에서 고안한 간벌 방법을 포스텔 간벌법이라고 명명하고 예시하고 있다. 포스텔이란 소유림이 존립하고 있는 지명이다. 자릿쉬가 고안한 방법은 먼저 임목의 목재로서의 형질, 생육 상황에 등에 따라 등급을 정한 후 아래와 같이 행한다(사진 9.6).

【사진 **9.6**】 너도밤나무림에서 포스텔 간벌

1. 첫 번째 간벌은 가급적 조기에 실행한다.
2. 나아가 갱신목으로서 유망해질 가능성이 있는 열세목으로, 1급목의 생육을 저해할 위치에 있는 2급목을 간벌 대상목으로 제거하고, 우세목에 생육에 충분한 공간을 부여한다.
3. 피압목(3급목)은 간벌수입이 적고, 벌채비용이 드는 것을 남긴다.

또한 이상과 같은 간벌은, 조금씩 조심스럽게 3~5년 회귀로 행해져야 하며, 수목의 성장 단계별로 개체가 아직 연약한 유령 단계에서는 약도로, 장령이 됨에 따라서 강도로 행하도록 하고, 이것에 의해서 잔존한 1급목과 3급목의 크기 차이는 더욱 현저해 진다. 1급목은 2급목 벌채에 의해 순조롭게 생육하고, 3급목은 피압되면서도 하층을 구성하여, 장래적으로 다른 수목으로부터 방해 없이, 계속 잔존한다고 주장했다.

이 포스텔 간벌법은 자릿쉬의 소유림 내에 건설된 삼림 전망대, 요한나 탑이라고 불리는 건조물 앞에 커피테이블을 설치하고 거기서 휴식하고, 삼림을 조망하는 아름다움을 배려한 시업의 필요성에서 고안했다고 기재되어 있다. 요한나 탑의 주변은 너도밤나무 숲이었지만 내음성이 높은 너도밤나무는 임관 폐쇄 후에도 지속적으로 생존하여 두터운 임관층은 시야를 어둡게 하고, 임상을 쇠퇴시켜 눈높이 시계가 너무 열려 너도밤나무의 수간밖에 시야에 들어오지 않게 되었다. 그런 상태를 시정하기 위해 고안되었다고 한다. 이 방법의 채택은, 자릿쉬 스스로도 말하고 있듯이, 삼림의 지속성에 기여하는 차세대 스톡과 간벌에 의한 수관으로부터의 입사광에 의해 침투하는 임상식물의 생육에 의해 만들어진 눈높이 녹색으로 자연미를 발휘할 목적을 동시에 달성한다. 눈높이에서 시야로 들어오는 녹색은, 삼림의 쾌적성에는 불가결하다는 것이 알려져 있다. 또 포스텔 간벌법은 열세목을, 빈도를 높이고 비교적 약도로 벌채하기 위해 벌채 직후에 수목이 너무 소개되었다는 것도 부가되었다. 그 밖에도 간벌작업 시 선목의 표시로 넣는 극인(이 시대에 선목하는 수목은 극인을 넣어 표시했다)도 보통 사람들의 눈에 띄지 않게, 예를 들어 길에서 보이지 않는 위치에 넣는 등의 배려를 당부하고 기술 전문가로서 간벌 준비 단계부터 숲을 즐기는 사람들에 대한 배려를 주의 깊게 하는 것을 장려했다.

단목적 보육작업인 가지치기에 관해서는 간벌 이상으로 주의 깊게 할 필요성을 설명했다. 전반 부분에서는 많은 수종에 관해 그 수형의 특성과 수형이 만들어내는 미성에 대하여 상당한 페이지를 할당하여 설명을 하고 있다. 가지치기는 우선 그러한 수형 특성을 잘 파악하고, 그것을 손상시키지 않도록 배려하는 것이 중요하다고 했다. 현대적으로 설명을 더한다고 한다면, 수목에 있어서 자연수형이란, 그 수종이 지닌 잎의 광합성특성에 따라 수광이 가장 효율적으로 행해지는 형태이다(竹中(1997)). 수형을 해치지 않는다는 것은 아름다움과 동시에, 그 수종의 보다 확실한 생육을 담보하는 일이라고 자릿쉬는 말했다.

가지치기로 수형이 훼손되지 않도록 하기 위한 주의 사항으로서 중요한 것은, 어린 나이에 세력이 강한 가지를 제거할 것, 그 때에 조금 떨어진 곳으로부터 나무를 보아 수형을 해치지 않게 주의 깊게 관찰하면서 대상 수목으로부터 남길 가지를 우선 결정하는 것이다. 이 때, 선 가지나 도장지 등을 최초로 베는 것은 이런 가지들을 방치해 두면 장래 가지가 너무 두꺼워져 가지치기의 흔적이 큰 상처가 되고 말기 때문이다. 또한 침엽수에서는 흔히 볼 수 있는 낮은 위치에 있는 모든 가지를 기계적으로 벌채하는 가지치기는 수관 상부에 우세한 가지를 잔존시킴으로서 수간과의 양분 경합을 피할 수 없다고 설명하고, 실시해서는 안 되는 행위로 보고 있다.

수형은 삼림의 아름다움을 구성하는 것이며, 또한 자연의 산물이며 수목의 생존전략이다. 자릿쉬는 보육작업을 설명하는 가운데 재삼 생산을 위해 실시한 잘못된 손질로 파괴적 행위를 하는 것은, 수목 개개의 아름다움도 효율이 좋은 생산도 모든 것을 상실하고 마는 것이라고 삼림관들에게 묻고 있다(사진 9.7). 그리고 이 작업에 관해서는 특히 개별 수목의 상태를 잘 관찰하면서 판단하는 것이 필요하다고 하였다.

【사진 **9.7**】 가지치기 된 참나무

9.3.3 삼림미학에서 삼림조성이란

『삼림미학』에서 자릿쉬의 미에 대한 해석의 기본은

1. 수목 개개 수형의 아름다움을 존중하고, 삼림의 베이스를 형상화하는 고목층의 수목을 건전하게 가꾸는 것
2. 그 수목을 건전하게 육성하기 위해서는 토양이나 삼림내에 살아있는 생물 모든 것이 조화롭게 존재할 수 있도록 배려할 것

을 수미일관 열거하고 있다. 이 아름다움의 기본은 1.에 대해서는 생산 대상인 품질관리로서 중요하다고 하고, 2. 에 관해서는 지속적인 생산을 담보하는 것으로서 배려할 값어치가 있다

고 생각했다. 이와 같은 생각은 영국의 승려 길빈(William Gilpin)의 후기서 『뉴포레스트 삼림풍경』에서 주장한 「아름답고 「조화」로운 자연은 개별적으로 아름답다고 「결론」 지으면서 지역 전체를 감싸고 있다」(今村(2007))는 영향을 다분히 받고 있다고 생각했다. 자릿쉬가 존중한 자연의 「조화」는 현대에서 말하는 에코시스템적인 자연관이라고 말할 수 있지만, 생태학이 1966년에 독일 다윈주의 생물학자 에른스트 헤겔에 의해 만들어 지고, 그 후 학문적인 확립은 20세기에 들어와서부터라는 점을 생각해 보면, 삼림에 대한 깊은 통찰과 과학적인 지견에 경외를 금할 수 없다. 또한, 이 시대는 독일 임학의 성숙기로, 생산 일변도의 산림조성에 대한 비판이 배경이 되었지만, 19세기 중기에 가이어(Karl Gayer)가 제1성을 발한 「자연으로 돌아가라」는 말로부터 논의가 격화됐다. 시업림의 자연적 취급은, 현실적인 삼림경영으로서는 전인미답이었다. 자릿쉬는 당시 임학의 최고봉 학부였던 에바스발데 산림학교에서 배운 과학적 식견과 임업현장에서의 깊은 관찰, 그리고 높은 문화적 교양을 바탕으로 한 자연찬미의 자세에 의해 그것을 뛰어넘어 현실적으로 아름다운 시업림을 만들어 냈다. 그리고 그 삼림은 현재도, 아름다운 생산림으로서 폴랜드에서 소중히 취급되고 있다.

삼림의 미에 대한 배려는 본 절에서 해설한 삼림경영관리의 기본에 가로수 조성이나 경관적 향상을 위한 큰 나무의 존치, 눈높이 정도의 적당한 전망을 담보하는 임상관리, 임내 구조물과의 궁합 등을 미를 증강하는 요소로서 해설하고 있다. 이마이즈미(今泉, 2015)에 의하면, 메이지신궁림(明治神宮林)의 조성기술도 삼림미학의 영향이다라고 하지만, 현재의 신궁림에 대한 평가를 감안하여 보아도. 어느 정도는 삼림관리와 자연적인 아름다움을 제창하고 있다는 점을 엿볼 수 있는 것이다.

9.4 현대에 남아있는 삼림미학의 숲

삼림 레크리에이션 이용 증대를 위한 삼림시업의 전개 사례는, 삼림미학의 저자 자릿쉬에 의해 만들어진 삼림이 첫 번째 사례임이 확실하다. 현재 폴란드 땅에 그 자릿쉬 숲이 현존한다. 일본의 사례에서는 메이지 신궁 내원의 임원 계획이며, 다이쇼(大正)기 최초의 삼림조성에 자릿쉬의 삼림미학을 신봉하고 있던 혼고 타카노리(本郷高德)가 관여하여 계획된 삼림이다(本郷(1921)).

제2차 세계대전 이후, 삼림 레크리에이션에 대한 요구가 증대함과 동시에, 레크리에이션 이용의 전용구역으로서 자연휴양림, 삼림공원이 만들어지게 되었다. 그러나 공원이용과 시업림의 지속을, 공동으로 삼림관리하고 있는 미나미미노와촌(南箕輪村) 촌유림(村有林)의 공원림 사례는 많지 않다.

제2차 세계대전 이전과 이후의 사례로, 메이지신궁(明治神宮)과 오오시바(大芝) 삼림공원을 들고, 그 숲 만들기와 더불어 삼림미학과의 관계를 해설한다.

9.4.1 메이지신궁 내원의 숲 정원(林苑)계획과 삼림미학

메이지 신궁 내원의 부지 면적은 72.2 ha, 조성기간은 1915년부터 6년간이었다. 조성 완료 후인 1921년 12월에 혼고오 타카노리(本鄕高德)가 친필로 써 남겼다. 기록「임원의 계획 일반 및 장래시업의 방법」(本鄕(12))이 있어, 오늘날까지 경내림 관리의 대강을 나타내고 있다.

경내림은 계획에 첨부된 임황도에 있는 기존 수림을 그대로 잔존시키고, 시설계획이 있는 장소에서는 이식수로서 이용하는 등 최대한 활용하고 있다. 신궁림은「장엄한 임원(林苑)」을 목표로 하며,「삼나무, 편백나무 등의 침엽수류를 주로 하고 떡갈나무, 모밀잣밤나무, 녹나무 등 상록활엽수류가 섞인 밀림을 이루며, 항상 정정한 수목이 울창하여 낮에도 어두우며 인위적인 식재를 하지 않아 영구적으로 번성할 수 있도록 하는 것이 필요」하다고 하고 있다. 또한 삼나무, 편백 등 침엽수류는 대기오염에 약하며 떡갈나무, 모밀잣밤나무, 녹나무 등 상록활엽수류가 주류인 조엽수림(照葉樹林)을 최종임상으로 상정하고 있다. 삼나무, 편백 등은 조성 당초의 풍치를 위하여 일시적으로 이용하는 것으로 하고, 신사에 상응하는 장엄한 풍치로서 엄숙한 임상의 조성을 필요로 하고 있다. 그러나 신궁의 북측, 보물전 주변이나 남측의 어원은 숲속 별천지로서 잔디밭이 펼쳐지는 원지와 정원을 조성, 보존하고 있다.

현재 삼림을 구성하고 있는 수목은 거의 100여 년에 이르고 있지만, 이미 임원계획에서는 조성 시부터 천이과정을 상정하고 있었던 것이다. 이 상정은, 기존 고목이나 이식목의 하층에 너도잣밤나무, 떡갈나무류를 식재하고, 상층의 쇠퇴와 하층의 성장이 바뀌어 조엽수림이 성립한다는 것이었다. 현재 조엽수림 중에 낙엽활엽수림의 대목이 혼생하고, 조성 당시에 이식된 고목의 편백나무가 조엽수림 중에 잔존하고 있다. 한편, 기존 임분이었던 소나무 고목은 거의 대부분 현존하고 있지 않다. 질서 있고 엄숙한 조엽수림 중에 거목 낙엽수, 고목 침엽수림이 혼생하여, 삼림을 다양하게 하고 있다. 넓은 참배길은 많은 사람들로 인해 넘치고 있지만 도심의 떠들썩함과 혹서로부터 원생림의 삼엄함이 사람들을 지키고, 삼림미학에 다대한 찬동을 보낸 혼고오 타카노리(本鄕高德)의 숲 정원 조영(林苑 造營)의 열의가 지속되고 있는 듯하다(사진 9.8).

【사진 9.8】 현재까지 남아있는 큰나무

9.4.2 시업림을 공원림으로 전환 - 미나미 미노와무라 오오시바 공원림(南箕輪村大芝公園林)

나가노현(長野縣) 미나미미노와무라(南箕輪村) 오오시바촌유림(南箕輪村大芝公園林)은 1,023 ha의 평지림에 소나무-편백 이단림시업을 실행해 왔다. 비교적 통직한 소나무 고령림(당시 80년생 이상)에 의해 양재 생산지로서의 평가가 높다. 제2차 세계대전 후, 절반이 운동시설 등 공원구역으로 지정(506 ha)되고, 나머지 임지시업계획이 된 오오시바촌유림 시업진단서가 1986년에 만들어지고, 10년간 시업계획(개벌시업, 영급배치의 적정화)이 실행되었다. 그러나 이후 경영계획은 없는 채로 공원구역과 관련하여 공원림으로서의 이용이 문제가 되어 왔다. 거기서, 마을사람과 지역의 대학교원 등에 의한 연구회에 의해서, 1999년에 오오시바 공원림 조사보고서를 작성하고, 다음 해에 나가노현에서 생활환경보전림 정비사업을 도입해, 공원림 정비를 추진하였다(임업토목컨설턴트(2001)).

촌유림의 임지부분은 임반에 의해 6구획(1구획은 대략 8 ha)으로 구분되며, 임반내 소반별 임상은, 주림목인 소나무림이 다양한 영급(임목의 5년 생장기간을 1령급으로 함)으로 구성되어 있어 서로 다르다. 오오시바(大芝) 촌유림의 삼림시업은 소나무고목림의 하층에 편백를 식재하여 이단림으로 하고, 소나무를 보잔목으로 남기고 수확 하층에 편백림을 육성, 편백을 개벌수확, 소나무 보잔목의 모수에 의한 소나무의 갱신, 이것을 순환적으로 반복하는 이단림 시업이다. 다음 조림을 위한 지존작업도 경감된다.

생활환경 보전림 정비사업은 시업림을 공원림으로 전환하고, 레크리에이션 이용에 필요한 삼림 어메니티의 향상과 증대가 목적이 되었다. 공원림으로의 전환은 임반 경계에 설정된 관리도로에 현지 미지형의 변화에 따라 걷기 쉽고 임목을 회피할 보도가 설정되었다. 연도(沿

道)의 수경(修景)은 단목, 군락, 임상을 선택하여 보존하며, 주위는 풀베기를 하고 커브에서는 정면으로 눈에 띄는 벚나무, 자작나무 등이 눈에 띄게 한다.

소나무-편백림내 풍치 개선을 위하여 자릿쉬의 포스텔 간벌을 참고로 하면서 「풍치간벌」에 의한 임상개량을 추진하였다. 삼림미학의 포스텔식 간벌은, 우세한 1급목과 피압목이 될 듯한 열세목을 남기고, 우세목과 경합하는 2급목을 벌채한다는 점에서, 「풍치간벌」이 의미하는 것과 공통된다. 차이점으로서는 우세목과 열세목이 공존하는 임분단위를 설정하고, 임분의 갱신과 임분(임관군)의 확대를 위해 임관 갭을 설정했다. 임관 갭이란, 수관을 구성하는 수목이 고사나 벌목으로 해서 수관층에 생기는 공상부(孔狀部)를 가리킨다. 이에 따라 임목은 불규칙적으로 배치되고 임분을 구성하는 수관군의 임목 수형이 각각 대소, 수형에 차이를 보이면서도 밸런스 있는 균형을 나타내고, 임상식생은 변화가 풍부한 것으로 나타났다. 임소반은 다양한 임분으로 구성되며, 임반과 삼림 전체는 임소반의 임상에 의해 이루어진다. 이 임지에서는, 포스텔 간벌을 시행한 임분은 통상적인 소나무-편백 이단림보다도 쾌적하다고 하며, 새의 지저귐이나 벌레소리, 나무젖는 날 등에 따라 자연적이고 호탕하다고 평가받았다(清水 외 (2008)). 임업경영에 의해 삼림의 순환적인 수확과 갱신, 관리를 실시해 갈 수 있다면 자릿쉬의 삼림미학 실행에 가까워질 수 있을 것이다. 오오시바 공원림의 이용자는 매우 많아져, 상시 산책하는 사람들이 눈에 띄는 상태이다(사진 9.9, 10).

【사진 **9.9**】 大芝高原 소나무림

【사진 **9.10**】 포스텔 간벌후 20년이 된 信州대학 구내 연습림

9.4.3 Park w Postolinie(폴랜드에 현존하는 자릿쉬 숲)

「삼림미학」의 저자이자 실천자인 자릿쉬의 삼림 655 ha의 영지는, 24 ha의 자연보호구(요한나힐 자연보호구)에 내포된 5.2 ha의 역사경관공원이 되어, 현재 폴란드의 지방중심도시인 프로투와프의 북 50 km 정도에 위치한 토루누이시론스크현 보스토린에 있다. 삼림관리는, 국유림으로서 미리츄군 삼림관리서에 의해 유지되고 있다(Salisch(2008)). 많은 이용자가 방문해 브로츠와프 대학 농학부의 학생들과 인근 주민들이 조림활동도 하고 있다. 「삼림미학」에도 등장하는 다양한 임상으로 구성되며, 임지에 따라 다양하게 유지 관리되고 있다. 반출이 용이한 장소는 포워더 등을 이용해, 장대한 우량재가 있는 장소, 반출하기 곤란한 장소는 말 운반이 이루어지며, 시업방법은 임지별로 다양하며, 상황에 따라서 유연하게 다른 시업들이 실행되고 있는 듯 하다. 또한 천연갱신으로 삼림이 갱신되고 있지만, 장소에 따라서는 조림에 의해서도 갱신되고 있다. 또한 자릿쉬 시대부터 남아 있는 큰 나무도 많으며, 공원 내에 가장 수고가 높은 미송은 30 m를 넘고, 가장 굵은 유럽오리나무는 직경 122 cm가 넘는다.

이 공원은 지역생활환경을 아름답게 수놓는 녹색이며, 또 소중한 관광수입원이기도 하다. 삼림 내에 존재하는 자릿쉬가 늘 거처하는 성은 썩기 직전이지만, 삼림은 거기에서 계속 자라고 있다. 자릿쉬가 죽은 지 100년 가까이 지난 현재, 삼림은 성장하고 간판이나 사인, 벤치나 수렵을 위한 매너하우스가 도입되고, 따뜻한 계절에는 사이클링과 하이킹으로 가족 단위나, 젊은이들이 많이 방문하고 추운 계절에는 수렵을 하고 있다. 아마도 당시의 자릿쉬가 그렸을 것이다. 생물이 풍부하고 아름다우며, 계절에 따른 보건휴양 이용에 제공될 수 있는 삼림으로서 지역에 존립하고 있다(사진 9.11).

【사진 **9.11**】 현재의 Park w Postolinie 입구(A)와 삼림내(B)

9.5 삼림미학에서 삼림 어메니티학으로

이 절에서는, 최초로 자릿쉬의 저서 「삼림미학」을 개략적으로 설명하고, 그 후 삼림미학이 어떻게 하여 일본에 도입되고 발전하여 현대에 이르렀는지를, 사회의 경제적 배경과 함께 임업, 경관, 보건휴양의 관점에서 파악하여 해설하였다. 그 다음으로 지금까지 정보가 너무나 적었던 삼림미학의 시업에 대한 생각의 기본적인 부분을 소개했다. 일본에서도 그랬듯이 삼림의 보건휴양에 대한 효용은 일찍이 독일 임학계에서 논의되고 있었지만, 「삼림미학」은 그것을 산림경영 관리에 종사하는 삼림관을 위해 「충분한 생산력을 가진 아름다운 삼림」 조성을 체계화하였다. 이런 아이디어는 19세기 후반에 독일의 사회적 필요에 의해 발생하였다는 내용은 본 장 제1절에 설명한 대로다.

이 책의 주제인 삼림 어메니티학은, 삼림미학의 도입을 출발점으로 하여 장기간 다양한 사회경제의 정세를 넘어, 발전한 끝에 도달했다고 말할 수 있다. 삼림의 효용이 사회의 다양한 문제와 대치하면서 해결에 기여할 가능성을 보여준 점에서도 자릿쉬의 생각과 유사하지는 않을까. 또한 사회에 밝은 조짐을 보이고 많은 사람들이 밝은 미래를 느끼고 매료되어 있다는 점에 있어서도 그렇다.

오랜 역사를 배경으로 하면서도, 아직 시작단계에 불과한 삼림어메니티학이지만, 삼림미학의 맥락으로서 생각한다면 자릿쉬가 지향한 진정한 의미에서의 "미와 공리의 조화"가 이루는 삼림조성기술에 대한 도전에 의해, 시대를 초월한 보편적인 학문체계가 될 것을 확신한다.

(清水裕子)

과제

(1) 「삼림미학」 발간에 따라, 자릿쉬가 지향한 것은 어떤 삼림이었는가, 「삼림미학」이 쓰여진 배경을 감안하고, 고찰하시오.

(2) 메이지기의 도입 당초에는, 자릿쉬의 삼림미학에서 삼림육성에 대한 생각이 받아들여지기 어려워 침투하지 않았지만, 제2차 세계대전 전과 전후를 거쳐, 현재에 이르러 서서히 받아들여지고 있다. 그 이유를 고찰하시오.

(3) 제2차 세계대전 이후는, 삼림 보건휴양이용의 다양화가 일어나 성숙해져 갔다고 말할 수 있지만, 이용대상이 되는 삼림육성목표 임상은 정해지지 않고, 이용과 이용환경간의 간극이 생기고 있다고 생각된다. 그 이유를 고찰하시오.

제10장

삼림과 예술

옛날부터 우리 인간은 그 역사와 더불어 다양한 예술활동을 해 왔고, 다양한 형태의 작품을 만들어 왔다. 기원전의 예술작품으로는 라스코 벽화 등이 유명하지만, 토기에 조각된 모양 등도 예술(art)이라고 할 수 있다. 현재는 야외 아트, 네이쳐 아트, 어스 아트 등 현대예술분야도 생기고 있으며 삼림, 수목은 그림이나 사진 뿐만 아니라 영화나 DVD와 같은 영상, 비쥬얼 아트의 대상으로서도 사랑받고 있다. 시, 소설 등의 문학작품은 물론 하이쿠(俳句), 단가 등에서도 산이나 숲, 수목과 관련되는 것은 많다. 이상과 같이, 예로부터 삼림은 우리 인간에게 예술의 대상이었으며, 또한 예술의 창조성을 키우는 환경이었다는 것을 살펴볼 수 있다.

10.1 삼림과 예술

일본에서는 너도밤나무 지대인 니이카타현(新潟縣) 쓰난(津南)지역을 중심으로 「화염형토기(火焔型土器)」가 출토되고 있지만, 그 조형미는 21세기인 오늘날에 보아도 또한 새롭다. 그 두껍고 중후한 화염형토기를 낳은 원천이 된 불은 당시의 수목, 목재의 연소였으므로 화염형토기는 삼림의 산물이었다고도 바꾸어 말할 수 있다. 또한, 유럽 너도밤나무(Gemein Buche)의 수피는 문자나 기호, 그림을 조각하는 매체로서도 사용되어 독일어 책(das Buche)의 어원으로도 되어 있다.

이와 같이 삼림, 수목은 아름다움을 낳는 모체이며, 삼림의 풍경, 광경이나 봄에 싹이 움트는 것에서부터 여름의 짙은 녹색, 가을의 황엽·홍엽, 겨울의 하얀 눈경치와, 계절도 예술적인 사상이다. 나무 사이로 비치는 햇빛 광경이나 바람에 흔들리는 수관의 풍경, 또한 수묵화와 같은 겨울 삼림의 풍경 등은 모두 한 폭의 그림 같기도 하며, 잎과 가지를 흔드는 바람 소리나 잎들의 부딪히는 소리, 또한 임상에 도토리 떨어지는 소리 등은 삼림환경이 지닌 자연적인 음악요법이라고도 할 수 있다.

현재는 야외 아트, 네이처 아트, 어스 아트 등 현대미술분야에서도 생겨나고 있다(사진 10.1). 또한 삼림, 수목은 회화나 사진뿐만 아니라 영화나 DVD와 같은 영상, 비쥬얼 아트의 대상으로도 선호되고 있다. 시, 소설 등 문학작품은 물론 일본의 하이쿠에서도 산이나 숲, 수목과 관련되는 문장들은 많다. 음악에서도 베토벤의 교향곡「전원」은 베토벤이 빈 교외의 숲을 거닐면서 착상을 얻어 쓴 악곡이고, 숲의 작은 길이나 나무들, 소동물들의 정경 등이 묘사되고 있다고 하며, 슈베르트의 피아노곡「숲의 정경(Waldszene)」 등은 정말로 삼림의 장면, 풍경 등이 교묘하게 표현되어 있다.

【사진 10.1】 야외 아트의 작품 예

埼玉県 鳩山市. 2013년.

이러한 것을 보아, 예로부터 삼림은 우리들 인간에게 있어 예술의 대상이 되고, 또한 예술의 창조성을 키우는 환경이었다는 점을 알 수 있다.

10.2 삼림의 미적 요소

그러면 그와 같이 예술의 영감을 주는 삼림에는 어떠한「미적 요소」가 있는 것일까. 삼림이 지닌 요소를 개별적으로 세분화하면 그것들은 형, 색채 등에서 시작하여 빛이나 그림자, 시각적 요소, 물리적인 구성·구조, 움, 바람, 기온, 습도 등의 인자로 나뉘거나, 또는 유기물과 무기물, 바람, 돌, 생물 등으로 분류해 갈 수도 있다. 그러나 그것들 하나하나를 세분화하면 동시에 삼림의 미적요소 또한 감소, 감쇄하여 가는 것 같이 느껴진다. 결국, 삼림의 미적 요소는 세분화된 각 요소에 있는 것이 아니라, 중층적, 다층적인 인자에 의해 보여진다는 점을 알 수 있다. 예를 들면, 숲 속을 미풍이 지나가는 광경을 조망해 보아도 거기에는 바람, 기온변화라는 기상인자에 의해 녹색 등 색채를 가진 생명체라는 수목의 지엽이 간들간들하게 흔들리고, 광 변화나 잎 마주치는 소리를 동반하는, 다층 중층의 변화, 현상이 일어나고 있으며 그것들이 중첩되고 융합하여 아름다움을 만들어내고 있는 것이다. 또한 그러한 움직임은 완전히 같은 움직임을 하는 것이 아니라, 재현 불가능하고 불가역적인 것이고, 비선형적 현상이기도 하다.

10.3 미림이란? 삼림시업과 예술

물리학분야에서 카오스 연구의 접근으로부터 보면 '현대과학의 정수를 결집시킨 고층빌딩군보다도 자연인 삼림 쪽에 아름다움을 느끼는 것은 왜 그럴까'라고 고찰한 예가 있다. 그 경우 삼림 중에 있는 직선, 점 등의 질서와 난잡성, 변형 등 무질서한 조합을 통해 아름다움을 만들고 있는 것이 보고되고 있다.

이러한 것으로부터, 소위 「미림」에 대해 삼림시업적인 고찰을 하여 보자. 우선은 그 삼림 자체가 지닌 조건·요소이다. 임분밀도로 시작하여 임내조도, 임상의 색채, 임지의 지형, 사도(斜度), 수종, 지하고, 흉고직경, 정비상황(하예, 제벌, 간벌, 덩굴제거, 가지치기 등) 등의 항목을 하나하나 확인하여 가는 것은 그 삼림의 미를 구성하고 있는 각 요소를 확인하는 것이 된다. 또한 임령, 수령, 하층식생, 소리 환경, 임내 생물 등도 마찬가지이다. 그러한 각 요소가 하나의 미림을 구성, 성립시키는 것이며, 삼림시업은 그러한 각 요소에 강한 영향을 준다. 예를 들면 간벌이나 가지치기는 임간의 나무사이 빛을 변화시켜 임내에 있는 사람에게 시각적인 미를 정시하고, 또한 식생적으로는 하층식생의 번성을 촉구하며, 소동물의 서식장소에도 영향을 미친다. 즉 삼림가꾸기, 조림하는 것이 궁극적인 예술=art라고 할 수도 있을 것이다(사진 10.2).

또한, 임내에서 지각, 감각에도 다양한 것이 있다. 임간의 색채를 위시하여 체감온도, 임간의 전망, 바람 통함, 수피의 색채, 지하고, 울폐도, 조도, 임상의 감촉 등 다양한 체감이 있다. 그들 각 체감의 요소에도 시업은 영향을 미치는 것이 된다.

미림은 각 미적요소의 구성, 조합이며 삼림시업은 그것을 정리(arrange)하는 움직임을 가지고 있다.

【사진 10.2】 아름다운 삼림

나무사이로 햇빛이 비치고, 임상을 부드러운 식생이 덮는다(A). 그런 아름다운 삼림을 조성하는 자체가 예술이라고 할 수 있다(岐阜県의 편백림). 300년 이상의 세월을 거쳐 만들어진 삼나무 인공림(B). 입목은 장엄하고 아름다우며, 하층식생도 풍요롭다(奈良県 吉野). 임상에 안심하고 드러누울 수 있는 너도밤나무 2차림(C). 福島県 只見町의 사유림.

10.4 삼림풍치-보건휴양 및 삼림풍치를 향수할 수 있는 삼림의 종류

삼림의 미적 취급 가운데에서 「삼림풍치」라는 말이 있다. 「풍치」란 멋, 맛의 의미이고, 「풍치지구」라고 하면 자연의 미나 역사적 재산의 경관을 남길 목적으로 지정된 지구를 가리킨다.

그 삼림풍치에서는 「풍치보안림」이라는 삼림도 일본에는 존재한다. 보안림은 농림수산대신 혹은 도도부현지사가 지정하는 것이며, 풍치보안림은 일반적으로는 社寺, 명소, 유적 등 풍치를 더하기 위해 지정된 보안림을 지칭하고, 구체적으로는 교토(京都)의 아라시야마(嵐山) 등이 그 대표적인 예이다. 또한, 「보건보안림」은 공중위생에 이바지하는 삼림을 위시하여, 아름다운 삼림환경에 접촉함으로써 정신이 안정되는 것이 기대되는 혹은 야외 레크리에이션 장소로서 제공될 수 있다고 생각되어지는 환경을 지정하는 경우가 많다. 그러나 그 정의, 지정에는 큰 문제점, 모순점도 있다. 「아름다운 삼림환경」의 「아름다움」은 무엇을 가지고 그렇게 판단하는가라는, 근원적으로 철학적인 물음이 있기 때문이다.

삼림의 미는 그 다양한 요소에 의해 다층적, 중층적으로 구성되고 있다는 점은 전술한 바와 같다. 그렇지만, 그 미를 받아들이는 인간측도 또한 다양하다. 어느 삼림환경은 어느 사람에게는 미를 느끼게 할지도 모르지만, 다른 사람에게는 그다지 미를 느끼지 못할 삼림일지도 모른다. 이러한 점으로 보아 삼림, 인간 상호의 다양성에 의해, 그 기호의 조합은 팽대하며, 또한 개별의 기호, 감각의 차이가 크기 때문에 「아름다운 삼림」을 정의하거나, 만인 공통의 삼림환경 성립요소를 조건부로 하는 것은 불가능하다. 따라서 풍치적, 미적으로 우수한 삼림을 조성한다는 것은, 인간의 다양성에 따른 풍요로움을 지닌 다양성이 있는 삼림환경을 만들고, 보전한다는 것이다고 말할 수 있다.

그 외에도 다양한 명칭의 삼림이 정의되고 있고, 1968년에 제정된 자연휴양림제도에 의해 「자연휴양림」이라는 곳도 생겨났다. 이것은 국유림 내에서 삼림풍치가 뛰어난 장소를 국민에게 개방하고, 자연을 감상하면서 자연과 친숙하게 됨으로써 자연을 애호하는 정신을 고양하기 위해 역할을 하는 것이 목적인 삼림인 것이다. 일반관광지와 비교하여, 낮은 비용으로 레크리에이션 기타 휴양이 가능하다는 점이 중요하다 하여 탄생했다.

또한, 학술참고림, 천연기념물 등 보호림이나 자연환경보전구역내 삼림은 「자연보호림」, 현민의 숲, 시민의 숲, 소화(昭和)의 숲, 천년의 숲 등은 「삼림공원」으로서 구별되고 있다.

10.5 삼림미학

삼림이 지닌 미에 대해서는 「삼림미학(Forstäthetik)」이라는 말이 1885년경에 독일의 임학자 자릿쉬의 저서에 의해 발표되고, 그 후 일본에서도 북해도대학 교수인 니이지마(新島善直)와 그 문하생(후에 야마구치(山口)대학 교수) 무라야마(村山釀造) 두 사람에 의해 1918년에, 「삼림미학」이라는 책이 편집되고, 토쿄(東京)·成美堂에서 출판되었다.

자릿쉬가 제창한 삼림미학은 인공림, 시업림이 지닌 아름다움을 주된 대상으로 하고, 「시업림에서 경제적인 이익을 추구하는 것, 아름다운 삼림을 만드는 것은 기본적으로 조화된다」고 생각하고, 시업의 잘못은 삼림의 미적인 취급에 의해 막을 수 있다고 했다. 이러한 점으로부터 자릿쉬는 인공림의 육성을 하나의 예술로 보고 있다고 추찰된다. 동 시기의 독일 임학자 멜러는 그의 항속림사상(der Dauerwaldgedanke)에서, 「가장 아름다운 삼림이 가장 좋은 목재를, 가장 많이 생산한다.」라고 제창하고 있다.

자릿쉬 밑에서 배운 니이지마(新島)는 천연림이 지닌 풍경미도 포함하여 침엽수, 활엽수 수목이 지닌 미적 가치, 미적 취급수법, 작업종, 갱신이나 보육방법 등에 대해서도 연구하고, 「삼림미학」이란 「미학과 삼림의 풍경과의 관계, 삼림미와 수목의 미적 가치, 삼림미 조성의 기술적 수단이며, 삼림에 관한 일체의 미적 활동을 연구하는 것」이라고 발표하고 있다.

「삼림미학」의 연구, 실천은 삼림풍경계획, 삼림풍치계획, forest landscape, 생태계 서비스, eco-tourism 등으로도 계승되고, 「기능적으로 뛰어난 삼림은, 디자인적으로도 우수하다」고 약간의 배열을 바꾸어 표현한 것도 있다. 또한 일본에서는 이것들이 조림학, 삼림과학의 학회보다도 조원학, 조경학회에서 현재는 주로 취급되고 있는 것도 특징이다.

삼림환경이 지닌 보건휴양기능, 풍치효과 등은 현재 넓게 국민에게 기대, 요구되는 대상으로 뜨고 있다. 「삼림미학」이 출판되고 난 90년이 지난 오늘날, 새롭게 건강증진이나 복지·의료에서의 이용을 포함하여, 이 삼림미학분야는 다른 기회에 고찰되어야 할 것이다.

10.6 삼림과 예술의 과제

과학으로서 「미(美)」를 추구하는 경우, 우선은 보편적인 美의 정의와 美의 존재를 증명, 수치화하지 않으면 안 된다고 하는 생각이 있다. 그러나 美(beauty)는 본래 주관적인 요소이며, 과학적·수치적으로 취급하는 것은 불가능하다. 너도밤나무림의 미를 100, 편백림의 미를 90 등으로 보편적으로 수치화하는 것은 불가능하다.

그렇지만, 각지에 「풍광명미(風光明媚)」한 장소는 존재하며, 「美林」도 존재한다. 「훌륭하다」, 「아름답다」라고 수많은 사람들이 평가하는 삼림도 확실히 존재하는 것이다.

「예술」이란 타인에게 제시하는 것이다. 삼림을 예술로 치환하는 경우도 마찬가지이다. 보편화, 수치화는 곤란하더라도 「여기는 아름다운 삼림이 아닌가?」라고 제3자에게 제시할 수 있는 삼림이 인공림, 천연림을 묻지 않고, 또한 침엽수림, 활엽수림, 혼효림을 묻지 않고, 삼림미를 지니고 있다고 말할 수 있는 것은 아닐까.

10.7 삼림과 예술요법과의 융합 사례

10.7.1 삼림과 예술요법과의 관계

현재, 삼림과 예술의 연계는 새로운 방법으로 표현되고 있다. 예를 들면 삼림과 예술요법(art therapy)과의 결부이다. 그 워크숍이 2008년 3월에 동경농업대학에서 개최되었다.

세계에는 삼림과 예술분야를 결부시킴으로써 심신 치료나 돌봄을 실천하고 있는 국가들이 있지만, 이 워크숍에서는 영국에서 예술요법을 배우고, 영국의 병원이나 정신장애자 시설에서 근무경험이 있는 니시카와나오코(西川直子)씨를 강사로 하여 행해졌다.

니시카와(西川直子)씨는 영국의 다비대학 대학원 예술요법 석사과정에서 예술요법사(Master of Art, Art Therapist) 자격을 취득하고, 일본에 귀국한 후에는 정신병원이나 생활지원센터에서 예술요법을 실천하고 있는 분이다.

영국에서는 예술요법사(art therapist)가 1990년에 정식 국가인정자격으로 등록되었으며, 작업요법사나 이학요법사와 같이 의료진의 일원으로서 위치되어 건강보험에서도 예술요법은 적용되고 있다. 또한 영국에서는 병원 이외에서도 호스피스, 복지시설, 양호학교, 형무소 등 다양한 장소에서 예술요법이 채용되고 있다.

워크숍에서는, 오전 중은 예술요법의 개념을 위시하여 니시카와(西川)씨가 영국에서 실제로 추진했던 모습이나 사례에 대해서 학습하고, 오후는 동경농대 캠퍼스 내에서 참가자 전원이 각각 자기 작품 제작을 추진하였다.

10.7.2 예술요법이란

예술요법이란「창작으로 자기표현을 하고, 마음을 치료하는 심리요법」으로 정의된다. 그림이나 물건을 만듦으로써 자기 마음 가운데 있는 것을 마음과 몸 밖으로 끄집어내고, 그 작품을 만드는 과정에서 나타난 자기 자신을 마주보고, 마음의 문제나 번민의 근원이 되는 것에 마음을 집중함으로써 마음을 치유하고, 어떻게 살아갈 것인가를 배우는 요법인 것이다.

예술요법에서는 창작과정 중에 나타난 자기의 세계, 생각, 현상, 기분, 패턴 등에 유의하고 창작과정에서 신체운동에 의해 오관을 자극하고, 자기 잠재능력을 끌어내고 자발적으로 살리는 능력이나, 타자와 조화되는 능력을 육성해 가는 것도 목적으로 하고 있다.

또한, 예술요법에서는 창작한 작품의「고수·하수」가 아니라, 그 작품을 만드는 과정에서의 자기 사고, 행동, 생활패턴에 대한 깨달음(끈기가 없다, 결과만을 중시한다, 자기 본래의 기본이나 표현보다도 주위의 눈을 의식하는 등)이 중요한 요소이다.「나는 그림이 하수이니까」,「이러한 예술이라는 것은 나에게는 인연이 없는 세계이므로」라고 처음부터 거부하고 마는 사람들도 있지만, 물론 강제적으로 행할 필요는 없고, 고수·하수 등의 문제가 아니라, 자기 자신의 즐거움으로서 실행하는 것이 기본이다.

어떠한 사람이라도 예술적인 요소를 크거나 혹은 작게 가지고 있다. 인상 좋음을 위시하여 풍경, 음악, 원예, 식사, 말, 감촉 등 일상생활의 다양한 사상이 그 사람이 지닌 예술성에 의해 선호되고 있다.

10.7.3 예술요법에서 중요한 포인트

연수회에서는 우선은 니시카와(西川)씨에 의해 영국의 정신장애자 디케어센터에서 인접한 삼림공원의 환경을 이용하여 예술요법 세션을 실행하고 있었던 사례를 소개했는데 ①야외·

삼림환경에서는 상대방과의 거리를 자유롭게 유지할 수 있을 것, ②창조에 사용하는 사물이 풍부하게 존재할 것, ③야외로 나올 것, 숲을 산책하는 것은 기분이 좋고, 참가자의 동기 부여가 높아지는 것 등도 보고되었다.

예술요법에서 중요한 포인트로서는 전술한 바와 같이 「고수·하수」가 아니라, 또한 안이하게 「분석」을 하는 것도 아니며, 고객 자신의 깨달음이나, 자발적으로 생기는 능력, 자기를 둘러싼 자연·인간 환경과의 조화를 도모하는 것이라는 것도 재확인되고, 서로 단락적으로 비판·비평을 하는 것을 삼가는 매너, 에티켓도 지도되었다. 모든 제작과정은 그 사람에 의해 다양하며, 그 사람의 그 시점의 자세나 상황이 반영된다.

워크숍에서는 30분 정도의 시간 중에서, 참가자 각자가 자유롭게 농대 캠퍼스 내의 낙엽, 낙지, 초목 등을 사용하여 각각 제목이 붙은 작품을 창작하고, 창작 후 서로 작품을 공유했다. 공유 시간에서는 니시카와씨로부터 그 작품의 주제, 왜 거기에 만들었는가, 만든 감상, 앞으로 그 작품은 어떻게 될 것인가, 그것이 어떤 의미를 지니는가 등에 대해 각 참가자에게 물었지만, 그것이 어떤 의미를 지녔는가 등의 분석적인 비평은 되지 않았다. 물론 참가자 본인으로부터는 「이 작품을 만들어 보아, 자기의 이런 면을 알게 되었다」, 「만들어 가는 중에, 자기의 이러한 점을 알 수 있었다」라는 설명이 있었다(사진 10.3).

【사진 10.3】 숲속에서의 오브제(objet) 제작

동경·高尾 잡목림에서의 워크숍(2006년 2월)

필자도, 캠퍼스 내의 백합나무 뿌리가 도로의 아스팔트를 들어 올리고 있는 개소에 떨어진 나뭇가지를 놓고, 보이지 않는 근계(根系)를 표현한 「나는 살아 있다」라는 작품이나, 메타세쿼이아 뿌리의 세계에 착안한 「코로봇쿨의 신사」라는 작품, 또한 낙엽을 모아 인형을 걸거나, 봄소식을 기다리는 「그린 맨의 부활」 등 3개의 작품을 만들었다(사진 10.4, 5).

【사진 10.4】 동경농업대학 캠퍼스에서의 워크숍

떨어진 낙엽과 가지. 덩굴식물 등으로 오브제를 제작하고, 작품 중에 작자의 개성이나 생각을 담았다.

【사진 10.5】 필자의 작품

작품1 「나는 살아 있다」(A). 백합나무(私) 땅속 근계의 무언의 메시지를 떨어진 가지로 표현했다.
작품2 미시적인 관점의 작품(B). 작품3 「그린 맨의 부활」(C). 재료는 낙엽과 돌.

이런 작품들을 만들면서 자기 자신이 「소리 없는 소리를 지닌 살아있는 생물들」의 대변자가 되고 싶은 것, 환경 내에 보여지는 「조화 공간」에 관심이 있고, 자연의 작용을 긍정적으로 생각하고 있을 것, 또한 기본적으로 마이페이스로 「창조」를 해나가고 싶다고 생각하고 있는 것 등에 대해 깨달았다. 기대 이상으로 자기의 내면성도 재인식하는 것이 가능했다.

이러한 삼림과 예술의 융합도 삼림요법의 카테고리의 하나라고 할 수 있다.

10.8 수목과 예술

수목도 또한 동서고금의 예술, 아트의 재료이며 소재가 되어 왔다.

2016년 여름에는 도쿄(東京)·우에노(上野)의 숲에 있는 동경도 미술관에서 「나무들과의 대화」라는 전람회가 열렸다(사진 10.6).

【사진 10.6】 「나무들과의 대화 전」 東京都 美術館(2016년 8월)

전람회장에는 녹나무나 삼나무를 위시하여 다양한 수목, 목재를 사용한 작품이 전시되었지만, 미술관에서는 사진촬영이 가능한 공간도 많은 전람회였다(사진 10.7). 손으로 가공할 수 있으며, 다양한 나뭇결의 표정을 지닌 목재는 예술의 최고 소재중 하나라는 것이 재확인 되었다.

【사진 10.7】 「나무들과의 대화 전」 작품

녹나무를 재료로 사용한, 츠치야 요시마사(土屋仁応)씨의 작품(A). 벚나무 가지를 사용한 타쿠보쿄지(田窪恭治)씨의 작품(B). 쿠니야스(國安孝昌)씨의 작품(C)

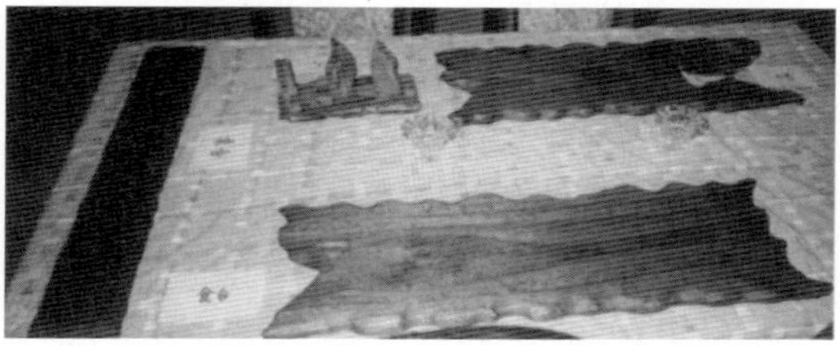

【사진 **10.8**】 목재 조각으로 필자가 제작한 목공품

【사진 **10.9**】 닥나무의 삽목(A), 닥나무를 원재료로 만든 內山한지에 필자가 그린 추상화(B)

그러한 수목, 목재를 이용한 예술, 아트의 창조는 아티스트만이 아니라, 우리 시민들에게 있어서도 친근한 것이다. 사진 10.8은 주변에 있는 삼나무, 편백, 활엽수 단재로부터 필자 제작한 목공품이다. 또한 사진 10.9는 뽕나무과 수목인 닥나무섬유로부터 만든 나가노(長野)현 북부의 전통산업품인 우치야마(內山)화지에 필자가 그린 추상화이다. 이런 작품들도 초심자의 작품이지만 수목, 목재, 섬유가 있는 소재 그것에 개성이 있기 때문에 작품으로서 성립하는 것이 가능하다. 수목, 목재는 인류의 기원으로 보아도 또한 앞으로의 시대에서도 예술의 테마와 재료로 계속될 것이다.

(上原 巖)

과제

(1) 삼림미와 삼림시업에는 어떤 관련성이 있는가? 삼림미와 결부된 시업에는 어떤 수법, 어프로치가 있는가?

(2) 삼림, 수목에는 예술에 있어 어떠한 소재를 가지고 있는가를 열거하시오.

제11장

삼림 어메니티의 계측과 평가척도

삼림욕, 삼림요법, 삼림테라피(삼림치유)의 현장에서는 삼림환경에 유래되는 어메니티, 회복효과, 릴렉스 효과 등을 어떻게 계측하고 있는 것일까? 또한 이러한 효과를 초래한 삼림의 물리적인 환경요소에 대해서는 어떻게 측정하고 있는 것일까? 이 장에서는 기존의 조원학, 경관공학, 삼림과학 및 심리학, 의학, 생리학 분야에서 개발되고 삼림 어메니티학 분야에 여러 차례 도입된 계측, 평가척도(①물리환경의 계측, ②삼림환경의 계측, ③어메니티 효과의 계측)에 대해서 배우고, 삼림 어메니티학에 대한 이해를 보다 깊게 하고자 한다.

11.1 삼림 어메니티 계측이란

지금까지 다른 장에서 논해 왔던 것처럼, 삼림환경은 방문한 우리들에게 다양한 어메니티를 제공해 주고 있다. 그러면, 도대체 어떠한 삼림환경이 보다 높은 어메니티를 가져오는 것일까? 또한 삼림을 어떻게 만들어야 높은 어메니티를 얻을 수 있는 것일까? 만약, 어메니티에 관련되는 삼림환경의 특성을 계측, 측정이 가능하다면 상기 문제에 대한 합리적인 회답을 얻을 수 있을지도 모르겠다. 그렇게 하기 위해서는 우선, 삼림환경을 구성하고 있는 대표적인 환경요인을 추출하고 그 상태를 계측한 후, 삼림환경에 대해 우리들이 따르고 몸과 마음으로 평가를 측정하는 것이 필요하다. 그 위에 계측한 환경요인과 측정한 우리들의 평가와의 대응을 수치 관계로 변환하여 검토함으로서 물심양면의 관계에 대하여 보다 깊은 이해에 이르게 되는 것이다.

또한, 한편으로 심리적 평가가 높은 삼림환경은 우리의 심신에 어느 정도의 어메니티를 초래하는 것일까? 더욱이, 그 어메니티 효과에 있어서 낮은 평가의 삼림환경과 비교할 경우, 어느 정도의 차가 있는 것일까? 이러한 의문을 살펴보기 위해서는 임의 척도를 사용하여 어메니티의 효과를 측정하는 것이 필요하게 된다. 자기심신의 상태에 대해 비교가 가능하다면 체험한 사람 각각이 삼림환경으로부터 받은 어메니티의 효과를 구체적으로 인식하는 것이 가능할 것이다.

이 장에서는 삼림어메니티의 이해를 보다 깊게 하기 위해 조원, 건축, 삼림과학, 조경공학, 환경심리학, 임상심리학, 의학, 생리학 등의 분야에서 사용되고 있는 다양한 측정방법을 응용해 가면서 ①삼림환경의 대표적인 계측척도와 그 계측수법, ②삼림환경의 평가척도, ③어메니티 효과의 측정수법의 순으로 삼림어메니티의 계측과 평가를 살펴보기 위한 방법론에 대해 구체적으로 소개한다.

11.2 환경계측을 위한 척도

삼림어메니티의 효과는 인간이 삼림환경에 머무르며 오감을 통해 수목이나 화초, 새나 곤충의 접촉 등, 삼림의 모든 환경요인을 느끼는 것에 의해 초래되는 것이다. 따라서, 그 효과가 보장될 수 있는 삼림 내의 환경상태를 아는 것은 매우 중요하다. 여기에서는 오감으로 작용한다고 하는 측면에서 삼림 환경의 대표적이고 계측 가능한 환경 요인의 계측 척도에 대해 소개한다(표 11.1).

【표 11.1】 삼림 내의 환경계측을 위해 사용가능한 척도

시각	시각 환경	본수밀도, 흉고단면적 합계, 하층식생 높이
	빛(光) 환경	절대조도, 상대습도, 1/f 흔들림(나무잎 사이로 새는 햇빛 등)
촉각 (피부감각을 포함)	온열 환경	기온, 상대습도, 풍속, 복사열, PMV(온냉감지수), PPD(예측불불만족 지수), WBGT(열사지수)
	답압 환경	토양반발계수, 토양경도
청각	소리(音) 환경	음압, 음질, 음의종류, 1/f 흔들림(시냇물 흐름소리 등)
후각	냄새(嗅氣)환경	피톤치드, 음이온
미각	–	

11.2.1 시각 환경

(1) 수목의 종류·입목밀도·흉고단면적 합계 등

삼림 환경에서 주요 시각적인 정보가 무엇인가 라고 생각했을 경우, 그 주제는 삼림 내 입목인 수목이라는 점은 논의의 대상이 아닐 것이다. 따라서 삼림 내의 수목에 관한 정보, 즉 수목의 종류와 입목밀도(단위면적당 본수밀도), 흉고단면적합계(단위면적당 수목의 가슴높이(지상에서 높이 1.2 m)에서 잘랐을 때 수간 단면적의 합계)는 삼림에 있어서 대표적인 시각정보라 할 수 있다. 임업적 관점에서도 중요한 정보이기 때문에 지금까지도 다양한 실측방법 등이 고안·실시되고 있다. 한편, 삼림 어메니티에 관련된 척도를 간단하고 확실히 계측하는 방법을 착안한다면 디지털카메라(COOLPIX 4500), Nikon)와 어안렌즈(FC-E8, Nikon)를 조합하여 삼림 내에서 전체 하늘 공간 사진(全天空寫眞, (사진 11.1)을 촬영하고, 그 후 전용 소프트웨어(예를 들면, "円空" 등)를 사용해 비교적 용이하게 입목본수나 흉고단면적 합계 등을 산출하는 것도 가능하다(高山(2009a)).

【사진 11.1】 침엽수림 내의 전체하늘 공간 사진(全天空寫眞)

수평(대각(對角)이 아님) 180°의 어안렌즈를 사용하면 이러한 삼림환경의 영상이 가능하다. 이것을 분석대상으로 상대조도, 개공율(開空率, Gap Light Analyzer), 본수, 흉고단면적합계(円空)를 구할 수 있다.

(2) 빛 환경(절대조도·상대조도·1/f 흔들림)

삼림 내에 있어서 햇볕과 수목의 가지나 잎의 흔들림, 수목 사이로 내리는 햇빛 등으로 대표되는 좋은 빛 환경이 어메니티를 높이는 요인이라고 생각된다. 그 점에서 조도(절대조도, 상대조도)는 삼림 내의 빛 환경을 조사할 수 있는 대표적인 척도이다. 그러면 실제 삼림 내의 조도는 어떤 상태로 있는 것일까? 필자 등이 2005년도에 10개소의 삼림 산책코스에서 조도계(T-10A, Konica Minolta)를 사용하여 실시한 조사에 의하면, 삼림 산책코스 상의 절대조도(lux)의 평균치는 약 0.81×10 lux 이었던 것에 비하여, 동 시각에 조사한 도시 산책코스 상의 값은 4.45×10 lux이였다(高山(2007)). 단순하게 생각하면, 삼림 내의 절대조도의 값은 도시부의 1/5정도이며, 조도의 분산도 삼림 내 쪽이 더 작다. 이것으로부터 삼림 내는 도시지역보다 상대적으로 불쾌한 채광이 발생하기 어려우며, 눈에 아름다운 빛 환경이라고 할 수 있다(사진 11.2). 또한 상대조도(일반적으로 나지와 임내의 절대조도를 계측하여 임내의 조도를

【사진 11.2】 수목사이로 햇볕이 내린 삼림 산책로 코스

적정하게 관리된 삼림에는 수목사이로 많은 햇볕이 내린다. 밝고 전망이 좋은 삼림 환경은 이용자의 불안감을 감소함과 동시에 삼림환경 그 자체가 어메니티를 높여 주는 효과가 있다(高山 외(2009a))

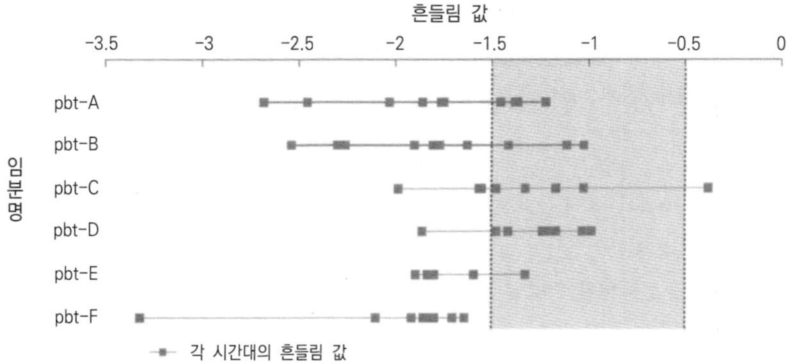

【그림 11.1】 침엽수림 내의 수목사이로 햇볕이 내린 흔들림(藤澤 외(2008)를 수정)

흔들림의 수치가 -0.5~-1.5의 범위(그림 가운데 음영부분)에 있는 경우, 소위 「1/f 흔들림」이 존재하고 있다고 보여진다. 이처럼 침엽수림(pbt-A~F)에는 시간대에 따라 수목사이로 햇볕이 내린 1/f 흔들림의 성질이 있다는 것이 보고되고 있다.

나지의 값을 제외하면 얻을 수 있다; %)에 대해서는 이미 소개한 전체하늘 공간 사진(全天空寫眞)을 사용하여 특정 소프트웨어(Gap Light Analyzer 등)를 활용·해석할 수 있다(高山(2009a)). 또한 조도의 성질에 대해서 후지사와(藤澤) 외(2008)가 밀도가 높은 빈도에서 자동계측이 가능한 데이터 로거와 조도계(Do 9721 및 Lap-Phot 01, Delta-OHM)를 사용해 계측하고 FFT해석(Flexpro 6.0, Weisang) 분석을 실시한 결과, 삼림환경의 나뭇잎 사이로 내리는 햇빛에는 1/f흔들림의 성질이 있고, 그것이 체재자의 어메니티를 높이고 있을 가능성이 있음을 보고하고 있다(그림 11.1).

11.2.2 온열 환경

온열환경에 대해서는 복수의 요인이 얽혀있고, 만약 주요 요인을 사용하여 종합적인 평가가 가능하다면 이해하기 쉽다. 거기서 기온(℃)이나 (상대)습도(%)라고 하는 개별적으로 측정이 가능한 척도만이 아니라, PMV(predicted mean vote. 예측냉온감 신고)나 PPD(predicted percentage of dissatisfies, 예측불만족률)와 같은 종합적인 척도가 사용되는 경우가 있다. 여기에서 PMV란 기온, 습도, 복사열(℃), 풍속(m/s) 데이터에 분석자가 상정하는 착의량(입은 옷의 량, clo)이나 운동량(met)를 더해 산출한다. 즉, 냉온감에 관한 척도이다. 또한, PMV로부터 PPD를 산출하는 것도 가능하다.

다카야마(高山) 등(2007)이 어메니티 메타(AM-101, 京都전자공업)를 사용하여 하계에 10개소의 삼림산책코스에서 행한 조사에 의하면, 삼림산책코스에서 PMV의 평균치는 0.23으로 도시산책코스의 평균치 1.31보다도 낮고, 상대적으로 삼림 내는 서늘하다는 것이 보고되었다(PMV에서는 -3~+3의 범위에서 수치가 주어지고, 「0」이 가까울수록 덥지도 춥지도 않은 온냉감이라는 것을 의미한다). 또한, PPD에 대해서는, 삼림산책코스의 평균치는 18.2%인 것에 비해, 도시산책코스에서는 43.6%이며, (불만족률의 비교가 되므로) 삼림 내 쪽이 상대적으로 온열환경으로서 쾌적하다는 점이 보고되고 있다.

11.2.3 소리 환경

소리(音) 환경에 대해서는 환경 내의 음의 크기인 음압(db)을 조사하는 방법과, 실제로 들리고 있던 음의 내용인 음질을 조사하는 방법이 있다. 음압에 대해서는 계속기록 가능한 소음계(TM-103)를 사용하여 와카야마(和歌山)현 다카노(高野)町, 가나가와(神奈川)현 아츠기(厚木)市, 나가노(長野)현 오타니(小谷)村의 삼림산책 코스와 3개소의 근린 도시산책코스의 음압을 비교한 보고 등이 있다. 그것에 의하면, 하계일 중의 삼림산책코스에서 음압의 평균치는

44.7db이었던 것에 비해, 도시산책 코스에서는 64.3db이었다는 점이 보고되었다. 이것은 상대적으로, 삼림 내 쪽이 조용하며 안정된 음환경이었다는 것을 의미하고 있다(사진 11.3).

한편, 음질에 대해서는 현지에서 직접 혹은 보이스레코더 등 녹음기로 녹음한 환경음의 종류를 청취하고, 시판하는 소프트웨어로 주파수를 해석하는 것으로 그 환경음의 질을 파악하고자 하는 시도 등이 행해지고 있다.

【사진 11.3】 삼림 내에서 들리는 환경소리(音)로서의 작은 개울

삼림환경의 내부는 도시환경과 비교하여 음압 레벨이 작고 조용하며 쾌적한 환경이다. 야조나 곤충이 우는 소리나 작은 개울의 물소리 등 자연음이 우리들의 심신에 편안함을 가져다준다.

11.2.4 피톤치드

삼림 어메니티의 효과를 가져 오는 요인으로 자주 거론되고 있는 것은 주로 수목의 지엽에서 대기 중으로 방출되는 휘발성물질(피톤치드)이다.

피톤치드란, 미생물의 활동을 억제하는 작용을 하는 수목 등이 발산하는 화학물질로 삼림의 향기 성분이며, 건강뿐만 아니라 치유나 안락감을 주는 효과가 있다고 일컬어지고 있다. 이 피톤치드의 성분은 편백·소나무 등의 침엽수와 너도밤나무나 졸참나무 등의 활엽수는 상당히 성격이 다르다는 점이 알려져 있다. 오오히라(大平) 등(2007)의 조사에 의하면 침엽수에서는 α-피넨이라고 불리우는 물질이 많이 검출되는 것에 비하여, 활엽수에서는 이소프렌이라고 불리우는 물질이 많이 방출되고 있는 것 같다. 또한, 방출량이 많은 것은 봄~하계에 걸쳐서이며, 날이 새면서부터 정오에 걸쳐 공기 중의 농도가 상승한다고 알려져 있다. 계측방법은 옥외에서 사용가능한 펌프(MP-Σ30, 紫田과학) 및 포집관(PEJ-02, Supelco)을 삼림환경 내에 수시간 부터 수일간 설치하고, 포집관에 삼림의 대기 성분을 충분하게 흡착시킨 후에 가스크로마토피를 사용하여 성분을 해석한다(사진 11.4).

【사진 11.4】 삼림환경에 설치된 펌프와 포집관

전지식 펌프를 삼림 내에 설치하여 삼림 내의 공기 성분을 포집관에 흡착시킨다. 삼림 내의 어디에 설치할 것인가에 따라 흡착하는 물질도 다르므로, 설치할 때는 대표적인 삼림환경을 신중하게 선택할 필요가 있다.

11.2.5 공기 이온

항구에서는 삼림환경에 마이너스(네가티브) 이온 등 공기이온류가 풍부하다고 일컬어지고 있다(菅原(2003)). 정말로 그런 것일까. 기본적인 정보조차도 정비되어 있지 않은 상황이라는 점은 불안하지만, 마이너스 이온이나 플러스(포지티브) 이온의 생태에 대한 영향에 대해서는 금후 의학, 생리학적인 해명이 기다려지고 있다. 삼림환경에서 많지 않은 계측 사례로서 공기이온계측기(ITC-201A, 안데스전기)를 사용하여, 하계에 10개소의 삼림산책코스에서 행한 계측결과를 소개하면, 삼림환경 내에서는 마이너스 이온(동 계측기는 플러스이온에 대해서도 계측 가능)의 수가 약 1,570개/cc(평균치)였던 것에 비해 도시부에서는 약 870개/cc(평균치)가 되고 전체로서는 배에 가까운 차이가 있다는 점이 보고되고 있다(高山 외(2007)). 정확한 이유에 대해서는 불명확하지만, 상대적으로 삼림은 습도가 높으며, 이온화 가능한 물질(H_2O)이 많은 것, 마이너스 이온에 대해서도 삼림에서 계측된다는 것일 것이다(사진 11.5).

【사진 11.5】 삼림환경 내에서 공기 이온 추정 모습

데이터로거가 내장되어 있고, 일정한 시간이 지나면 삼림환경 내의 마이너스(네가티브) 이온이나 플러스(포지티브)이온의 측정이 가능하다. 이와 같은 폭포 등에서 측정하면, 20만~40만개/cc 정도의 마이너스 이온이 관측되는 경우도 있다.

11.3 환경평가 척도

삼림 내의 대표적인 환경 요인의 계측과 함께 삼림 어메니티에 대해 구체적으로 파악하기 위해서 필요한 것은 우리가 그 삼림을 어떻게 평가하고 있는지에 관한 정보일 것이다. 따라서 이 부분에서는 우리의 심신을 통해 삼림환경을 객관적으로 평가하는 척도에 대해 소개하고자 한다.

11.3.1 심리평가

심리현상의 파악에 대해 엄밀히 말하자면 우리들이 대상을 단순히 어떻게 파악(인지)했는가 하는 수준과, 대상에 대해 어떤 가치판단(평가)을 했는가 하는 수준으로 나눌 수 있다. 그러나 구체적인 부분은 심리학의 도서(服部 외 (2015))에서 살펴보기 바라며, 이 장에서는 특별히 구분하지 않고 양자를 단지 "심리평가"로서 기재한다. 사실은 심리평가에 관한 조사연구로서 국내에서는 1970년대 중반부터 오늘에 이르기까지 상당한 수가 행해졌고 자연이나 삼림을 평가 대상으로서 그 이미지와 평가구조, 평가 그 자체를 조사한 연구는 많이 축적되어 있다. 그 이유는 조사표가 비교적 작성하기 쉽고 얻기 쉽다고 생각되는(물론, 사실은 다르다)것, 조사표의 이동이 비교적 용이하고 삼림 내 등의 현장에도 반입하기 쉽다는 것, 결과가 언어 정보로서 얻어지기 때문에 해석하기가 쉽고 관리나 계획에 반영하기 쉬운 것 등을 들 수 있다. 표 11.2에 나타내는 것처럼 지금까지 많은 조사법이 존재하지만 여기에서는 삼림 어메니티의 파악에 도움이 될 것 같은 대표적인 척도를 다루어 자세하게 소개하고자 한다.

【표 11.2】 삼림 내 환경평가를 위해 사용된 척도

심리척도	삼림환경의 이미지·평가구조를 조사	SD법·PRS·주의회복척도·다지선택법·자유기술법·묘화법·평가그릿법·GTA(grounded theory approach)
	삼림환경평가·판단을 조사	일대비교법·품등법·AHP(analytic hierarchy process)법·다단계평가법·평가척도법·매그니츄드추정법·SBE(scenic beauty estimation)법·Q소트법·델파이법
생리척도	주시점 행동을 조사	아이마크 레코더

주) 奧, 田中(1999)을 참고로 작성.

(1) SD법

SD법(semantic differential method)이란 삼림환경의 인상을 평가하기 위해 가장 많이 사용되는 척도 중 하나이다. 오스굿(Osgood, C. E)에 의해 개발되어 인상·이미지 등의 측정에 적합한 수법(반대의 의미를 가진 형용사(또는 형용동사 대)를 대치시킨다)이다(岩下(이와시타)(1983)). 색채 등의 심리효과나 상품의 이미지 조사 등에 널리 사용되며 건축도시 공학 분야에서도 공간 체험의 결과로서 생기는 심리반응을 파악하는 수법으로 응용되고 있다. 삼림 어메니티에 관련되는 분야에서도 1990년대 초반부터 이용되고 있으며 근래에는 지금까지 시각중심이었던 평가 척도의 항목에 추가되어 다른 오감에 관련된 항목이 선택되고 있다(예를 들면, 大石 외(1994, 2003), 白藤 외(2002), 總谷 외(2008)). 각 평가 척도의 측정에 이용되는 스케일은 -2, -1, 1, 2 또는 1~5의 5단계(5건법이라고 한다), 혹은 -3, -2, -1, 0, 1. 2, 3 또는 1~7의 7단계(동 7건법)로 작성되는 경우가 많다(그림 11.2). 삼림환경 전반의 인상을 파악하는데 뛰어난 방법이라고 말할 수 있다. 또 무엇을 조사하고 싶은지에 따라 자유로이 평가척도의 내용을 바꿀 수 있기 때문에 적용의 범위도 넓다. 반면, 대상에 대한 이미지의 파악은 할 수 있지만, 그 결과를 어떻게 삼림환경의 정비나 관리로 연결하면 좋은지 등에 관한 정보는 얻기가 어렵다는 측면도 있다.

	(-2) 대단히	(-1) 약간	(0) 어느쪽도 아님	(1) 약간	(2) 대단히	
아름답다	+	+	+	+	+	보기좋지않음
어둡다	+	+	+	+	+	밝은
만족한	+	+	+	+	+	불만족한
쾌적한	+	+	+	+	+	불쾌한
개방적인	+	+	+	+	+	폐쇄적인
부자연스러움	+	+	+	+	+	자연스러움
불결한	+	+	+	+	+	청결한
따뜻한	+	+	+	+	+	시원하다
느긋함	+	+	+	+	+	궁핍한
활기가 있는	+	+	+	+	+	침체된
조용한	+	+	+	+	+	시끄러운
차가운	+	+	+	+	+	친근감

【그림 11.2】 SD법의 조사표 예시

SD법에서는 조사자가 조사대상별로 자유롭게 형용사 대의 종류나 조합을 변경할 수 있다. 조사 결과에 대해 복수의 형용사 대의 배후에 있는 공통요소를 찾아내고, 유사한 변수를 종합하여 데이터를 취급하기 쉽게 하는 것을 목적으로 하여, 다변량해석의 하나인 인자분석 등을 한다.

(2) PRS

PRS(perceived restorativeness scale)란 임의의 환경에 부대하는 회복특성(우리의 심신 상태를 정상 상태로 회복해 주는 성질)의 유무나 그 성격에 대해 조사할 수 있는 척도로서, 삼림 어메니티의 조사에서도 최근 자주 이용되고 있다. 원래는 미국 미시간주립대학의 환경심리학자인 카플란 등(Kapian and Kaplan1989)이 고안한 주의회복이론(attention restoration theory)이라는 이론적 틀에 근거하고 있다. 주의회복이론이란, 환경이 회복적인가 아닌가라는 것은 「도피(being away)」, 「매료(fascination)」, 「확대(extent)」, 「적합성(compatibility)」이 관련되어 있다는 이론이다. 「도피」는 일상의 일로부터 동떨어져 리프레쉬를 느껴지는 정도의 것, 「매료」는 사람들의 마음을 빼앗고 흥미를 이끌어낼 수 있는 환경의 특징이 어느 정도 포함되어 있는지, 「확대」는 그 환경 자체의 트임이나 환경에 포함되는 요소의 풍부함에 관한 것, 「적합성」은 환경을 이용하는 사람의 목적이나 행동에 그 환경이 어느 정도 적합한가를 의미하고 있다.

또한, 카프란 등은 삼림 등의 자연환경에는 상기의 4가지 요소가 보다 많이 포함되어 있음을 지적하고 있으며, 회복환경으로서 삼림환경의 기능에 대한 기대는 크다. 또한 자연환경의 회복적 특성을 조사하는 것을 목적으로서 지금까지 다양한 조사표가 작성되었고, 많은 조사에서 사용되고 있다. 이미 스웨덴의 하팅 외(Hartiget ef. (1997))가 작성한 PRS는 국내외 환경심리학 분야에서 이미 많이 사용되고 있으며, 시바타 외(芝田(2007))에 의해 일본어판(PRS 일본어판)이 개발, 일반 공개되어 국내에서도 무료로 사용가능하다(그림 11.3). PRS는 통일적인 이론적 배경(주의 회복이론)에 근거해 설계된 조사표이기 때문에 해외나 과거의 연구와 비교하기 쉽다는 점이 우수하다. 한편, 환경이 가지는 회복 특성을 측정하는 것 밖에 할 수 없기 때문에 SD법 등에 비하면 적용 범위가 좁다는 성격도 있다. 일본에서도 오자키·후지타(尾崎·藤田 2008)가 PRS와는 별개로 주의회복이론에 기초한 독자적인 척도(일본어판 주의회복척도)의 개발을 시도하고 있으며 일본에서도 확대되고 있다.

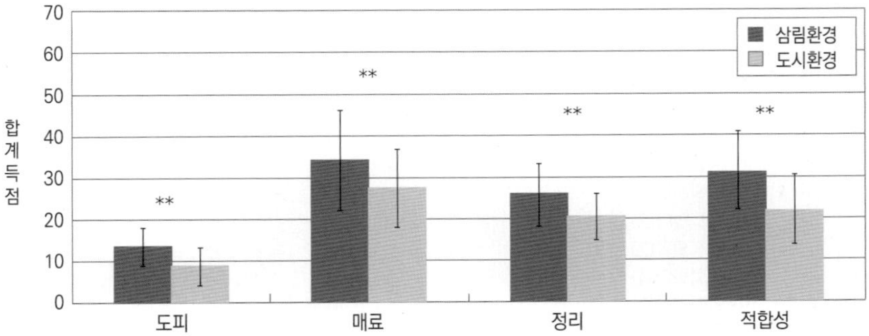

【그림 11.3】 삼림환경과 도시환경의 PRS 각 지표의 비교(高山(2012b)을 개편)

삼림환경이 도피, 매료, 취합, 적합성 모든 항목이 도시환경보다 높다. 이것은 삼림환경이 회복환경으로서 잠재력이 높다고 평가되고 있다는 것을 의미하고 있다. 또한 이 그림에서 주의회복이론에서 사용되고 있는 확산(extent)이 PRS에서는 취합(coherence)으로 치환된 결과를 나타냈지만, 시바타(芝田) 등(2007)의 일본어 판에서는 확산은 정리와 여유(scope)의 두 가지로 바뀌어져 있다.

(3) 평가 그리드법

평가 그리드법(레퍼토리 그리드 발전기법이라고도 불린다)은 인지심리학에서 파생된 레퍼토리 그리드법이라 불리는 기법을 더욱 개량하고 환경과 공간에 대한 평가구조를 효율적으로 추출하기 위해 고안된 척도이다(讃井·乾(1986)).

평가 그리드법에서는 단순히 요소(element, 예를 들어, 눈앞에 여러 타입의 삼림환경이 있다는 것을 상상해 주었으면 한다) 상호 유사점과 차이점에 초점을 맞추고 있을 뿐만 아니라, 요소 간의 우열을 판단함에 따라 평가에 관여하는 항목(주요소)만을 선택적으로 언어화하여 추출하는 수법이다. 또한 주요소를 추출한 후, 왜 그것을 선택했었는지에 대해서 피험자에게 추가적으로 인터뷰함으로써 상위(감각적 요인)·하위(물리적 요인)의 부차적인 평가항목을 추출할 수 있다. 이것을 래더링(왜, 그 주요소가 도입되었는지를 재차 물어봄으로서 감각적 요인 또는 물리적 요인을 추출하는 방법)이라고 한다. 최종적으로 감각적 요인－주요소－물리적 요인의 네트워크도(그림 11.4)를 작성하고, 거기서부터 평가항목 상호의 관련을 밝히는 것이 가능하다(高山(2002)). 따라서 장점으로서는 보다 상세한 대상(예를 들면 삼림환경)의 분석이 가능하게 되는 점이다. 한편으로는 분류 조사와 인터뷰 조사를 동시에 실시하기 때문에 1인당 조사 시간이 방대하게 된다고 하는 약점도 있다.

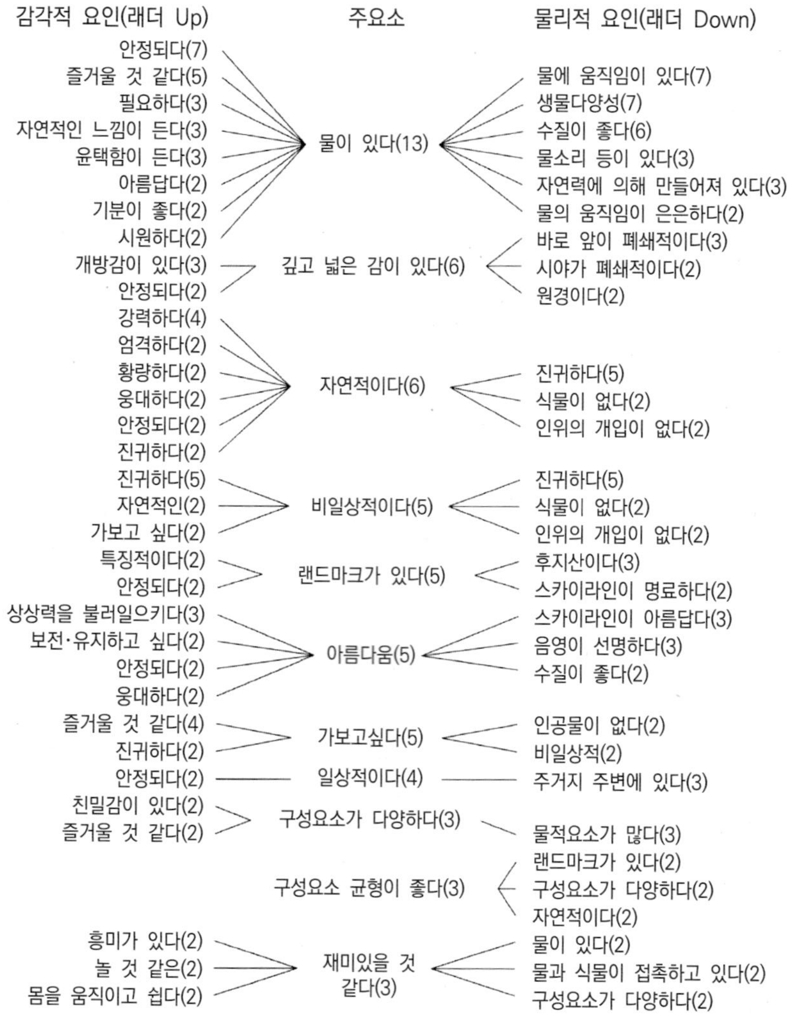

【그림 11.4】 평가 그리드법에 의한 네트워크 해석 사례(高山(2002)를 수정)

조사대상별로 네트워크도를 작성하여 비교하는 것으로, 보다 중층적으로 각각의 환경특성 비교가 가능하게 된다. 한편, 인터뷰 조사는 조사자의 경험이나 기량에 의해 얻어지는 내용의 질이나 량에 큰 차이가 생기기 때문에 조사 전에 일정한 훈련이 필요하다.

(4) LIST

또한, 묘화(描畫)로부터 삼림 환경이나 삼림 어메니티에 대한 이미지나 평가구조를 조사하는 척도도 있다. 여기에서는 LIST(landscape image sketching technique, 풍경 이미지 스케치 수법)를 소개하고 싶다. LIST에서는 우선 응답자가 머리에 마음에 그린(임의) 풍경 이미지를 상징적인 위치 장면의 묘화로 그려낸다. 그리고 그 묘화로부터 풍경 이미지의 공간적 구조와 의미적 구조를 읽어내는 수법이다(그림 11.5). 묘화하도록 함으로서 응답자에게 의식된 삼림 환경의 요인이나 특징뿐 만이 아니라, 각자의 풍경 이미지를 구성하는 요인, 그 종류나 형태, 크기에 나타나는 화면의 거리나 방향 등으로부터 무의식하의 삼림 환경의 정보에 대해서도 파악이 가능하다. 또한 한층 더 묘화상의 구도에 나타나는 시점의 위치에 따라서, 풍경 이미지에 투영된 묘화자(描畫者)와 환경과의 심리적인 관계성을 읽어내는 것이 가능하게 된다(上田·高山(2011)). 질적인 분석뿐 만 아니라 풍경을 구성하는 요소를 추출해 출현빈도나 비율을 산출해 수치화할 수 있다. 따라서 다른 대상(예를 들면, 장소를 바꾼 삼림 환경의 이미지 등)이나 응답자 간의 객관적인 비교가 가능해진다.

【그림 11.5】 어메니티가 높은 삼림의 이미지 描畫 예

이와 같이 묘화로 나타냄으로써 그린 내용이나 구도로부터 본인이 의식하고 있는 삼림 어메니티에 대한 정보만이 아니라 무의식 하의 정보에 대해서도 분석대상으로 할 수 있다.

11.3.2 생리평가

심리평가에서 얻은 정보와 비교하여 생리적(신체적)인 정보는 과학적인 증거로서의 가치가 높다고 생각할 수 있다. 이것은 인간의 주관이 들어가지 않아 의도적인 조작이 곤란하다는 점과 관련되어 있다. 사실, 삼림 어메니티에 관련되는 분야에서 삼림 환경의 상태를 생리적으로 평가하는 척도는 지금까지 그다지 사용되지 않았다. 그 이유는 우선, 삼림환경의 우열이나 아름다움과 추함(美醜)이라고 하는 어메니티 측정에 필요한 문제를 생리적인 정보로서 추출하기 어려웠던 점, 무릇 기자재는 대형으로, 또한 전원을 필요로 하기 때문에 오늘과 같은 기자재나 전원의 모바일화가 진행되기 이전에는 현장에서의 사용이 어려웠던 점, 비록 생리적인 정보를 얻을 수 있었다고 해도 삼림 내의 어떠한 환경 요인이 그러한 결과를 초래하였는지 생리적인 정보로부터 직접 해석하는 것이 어려웠던 점 등을 들 수 있다.

(1) 아이마크 레코더

몇 안 되는 평가 방법의 예로서 여기에서는 아이마크 레코더에 대해 소개한다. 아이마크 레코더는 주로 시각적인 측면을 조사하는 기법으로 우리들이 어디를 보고 있는지를 가시화·측정 가능한 시선측정시스템이다(사진 11.6). 이러한 시각 측정은 심리, 의학, 인간공학, 산업의 각 분야에서 넓게 활용되고 있지만, 일반적으로는 조사자가 촬영한 동영상이나 정지화면을 이용해 실험실내에서 행해지는 것이 많다(필자는 실제 삼림 내에서 아이마크 레코더를

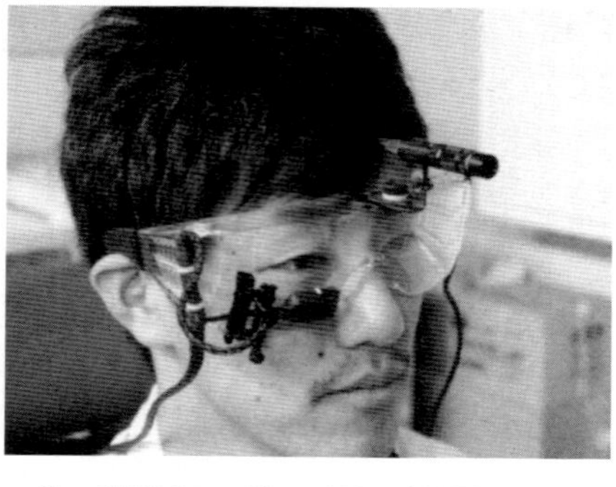

【사진 11.6】 아이마크 레코더를 사용한 안구운동의 기록

주로 주시점(어디를 보고 있는가)을 조사하기 위해 사용된다. 이전에는 슬라이드 사진(scene 경관)을 사용한 조사가 많았지만, 지금은 動畫(sequence 경관)를 사용한 것이 많다. 작은 수의 생리적인 환경평가 척도로서 이용가치는 높다.

사용한 조사는 없다). 삼림 어메니티의 평가에 대해서도 전원 등의 확보 문제도 있어 옥외에서 행해진 연구는 거의 볼 수 없고, 실내에서의 실시에 머무르는 것 같다. 조사 목적으로서 현실의 풍경 사진 등을 제시하고 삼림 내 어느 풍경을 쉽게 보는지(주시점)를 찾거나 합성 사진 등을 사용한 시뮬레이션 화상을 복수로 제시함으로써 삼림 환경 내의 시각적 디자인 등에 유용한 정보를 추출하는 것이 가능하다(예를 들면, 山本·前中(2003), 山本 외 (2006) 등).

11.4 회복효과 측정을 위한 척도

삼림 어메니티에 관련된 환경 요인의 물리적 정보나 그에 대한 평가를 밝히는 것은 삼림 환경의 상태를 물심(物心)양면으로부터 알기 위해서 필요하지만, 역시 마음에 걸리는 것은 그러한 삼림환경에 위치해 있는 우리가 어떠한 어메니티 효과가 나타나게 되는지에 대해 알고자 하는 것이다. 이점에서 이 단원은 삼림 환경으로부터 얻을 수 있는 어메니티의 효과를 회복 효과(스트레스가 없다, 심신의 상태가 회복되는 효과)로서, 바꿔 말하면 그것을 측정하기 위한 심리적 및 생리적인 척도에 대해 소개한다.

회복효과를 조사하는 경우, 15분~2시간 정도의 단기적인 체재에 대한 회복효과를 조사할 필요가 있는지, 혹은 1일~수일간이라고 하는 비교적 장기간에 걸친 체류에 대한 회복 효과에 대해 조사할 필요가 있는지에 따라, 측정에 이용되는 척도의 종류가 다르다(표 11.3). 따라서 여기에서는 단기체류효과와 장기체류효과를 측정하는데 적합한 심리척도 및 생리척도를 각각 소개하고자 한다.

【표 11.3】 회복효과 측정을 위해 사용된 척도

심리척도	단기체재효과	POMS · STAI(state-trait anxiety inventory) · PANAS · ROS · SVS · VAS(visual analogue scale) · TMS(temporary mood scale)
	장기체재효과	SCI · WHOQOL26 · S-H식 레지리언스 검사 · GSES · TBS
생리척도	단기체재효과	수액 중 아밀라제 · 수액 중 코르티솔· 혈압(수축기 · 확장기) · 맥박 · 부교감신경활동 · 교감신경활동 · 뇌혈류량
	장기체재효과	NK세포 · 항암 단백 · 면역글로블린 · 아드레날린 · 노르아드레날린

11.4.1 심리척도

삼림이 갖는 심리적 회복효과에 대해서는 생리적 효과에 비하여 일찍부터 효과의 시각화가 이루어져 왔다고 할 수 있다. 그 이유는 환경평가의 경우와 동일하며, 조사표를 입수 또는 작성할 수 있으면 때와 장소를 가리지 않고 조사 가능했던 것이 큰 요인일 것이다. 그러나 어느 시기까지는 조사자가 독자적으로 작성한 조사표가 이용되는 경우가 많아 객관적·과학적으로 올바른 절차를 밟는 검증이 이루어지지 않았다. 심리척도에 대해서는 혈압이나 맥박 등의 비례척도(키나 체중, 속도처럼 수치의 차이뿐만 아니라 수치의 차이에도 의미가 있는 척도)인 생리적인 측정과는 달리 서수척도(순서에는 의미가 있지만 그 간격에는 의미가 없는 수치를 할당한 척도) 혹은 간격척도(눈금이 등 간격으로 되어 있다. 즉, 등 간격이라고 가정되는 척도)를 이용하는 것이 일반적이다. 따라서 분석 시에는 정량적인 분석(예를 들어 분산분석 등)과 함께 대응하는 정성적인 분석(예를 들어 Kruskal-Wallis 검정 등)이 이루어지기도 한다.

심리척도에는 무엇을 측정할 것인가에 대한 조사자의 선택 자유도가 높다는 편리한 면도 있지만, 이와 동시에 충분히 주의하지 않으면 무엇을 측정했는지 알 수 없게 될 위험이 있다. 또한 조사자가 조사 때마다 개별적으로 조사표를 작성해서는 다른 연구결과와 비교하기 어렵다. 그럴 경우, 객관적인 타당성에 대해 주장하지 못하고, 후속 연구를 위한 자료로서의 가치도 저하된다. 따라서 심리적인 회복효과를 비교 가능한 형태로 시각화하기 위해서는 목표로 하는 심리적인 현상을 파악할 수 있는지(타당성), 회답의 안정성이 있는지(신뢰성)라는 점을 확인하면서 조사표를 작성하고 많은 조사자가 사용하도록 호소할 필요가 있다. 다음에서는 실제로 삼림 어메니티의 조사에 사용될 수 있는 것으로 신뢰성·타당성이 확인된 조사표를 소개한다. 또한 심리척도에 있어서 단기적인 효과의 측정을 실시하는 경우는 기분이나 감정, 주관평가 등이 측정의 대상이 되는 것에 비해, 장기적인 효과의 경우에는 개개인의 가치관이나 특성, 생각 등이 측정의 대상이 되는 것이 많다. 따라서 여기에서도 그러한 구분에 근거하여 단기·장기의 분류를 실시한다.

(1) 단기체재 효과의 측정

① POMS

삼림환경에 체재함으로써 기분상태는 어떻게 변화되는 것일까? 삼림 어메니티의 조사에서는 기분상태를 조사하기 위해 McNair et al.(1964, 1971)가 작성하고 横山(요코야마 (2006))

가 국내에 도입한 POMS(profile of mood states, 기분프로필 검사) 일본어판이라는 척도가 자주 사용된다. POMS란 임상분야에서도 잘 사용되어지는 조사표이고 긴장·불안, 갑자기 우울해짐, 분노－적대감(敵意), 활기, 피로, 혼란의 6 지표로 기분의 상태를 측정할 수 있다. 삼림 어메니티의 분야에서는 이 POMS를 사용해, 자주 삼림 체재의 전후에 기분의 상태 변화를 조사하고 있다. 예를 들면, 總谷 외(2007)의 연구에 의하면 15분 정도의 삼림 체재 후에는 통계적으로 의미가 있는 정도(유의라고 한다)에 긴장감, 불안감이 저하되고 마음의 약동감·건강상태를 의미하는 활기감이 높아지는 등의 효과가 나타나는 것이 보고되었다. 지금까지 POMS를 사용했던 조사를 살펴보면 앉아서 풍경을 보는 정적인 활동을 행했을 경우에는 마음속에서 다양한 생각들이 연기처럼 올라와 정리가 되지 않는 형태를 의미한 혼란감이 저하되는 것 같다. 또한 삼림 내를 산책하는 비교적 움직임이 있는 활동을 행했을 경우에는 활기감이 상승한다고 하는 보고가 많다. 더불어 버전이 몇 개 정도가 있으며 이전부터 설문이 65문항의 정규판과 30문항으로 구성되는 단축판이 판매되고 있다. 최근「우호」척도를 추측하는 등 일부 척도를 변경한 POMS2(profile of mood states 2nd edition)가 발표되었다. POMS2에서는 13~17세를 대상으로 한 청소년용과 18세 이상을 대상으로 한 성인용 2개 버전이 있으며 각각 설문도 60항목과 65항목(단축판은 각각 30항목과 35항목)으로 되어 있다.

② ROS

ROS(restorative outcome scale)란 핀란드의 환경심리학자인 Kolpera et al. (2008, 2010)에 의해 개발된 척도이다. 설문항목이 6항목(영어판과 핀란드어판에는 9항목도 있다)으로 심플하게 설계되어 있으며, 후지사와·다카야마(藤澤·高山(2014))에 의해 신뢰성, 타당성이 확인된 일본어판도 있다(그림 11.6). ROS는 주관적인 회복감(스트레스 등으로 인해 피로한 마음의 상태가 어떤 원인에 의해서 주관적으로 회복된 감을 느끼는 정도)을 조사하는 것이 가능하다. ROS는 삼림 어메니티의 단기적인 심리적 효과를 상당히 높은 감도로 측정할 수 있다. 삼림환경이 어느 정도의 회복감을 초래하였는지에 대해서는 Takayama et al(2014) 등이 조사를 실시하였으며, 예를 들면 30분 정도의 삼림체재 후에는 체재 전에 비해 주관적인 회복감이 유의적으로 상승한다는 것이 분명히 밝혀졌다. ROS는 무료로 사용가능하며 항목수가 적어 응답자에 대한 부담도 적다. 따라서 향후 확대를 기대할 수 있는 질문지의 하나라 할 수 있다.

ROS 일본어판 삼림산책 전·후	전혀 맞지 않음	거의 맞지 않음	조금 맞지 않음	뭐라 말할 수 없다	조금 맞음	잘 맞음	대단히 잘 맞음
1. 온화하게 가라앉은 기분이다	1	2	3	4	5	6	7
2. 집중력과 주위에 대한 주의력이 높아지고 있다	1	2	3	4	5	6	7
3. 매일 일과에 대해 새로운 의욕과 활력을 느낀다	1	2	3	4	5	6	7
4. 건강을 찾고, 편안하고 유유자적한 기분이다	1	2	3	4	5	6	7
5. 매일 걱정거리에 성가신 적이 없다	1	2	3	4	5	6	7
6. 머리가 상쾌하다	1	2	3	4	5	6	7

삼림산책 전(합계점) = ________점 삼림산책 후(합계점) = ________점

회복득점 : 삼림산책 후 - 삼림산책 전 = ________점

【그림 11.6】 ROS(restorative outcome scale) 일본어판 조사표

삼림체재 전과 체재 후에 각각 실시하고, 차이 값을 계산하는 것으로 주관적인 회복의 정도를 간편하게 확인할 수 있다. 단기체재효과를 측정하는 척도이다. 단독으로 실시하는 것도 있으며, 비교적 쉽게 측정 가능한 생리척도인 혈압·맥박과의 조합하는 것도 좋다.

③ PANAS

삼림환경이 감정에 초래하는 효과에 대해서는 원래 Watson et al.(1988a, b)에 의해 작성되었고 佐藤·安田(2001)가 일본어판을 개발한 PANAS(positive and negative affect schedule, 포지티브·네거티브 감정 목록)를 척도로서 사용한다. PANAS는 Takayarna et al.(2014)가 실제로 PANAS를 이용해 삼림환경과 감정의 관계를 조사하였고, 삼림환경에 있어서 단기적인 체제에 의해 긍정적인 감정이 유의하게 상승하는 것이 보고되었다. 한편, 삼림환경이 네거티브한 감정을 저하시킬까 라는 확실한 보고가 없기 때문에 현 시점에서는 명확한 답변은 할 수 없지만, 도시의 번화가에 체재한 후에는 체재 전보다 유의하게 네거티브 감정이 높아지는 결과를 얻었다고 하는 점을 언급해 두고 싶다(Takayama et al.(2014)).

④ SVS

주관적인 활력에 주목한 척도도 존재한다. 주관적 활력의 레벨은 심리적 건강이나 행복감에 관계된다는 지적이 있다(Ryan and Frederick(1997), Taylar and Lonsdale (2010)). 그 점에 착안해 Ryan and Frederick(1997)는 주관적인 활력(이후, 활력감이라 한다)을 측정한 척도로서 SVS(subjective vitality scale)를 작성하고 있다. 국내에서는 高山(2015)에 의해 SVS 일본어판이 개발되었다. 일본어로 주관적인 활력 레벨을 알 수 있었고, 이미 Takayama et al.(2014)에 의해 삼림환경에 단시간 체재한 것 만으로도 체재 전과 비교하면 유의하게 활력감이 회복되는 것이 보고되었다. 또한 SVS 일본어판은 ROS 일본어판과 같은 6항목(원판의 Ryan판은 7항목)으로 구성되어 있기 때문에 응답자에 대한 부담이 적으며, 무료로 사용할 수 있다(그림 11.7).

SVS 일본어판 삼림산책 전·후	전혀 맞지 않음	거의 맞지 않음	조금 맞지 않음	뭐라 말할 수 없다	조금 맞음	잘 맞음	대단히 잘 맞음
1. 살아있는 힘이 충만하고 넘치는 듯 느낀다	1	2	3	4	5	6	7
2. 나른하여 그다지 할 의욕이 일어나지 않는다*	1	2	3	4	5	6	7
3. 활력이 넘치고 의욕으로 가득 차 있다	1	2	3	4	5	6	7
4. 매일 새로운 날이 오는 것을 기다린다	1	2	3	4	5	6	7
5. 의식이 확실하며 냉정하다*	1	2	3	4	5	6	7
6. 할 의욕이 넘치고 있다	1	2	3	4	5	6	7

* 항목 2, 5는 반전항목 : 8에서 각 득점을 뺀 값을 계산에 사용하는 득점으로 한다.

삼림산책 전(합계점) = ________점　　　삼림산책 후(합계점) = ________점

총득점 : 삼림산책 후 － 삼림산책 전 = ________점

【그림 11.7】 SVS(Subjective vitality scale) 일본어판 조사표

항목수 등의 점에서 비슷하지만, ROS가 주의회복이론을 기초로 얼마만큼 릴렉스하고 있는가에 착안한 척도인 것에 대해, SVS는 활력감(얼마만큼 주관적으로 건강했는가)에 착안하여 회복효과의 측정을 하고자 하는 척도이며 설계 사상이 상당히 다르다.

(2) 장기체재 효과의 측정

① SCI

스트레스 코핑은 스트레스에 대한 대처하는 것이다. 국내에서는 Lazarius type stress coping inventory(SCI)라는 척도가 일본건강심리학 연구소(2007)에 의해 개발되었다. SCI는 현대의 스트레스 이론의 기초를 두고 만든 리처드·Lazarius의 스트레스 코핑 개념(小杉 외(2002))에 근거하여, 개개인이 스트레스에 대해서 어떠한 반응이나 대응을 하는 경향(대처 경향)이 있는지 조사할 수 있다. 64항목(3건법)의 조사 Ⅰ과 30항목(O ×)의 조사 Ⅱ의 2가지 조사표로 구성된다. 스트레스 코핑 분석에는 주로 조사 Ⅰ를 분석 대상으로 하고, 조사 Ⅱ는 보조적으로 참고한다. 스트레스 대처 방식에 따라 크게 문제해결형(문제에 맞추어 해결하려고 하는 것으로 스트레스에 대처하려는 형태), 정동중심형(情動中心型, 여행이나 기분전환을 함으로써 스트레스에 대처하는 형태)으로 나뉘며, 수치에 근거해 객관적으로 판정될 수 있다. 또한 그 외에 계획형, 대결형, 사회적지원모색형, 책임수요형, 자기컨트롤형, 도피형, 격리형, 긍정평가형 등의 지표에 대해서도 측정 및 비교가 가능하다. 삼림 어메니티에 관계된 연구로는 高山(2017)이 4박 5일의 삼림체재에 따라 스트레스 코핑에 변화가 있을까에 대한 연구가 있으며 체류 후에는 계획형, 문제해결형 등 일부 지표에 변화가 보인 연구가 보고되었다.

② WHOQOL 26

QOL(quality of life, 생활의 질)이란 일반적으로 개개인의 삶 내용의 질이나 사회적으로 본 삶의 질을 말한다. 즉 어떤 사람이 얼마나 인간다운 생활이나 자신다운 생활을 보내고, 인생에 행복을 찾고 있는지에 주목한 개념이다. 국내에서는 WHO(세계보건기구)가 편집하고 田崎·中根(2007)에 따라서 번역·감수된 WHOQOL 26이 QOL 측정을 위한 척도로서 알려져 있으며, 임상분야나 보건분야에서 활용되고 있다. 이 조사표에서는 항목을 5건법으로 질문하는 것으로 응답자의 QOL을 신체적 영역, 심리적 영역, 사회적 관계, 환경영역, 그리고 전체의 5가지 지표로 파악하는 것이 가능하다. 삼림 어메니티에 관련된 분야에서는 高山·齊藤(2016)가 4박 5일의 삼림 체류에 의한 QOL의 변화를 조사했는데, 삼림 체류의 전후에서 어느 지표에서도 유의한 차이를 확인할 수 없었던 것으로 보고되고 있다.

③ S-H식 Resilience(회복력) 검사

Resilience(회복력)은 정신적 회복력이나 스트레스에 대한 저항력·복원력 등으로 번역되는 심리학 용어이다. 보다 간단하게 말하면 부드럽고 꺾이지 않는 마음의 힘이라고 표현하여도 과언이 아닐 것이다. Resilience(회복력)을 조사하는 척도에 祐宗(2007)이 설계한 S-H식 레질리언스 검사표(Sukenitune-Hew resilience test)가 있다. 조사표는 27항목 5건법에 의해 측정되는 파트 Ⅰ과 8항목 4지 선택식의 파트 Ⅱ로 나뉘며, 파트 Ⅰ은 소셜 서포트, 자기 효력감, 사회성의 3개 지표로서 종합적으로 Resilience(회복력) 상태를 조사할 수 있다. 파트 Ⅱ에서는 내재적 태도지향이 적극적인지 소극적인지 및 외재적 태도지향이 적극적인지 소극적인지를 조합함으로써 Resilience(회복력) 상태를 조사할 수 있다. 단지 Resilience(회복력)의 고저를 볼 경우에는 파트 Ⅰ의 결과가 내심과 행동과의 관계성에 대해 알고 싶은 경우에는 파트 Ⅱ의 정보가 필요하다. 삼림 어메니티의 분야에서는 중장기의 삼림 체류의 체험이 Resilience(회복력)에 미치는 영향에 대해 高山(2017)가 20대의 학생을 대상으로 상기 척도를 이용한 조사를 실시하였지만 4박 5일의 삼림 체재에서는 별로 두드러진 Resilience(회복력)의 변화는 인정되지 않았던 것이 보고되고 있다.

④ GSES

자기효력감(self-efficacy라고도 불린다)이란 캐나다인 심리학자 Bandura(1985)에 의해 제창된 개념이며 어떤 행동을 일으키기 전에 개인이 느끼는 감각의 하나이다. Bandura에 의하면 자기효력감이란 자신이 하고 싶다고 생각하고 있는 것의 실현가능성에 관한 지식, 혹은 자신에게는 이러한 일이 여기까지는 가능한 것이라고 하는 감각의 것으로 자기효력감을 통해 사람은 자신의 생각이나 감정, 행위를 조절하고 있다고 여긴다(本明 외(1997)). 삼림 환경을 체험한 것에 의한 자기효력감의 변화에 대한 조사는 坂野(1989)에 의한 GSES(general self-efficacy scale, 일반성 셀프·에피카시 척도)를 사용할 수 있다. GSES는 개인이 일반적으로 self-efficacy를 어느 정도 높게 또는 낮게 인지하는 경향이 있는가 라는, 일반적인 self-efficacy의 강도를 측정하기 위해 작성된 것으로, 16항목과 2건법의 조사표에 의해 행동의 적극성, 실패에 대한 불안, 능력의 사회적 위치의 3가지를 지표로서 그 강약을 조사할 수 있다. 삼림 어메니티의 분야에서는 高山 외(2009b)에 의해서 조사가 행해졌으며 삼림체제 후에는 능력의 사회적 위치의 감각이 상승하는 경향이 인정된다는 점을 보고하였다.

⑤ TBS

환경에 대한 가치관이나 환경에 대한 관심을 조사하는 조사표도 존재한다. 그 일례로 TBS(Thompson and Barton scale)를 소개한다. TBS는 Thompson and Barton(1994)에 의해서 개발되어 Bjerke and Kaltenborn(1999)에 의해 한층 더 사용하기 쉽도록 개량된 조사표이다. 피험자가 (자연)환경에 대하여 어떠한 가치관이나 관심을 가지고 있는지를 알아보기 위해서 개발되었다. 해외에서는 상기의 Berke 외(1999)나 Katenbori and Bjerke(2002) 등의 북유럽의 연구자나, Schulz and Zelezny(1999) 등의 미국 연구자에 의해 이용되고 있으며, 국내에서는 高山 외(2007)가 일본어판을 개발해 그 유용성을 제시하였다. 3개의 환경척도가 설정되어 있고 설문에 7단계의 척도(1: 매우 적합하지 않은 7: 매우 적합하다)로 회답을 요구하는 것으로, 자연환경에 대한 관심도와 가치관에 대해 조사할 수 있다. 가치관의 측정에는 생태계 중심주의성, 인간중심주의성의 2가지 지표를 이용한다. 관심도에 대해서는 환경 무관심을 지표로서 이용하는 것으로 측정한다. 삼림 어메니티 분야에서는 高山 (2013)에 의해 삼림 자원봉사 참가전과 참가 후에 있어서 참가자의 자연환경에 대한 가치관 및 관심에 변화가 보이는 것을 보고하였다. 몇 가지 버전이 있으나, 25항목으로 구성된 5~7건법의 조사표가 많이 사용되고 있다.

11.4.2 생리척도

삼림에 대한 어메니티의 장소로서의 기대가 높아짐에 따라 삼림 어메니티의 효과를 객관적·과학적으로 밝혀 달라는 사회의 요청이 급속히 높아지고 있다. 본래 아무리 사회적 요청이 높아졌다고 해도 기술적으로 대응하지 못하면 조사·연구가 진행될 수 없지만 시기적으로 금세기 초의 측정 기법의 개발과 기자재의 소형화 등의 기술개발이 급속히 진행된 시기와 겹쳤다. 이와 같이 사회적 요청과 기술개발의 달성이라는 두 가지 요건이 맞아떨어져 삼림환경의 측정조건이 좋지 않은 경우에도 과학적인 효과의 측정이 가능해졌으며 생리적인 접근에 있어서도 삼림 어메니티의 생리적 효과 측정 및 시각화가 가능해졌다. 여기에서는 심리척도와 마찬가지로 삼림 어메니티의 생리 척도에 대해 단기간의 삼림 체류에 의해서 얻을 수 있는 릴렉스 효과 등으로 대표되는 단기체재 효과와 장기간 체재함으로서 얻을 수 있는 면역개선 효과로 대표되는 장기체재 효과의 2가지로 나누어 소개한다(표 11.3).

(1) 단기체재 효과의 측정

단기체재 효과가 측정 가능한 생리척도에는 우선 수축기(심장이 전신에 혈액을 보내기 위해 수축한 상태) 및 확장기(전신에서 돌아온 혈압이 심장에 쌓여 확장된 상태)의 혈압, 1분당 맥박수(분당 동맥의 맥박수)가 있다(사진 11.7). 또한 타액 중의 스트레스 호르몬(신체적인 스트레스를 측정하는 척도이며 타액 가운데 코르티솔 농도, 타액 가운데 아밀라아제 활성 등이 단기적 체류의 대표적 척도) 등도 측정에 많이 이용된다(사진 11.8).

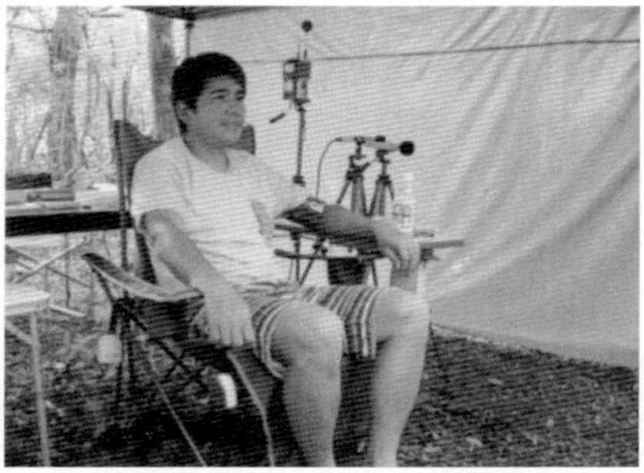

【사진 11.7】 혈압계를 사용한 혈압(확장기/수축기)·맥박측정

휴대형 혈압계(HEM-70110)를 사용하여 삼림 내에서 혈압·맥박을 측정할 수 있다. 중앙 뒷 부분 기자재 중 우측이 음압을 측정하는 소음계(TM-103)이며, 좌측은 온열환경을 측정하는 어메니티 메타(AM-101)이다.

【사진 11.8】 타액 가운데 아밀라제 활성에 의한 생리적인 회복효과의 측정

전용 칩에 의해 타액을 수집한 후, 휴대형 분석기(타액 아밀라제 모니터, NIPRO)를 사용하여 삼림 내에서의 타액 중 아밀라제 활성의 측정이 가능하게 된다. 타액 중 코르티솔 농도 등과 비교하여 개인차가 큰 지표이기도 하다.

또한 자율신경계(생체의 의지와는 무관하게 내장·혈관·샘 등의 기능을 자동적으로 조절하는 기능을 가진다) 가운데 교감신경(외부상태나 외부로부터의 자극에 순간적으로 반응할 수 있도록 몸 자세를 준비하는 기능을 가진다)이나 부교감 신경(긴장된 몸을 풀어주고 피로를 해소시키며 복구하는 기능을 가진다)의 활동을 휴대형의 기자재로 측정할 수 있다(사진 11.9). 한편, 뇌전두부의 혈류량을 측정함으로써 뇌 활동에 대해서도 파악할 수 있다(사진 11.10)(森本 외(2006), 大井 외(2009)).

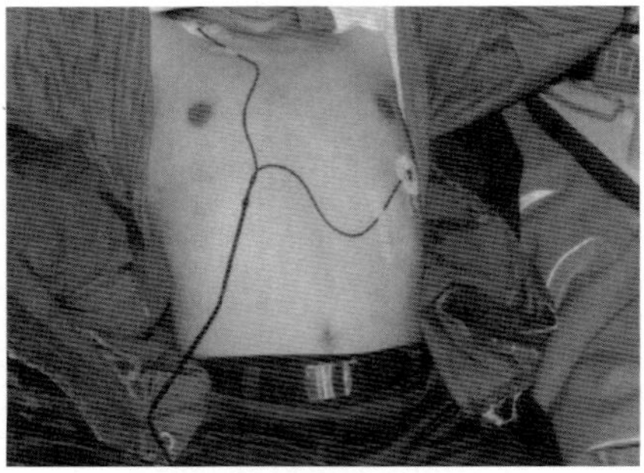

【사진 11.9】 심박변동성(HRV) 측정과 전용 센서

자율신경활동(교감신경활동·부교감신경활동) 측정을 위해, 비침습적(非侵襲的)이며 간편한 척도로 심박변동성(heart rate variability, HRV)이 사용되고 있다(Check-My-Heart, Daily Care BioMedical). 생리척도 중에서는 감도가 좋은 측정수법의 하나이다.

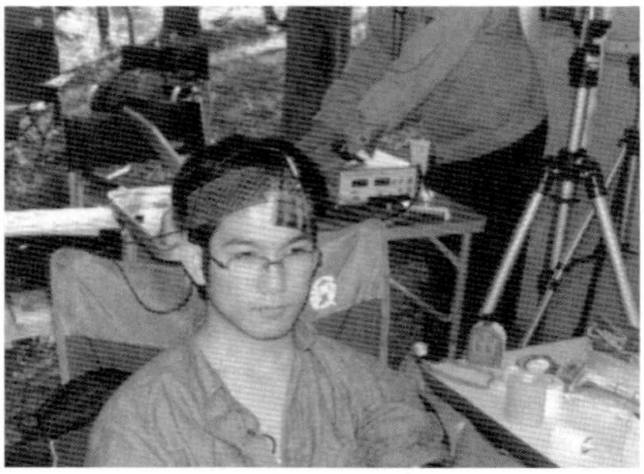

【사진 11.10】 뇌혈류량의 측정과 전용 센서

뇌혈류량을 측정하기 위하여 피험자의 전두부에 전용 센서를 장착한 모습(BOM-LITRW, Omegawave). 실제 측정시에는 사진 11.8과 같이, 일광 등 외광이 센서 내로 침입하는 것을 막기 위해 헝겊 등으로 머리부위를 덮는다.

근래에는 기자재와 조사 protocol이 갖추어지면 용이하게 조사를 할 수 있기 때문에 생리척도를 이용해 삼림 어메니티의 단기체재 효과를 조사한 연구는 지금까지 많이 이루어지고 있다. 예를 들면, 朴 외(2007)가 24곳의 삼림환경과 인근 도시환경에서 약 280명의 피험자를 상대로 실시한 대규모 실험을 실시한 결과, 삼림환경에 체재하고 있는 동안에는 15분 정도의 단시간이라도 해석 대상의 모든 척도(수축기 혈압, 확장기 혈압, 맥박수, 부교감신경계 활동, 교감신경계 활동, 타액의 코르티솔 농도)에 있어서 삼림환경과 도시환경은 유의한 차이를 보였다.

생리척도의 단기체재 효과에 대해서는 비침습적(非侵襲的)인 방법으로 측정할 수 있는 것이 많아 운반이 가능하고 조작도 용이한 측정기자재를 사용해 개개인별 측정이 가능하다. 예를 들면, 휴대형의 혈압계(시중판매의 휴대용 등)를 삼림 내에 반입함으로써 심박(확장기·수축기), 혈압의 측정 및 비교가 가능해졌다. 또한 휴대형의 타액 아밀라아제 측정기(NIPRO社) 등을 사용하여 삼림 내에서 스트레스호르몬의 측정이 가능하게 되었다.

교감신경 활동, 부교감 신경 활동을 조사하기 위한 심박 변동성의 측정에 대해서도 이전에는 기자재가 고액이었지만, 최근에는 수만엔(円)만으로 기재의 구입이 가능해지고 있어, 조사 연구의 수요에 응할 수 있는 체제가 갖추어졌다고 말할 수 있다. 한편, 단기체재 효과를 조사하기 위해서 체재 후에 측정을 실시하는 경우는 삼림 산책 등의 움직임이 있는 활동을 실시한 직후가 아니고, 신체가 안정되도록 5~15분 정도의 시간을 두고 측정하는 것이 바람직하다. 또한 단기체재 효과를 정확하게 측정하는 그러기 위해서는 삼림 체재의 전후는 같은 장소·조건으로 측정하는 것이 중요하다.

(2) 장기체재 효과의 측정

혈액을 채취하는 등 침습성이 높은 조사가 필요하게 되는 것도 있다. 여기에서는 삼림 어메니티의 장기체류 효과를 조사한 생리척도 중에서 대표적인 것으로 면역 개선 효과에 대해서 다루고 싶다. 이러한 종류의 조사에 대해서는 大平 외(1999)의 연구가 초기의 선구적인 예라고 말할 수 있다. 大平 외는 피험자 대상으로 20명을 삼림 환경에 8시간 체재한 후와 체재 전을 비교하여 피험자의 NK세포 활성(Natural killer cell: 자연면역의 주요 인자로서 움직이는 세포 상해성(傷害性) 림프구, 특히 암세포나 바이러스 감염 세포의 거절에 중요하다고 여겨진다. NK세포 활성화는 위의 세포의 활성도를 말함)과 면역글로불린(혈중에 포함된 항체로서 IgG, M, A, D, E의 5개의 타이프로 분류된다) A, G, M의 농도가 유의하게 상승했다는 사실을 보고하였다. 이 보고는 삼림환경 체류에 있어서 면역이 개선될 가능성이 있다는 점과 과학적으로 제시했다는 점에서 삼림 어메니티 분야에 매우 중요한 점이라고 말할 수 있을 것이다.

그 후 본격적인 조사가 시작되어 일본 의과대학의 李 외(Li et al. (2007))가 도쿄 내의 대기업 등에 근무하는 35~56세의 남성 사원 12명을 피험자로 실험을 실시하였다. 이 연구에서는 주말여행을 가정하여 피험자 전원에게 나가노현(長野県)내 삼림 산책코스를 오전과 오후 각각 2시간 정도 천천히 산책토록 하고 2박 3일 체류(이 동안 매일아침 기상 후에 혈액 등을 채취)시킨 뒤 NK세포를 척도로 삼아 면역개선 효과를 조사했다. 그 결과 도쿄 내에 있을 때보다 NK세포의 활성도가 높아졌으며 또한 NK세포가 방출되는 3종류의 항암 단백질, perforin, granzyme(A/B), granulin 모두가 증가하고 생체의 항암 능력도 높아지는 것을 보여 주었다. 또한 Li et al(2007)는 면역적인 효과의 지속성이라고 하는 점에 대해서도 분석하였으며 삼림환경에서 도쿄 귀경(歸京)하여 1주일이 경과한 단계에서 NK활성은 삼림체제 전보다도 45% 높은 상태로 유지하였다는 점, 더불어 한 달 후에도 23% 높은 상태로 유지되었다는 점 등이 보고되고 있다(그림 11.8). 이처럼 Li et al.(2007, 2008) 연구는 2박 3일의 삼림체류에 있어서도 상당한 면역 활성의 개선이 기대될 수 있다는 것을 나타낸 점도 중요하지만 그 지속성에 대해 데이터로 제시한 점에 대해서도 높게 평가되고 있다. 즉, 이 보고는 한 달에 한 번 정도, 2박 3일 정도의 삼림체류를 한다면 어쩌면 아무것도 하지 않을 때보다 높은 면역 활성을 유지하고 암이나 병에 걸리기 어려운 상태를 유지할 수 있을 지도 모른다는 것을 시사하고 있다. 또한 혈액 이외에도 장기체재 효과를 알아보기 위해 대상자의 소변을 채취해 adrenalin이나 noradrenalin 등을 회복효과의 척도로서 측정하는 것도 행해졌다(Li et al.(2010), 그림 11.9). 아무튼 혈액이나 소변을 분석 대상으로 하는 경우, 대상자에 대한 침습성이 높은 점, 분석에는 의학계 스탭의 협조, 외부 전문기관에 의뢰하여 자료화 할 필요가 있으며 아직까지 조사·분석 양면에서 문턱이 높은 척도라고 할 수 있다(사진 11.11).

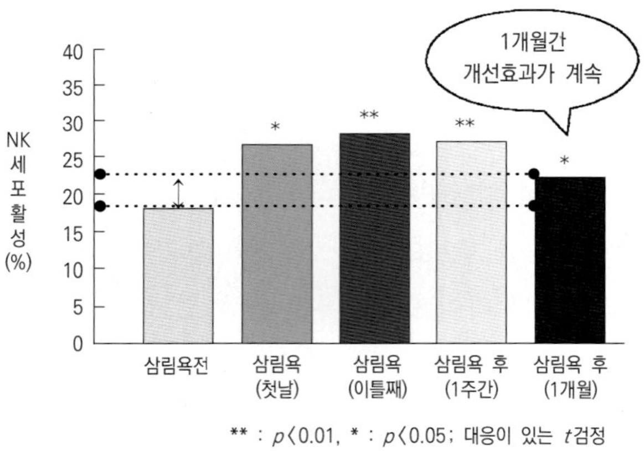

【그림 11.8】 2박 3일간 삼림체재에 의한 NK세포활성의 변화(Li et al. (2008)을 변경)

불과 2박 3일간의 삼림체재라도 상당정도의 면역세포 활성도가 회복되고 있다는 것을 알 수 있다. NK세포의 활성도만이 아니라, 세포의 수가 늘고 있는 것도 Li et al.(2007, 2008)에 의해 보고되고 있다.

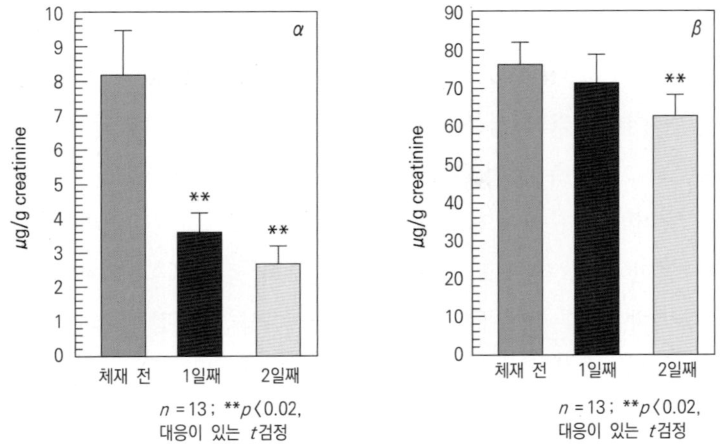

【그림 11.9】 2박 3일간 아드레날린과 노르아드레날린(noradrenalin)의 변화(Li(2010)을 개편)

α가 adrenalin, β가 noradrenalin의 매일 변화. 아드레날린, 노르아드레날린 모두 호르몬 및 신경전달물질로서 기능하고 있고, 스트레스 메이커의 하나로 여겨지고 있다. Li(2007, 2008, 2010)에 의해, 삼림환경에 체재하는 이전보다도 1일째, 그리고 2일째의 사람이 뇨중 양자 모두 저하하는 것이 명확히 나타나고 있다.

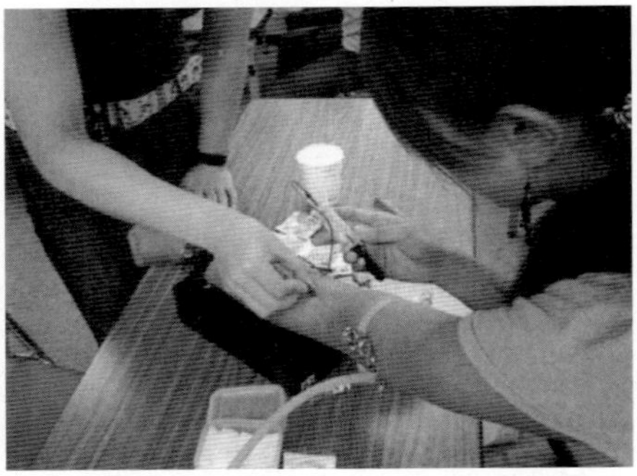

【사진 11.11】 2박 3일간의 장기 삼림 체재시에 채혈하는 모습

삼림지역에 체재 중, 매일 아침 채혈하고 있는 모습. 채혈 후 즉시 대학연구실이나 전문기관에 이송하여 혈액중의 성분을 처치·분석한다. 그렇기 위해서는 정밀한 사전준비, 현지와 분석기관 스탭들 간의 연계가 중요하다.

11.5 마치며

이 장에서는 삼림 어메니티의 계측과 평가를 조사하기 위한 척도에 대해서 ①삼림 환경의 대표적인 환경요인과 그 계측 수법(환경계측을 위한 척도), ②삼림환경의 평가 수법(환경평가를 위한 척도), ③어메니티 효과의 측정수법(회복효과의 측정을 위한 척도)의 순서로 소개하였다. 모두에서 말한 바와 같이 조경학(造園), 건축학, 삼림과학, 경관공학, 환경심리학, 임상심리학, 의학·생리학 등의 분야에서 이용되어 온 다양한 측정척도나 기법을 구사·원용하면서 삼림의 어메니티를 측정할 수 있다는 것을 알 수 있었을 뿐이 아니었나 생각된다. 사실, 정보를 가시화하고 수치화하여 객관적으로 파악한 후에는 그 정보를 어떻게 비교·분석하여 삼림 어메니티를 이해하는가 하는 점이 의문시 되겠지만, 지면의 형편상 이번은 할애받고 싶다고 생각한다.

마지막으로 최근 특히 회복효과에 관한 조사·연구를 실시할 때에 유의해야 할 점을 제시하고자 한다.

기본적 인권이나 개인정보 보호를 배려하기 위해 이전부터 의학 및 생리 척도를 이용한 조사·실험을 할 때 연구계획을 윤리심사위원회에 신청해 승인을 받도록 요구되고 있지만, 2014년 12월에는 「사람을 대상으로 하는 의학계 연구에 관한 윤리지침」이 고시된 이후로는 심리척도를 이용한 조사·실험에 대해서도 비슷한 절차를 구하는 조직·학회가 늘고 있다(기본적으로 윤리심사위원회의 승인이 없으면 어떤 훌륭한 조사를 계획하고 있어도 조사하고 실험할 수 없다). 따라서 심리·생리척도 불문하고 회복 효과에 관련된 조사를 기획하고 있을 경우에는 우선은 소속 조직 등에 윤리심사위원회가 있는지 확인하고 신청·승인에 이르는 절차가 차질 없이 진행되도록 준비해 두는 것이 바람직하다. 삼림 어메니티는 아직 이제 시작된 분야이긴 하지만 후발분야인 혜택을 최대한 살려 선행된 다양한 과학적 식견이나 기술을 통합·원용하고, 삼림과 우리들의 마음이 좋은 공생관계로 이끌기 위한 나침반으로서 앞으로 발전해 나가야 할 것이다. 바라건대, 본 책의 독자들이 양어깨에 메고 끌어당겨 미래로 발전시켜 주길 젊은 힘들이 싹트길 관계자 중 한 사람으로서 기대하고 싶다.

(高山範理)

과제

(1) 삼림 어메니티에 관한 물리적인 환경요소는 다양하지만, 이 장에서 소개한 이외에는 어떤 환경요소가 어메니티에 관여하고 있을까? 또한 그것을 어떻게 계측하면 좋을까?

(2) 우리들은 자신의 오감을 사용하여 삼림환경으로부터 다양한 자극을 향수하고 있지만, 실제로 오감 중 미각에 대해서는 그다지 사용하지 않고 있다는 점도 지적되고 있다. 삼림환경 내에서 한층 미각을 활용하기 위해 어떻게 하면 좋을까? 또한 그것을 어떻게 측정·평가하면 좋을까?

(3) 면역·생리·심리적인 효과를 측정·평가하는데 있어 기술 진보에 비례하여 다양한 수법들이 사용되고 있지만, 현시점에서 가장 간편하고 저렴한 비용으로 생리측정 및 심리측정이 가능한 조합에는 어떤 것들이 있을까? 또한, 장래적으로 어떤 측정방법이 가능할 것인가?

제12장

삼림 어메니티 분야의 과제와 전망

지금까지 의료, 복지, 교육, 심리, 예술, 평가 척도 등 다양한 측면에서 삼림 어메니티에 대해 언급하였으며, 마지막 장인 이 장에서는 삼림의 어메니티 분야에 있어서 현재의 과제와 향후의 전망에 대해서 생각해 보기로 한다.

12.1 학회의 현황

2005년 일본 삼림학회 대회에서 필자들은 "삼림환경이 갖는 보건휴양 기능의 기초적 연구와 응용 연구"라는 주제별 세션을 기획하였으며, 2017년 3월 동 학회의 제128회 대회에서 12회째를 맞이하였다(사진 12.1)(上原(2016b)).

이 세션은 생리적, 심리적 접근 방식의 기초적 연구와 연구수법, 척도개발, 국내외 지역에 있어서의 사례·임상연구 등 여러 갈래의 다양한 응용연구로 크게 두 가지 내용의 보고·발표가 이뤄졌다.

기초적 연구로는 삼림욕이나 삼림경관이 초래한다고 생각되는 생리적 영향 등(사진 12.2), 또한 응용연구로는 보건휴양에 제공하는 삼림환경이라고 하는 하드웨어 과제나(사진 12.3), 치료·보양 프로그램 작성 등 소프트웨어 과제(사진 12.4), 모두 다방면에 걸친 접근방식의 연구내용이었다는 점이 특징적이다. 그 때문에 삼림·임업 관계자뿐 만 아니라 의료, 사회복지, 심리, 교육 등 타 영역, 동시에 많은 영역의 전문가와 협업을 실시, 다면적·다각적인 접근방식을 취하고 있다는 점이 동 세션의 중요한 특색이라 할 수 있다.

그리고 일상의 삼림환경과 인간 건강의 관계를 생각해 가는 학회로서 일본 삼림보건학회(사무국: 동경 농업대학 조림학 연구실 내)가 2010년에 발족하였다(上原(2011f)).

본 학회에서는 지금까지 감당하기 어려웠던 지역의 일상적 삼림환경을 활용한 의료, 복지, 교육, 보육 등의 사례를 연구하고 삼림보전과 교육, 보육 분야 등이 함께 협조하면서 다양한 전문직 종사자들이 실천과 경험에 입각한 정보교류를 행하고 현재 바라고 있는 삼림과 인간의 바람직한 모습을 연구, 모색하고 넓혀가는 것을 목적으로 하고 있다. 구체적으로는 각 지역의 삼림환경을 활용한 질병예방, 질병치료, 간호, 요양, 보육, 레크리에이션, 휴양 등에 대해서 건강식, 생활습관, 노동습관 등을 포함한 몸과 마음의 건강 유지·증진·회복·성장이나 QOL(생활의 질)의 향상을 도모하기 위한 실천과 연구를 수행하여, 그 성과를 사회에 환원하는 활동에 임하고 있다.

【사진 12.1】 세션의 발표 광경

제127회 일본 삼림학회의 모습

【사진 12.2】 삼림욕 조사·실험 풍경

혈압이나 타액 아밀라제의 측정(A), 풍치평가(B) 등

【사진 **12.3**】 관서 지역병원에서 삼림의 치료프로그램 모습

산책, 수목의 방향을 즐기며 식용수목을 찾는다.

【사진 **12.4**】 규슈 지역병원에서 삼림치료공간을 만드는 모습

병원 소유, 병원 인접한 방치인공림을 정비하여, rehabilitation, 자연요법의 공간 등으로 활용되고 있다.

12.2 삼림보건휴양연구의 특징과 걱정되는 것

삼림욕, 삼림요법, 삼림의 풍치작용 등 삼림을 활용한 보건휴양 기능에 대한 연구는 삼림과학 연구 중에서도 일반시민의 관심이 높은 분야 중 하나이다. 특히 요즘의 건강 붐의 영향을 강하게 받아 일상적인 건강증진은 물론, 직장에서의 보건위생이나 의료, 복지, 교육 같은 여러 분야에서도 삼림이용의 수요와 그 가능성은 크다. 생활 습관병이나 마음의 건강 가꾸기에 제공되는 삼림, 수목의 이용, 활용 수법 등의 조사 연구는 사회적인 요청을 짊어진 대표적인 예라고도 말할 수 있다.

12.2.1 건강 비즈니스의 대두와 「과학적」이라는 말

장기 불황이라는 사회·경제적인 배경도 있고 현재는 다양한 건강 비즈니스도 대두되고 있다. 「○○건강법」, 「○○테라피」 등, 이제는 비즈니스 툴, 상품, 등록상표 되어있는 것도 다수이다. 그 온갖의 건강 비즈니스 중에서도 현재의 유행 중 하나는 「과학적」이라는 말이 있다. 과학에 의해 보증된 상품, 상술이라는 선전 문구이다. 예를 들면 건강 비지니스로서의 삼림 활용의 팜플렛, 홈페이지 등에서는 「삼림에서는 기분이 편안해진다」, 「재충전된다」 등 심리적인 측면에서의 수치나, 삼림욕에 의한 고혈압의 완화나 스트레스의 경감, 운동부족 해소, 생활 습관병의 예방 등 신체·생리기능의 안정적(stabilizer)인 측면의 데이터가 보조를 맞춘 것처럼 보인다. 그러나 큰 주의도 필요하다. 그것은 데이터가 어떤 배경, 수법에 의해 도출된 것인가 라는 것이다. 현재에 있어서도 시민, 대중 사이에서는 과학은 여전히 블랙박스의 의미가 강하다. 과학적이라고 하는 말에 맹신, 추종해 버린다.

12.2.2 정석화, 정식화의 위험성

또한 여러가지 옥석혼합의 데이터로부터 어느새 삼림의 보건휴양 효과가 정석화, 정식화되어 버림으로써, 긴요한 「과학성」을 잃고 가는 일도 있다. 「삼림에 나가면 스트레스가 감소된다」 등의 정석화, 정식화가 사회적인 선전효과 등을 받아 한 번 진행되어 버리면 어느새 과학 본래의 객관적인 자세를 잃어, 도시환경(컨트롤 환경)보다도 삼림환경에서 피험자의 혈압이 오르거나 스트레스 변화에 유의차가 인정되지 않았다는 조사연구의 보고에는 「그럴리가 없다」, 「나쁜 데이터이다」 등으로 일축해 버리게 되기 때문이다. 실제 삼림환경에 있어 스트레스가 오르는 피험자의 데이터를 보고, 「그런 사람이 있는 거야?」라고 경악하는 학생이나 컨트롤 환경에 비해 삼림에 있어서 유의한 스트레스 호르몬의 저하가 보이지 않았던 조사 결과에 대해서 「미안합니다」라고 머리를 숙이고 있는 발표자를 학회, 연구회에서 자주 본 적이 있다.

「삼림은 치유되는 장소, 건강하게 될 수 있는 장소이다」라고 한 명제가 금과옥조처럼 정착해 버리면 그것이 비즈니스에 응용되어 「치유되는 것이 전제 조건, 전제 기준」으로 바뀌어, 비뚤어진 영리, 비즈니스 활동을 일으킬 수도 있다. 그 땐 우리는 단일화하기 쉬운 것, 모방하기 쉬운 경향도 있다는 것도 잊어서는 안 된다. 마을운동, 지역, 산촌진흥 분야에서도 「우리 지역다운 진흥을」 등의 상투적인 말이 반복되어 나오지만, 그 말 자체가 이미 스테레오 타입이며, 실제로는 「선진지」를 시찰하고 그것을 모방하여 결과적으로 유사한 생각이 각지에서 존립해 나감으로 귀결되는 케이스가 압도적으로 많다. 그리고 그 실패 또한 일제히 균일적으로 발생하는 것이다.

12.3 독특한 연구 접근의 필요성

아무리 작은 삼림이라도 그 환경은 한결같지 않다. 예를 들어 「상록수림」과 「낙엽수림」에 있어서 그 환경은 크게 다르고 삼림의 정비 상황에 따라서도 조건이나 인자는 달라져간다.

삼림과 마찬가지로 우리 인간도 똑같지 않고 성별의 차를 비롯해 성장 이력, 체력, 컨디션, 생리·대사기능, 기호 등 개인차가 크며 개인 중에서도 일교차나 시기, 계절교차 등이 있다.

12.3.1 다양한 환경과의 비교 필요성

어떤 삼림이 어떤 사람에게 어떤 상황 하에서 심신의 스트레스를 경감시키는 장이 될 수 있을지 모르지만, 다른 사람들에겐 스트레스를 오히려 증가시키는 장이 되는 것도 당연하다고 생각된다. 삼림과 인간의 성격을 비롯하여, 앞에서 기술한 바와 같이 무엇보다도 조합을 배경으로 논지를 해결하려는 것이 중요하다. 거기에는 「도시환경 대 삼림」이라고 하는 단순한 2대 비교가 아닌 개인주택, 직장, 카페, 도서관. 녹색식물이 있는 온실, 해변, 초원, 사찰의 경내 등 여러 가지 환경과의 비교를 통해서 삼림의 독자적인 효과와 특징을 고찰하는 편이 보다 「과학적」이라고도 생각된다(上原(2016c)).

12.3.2 인재 측면의 과제

또한, 삼림에서의 보건 휴양에 매개가 되는 사람(인재)이 관여하는 경우, 그 인재의 특성도 큰 영향을 미친다. 주로 「인스트럭터」, 「가이드」, 「세라피스트(치유사)」, 「카운슬러」, 「레인저」 등이 현재 삼림 보건휴양에 관여하고 있다. 그러나 그 직함이나 자격과 성격(퍼스낼리티), 사람 됨됨이는 별개의 문제이다. 삼림 보건휴양의 매개가 되는 인재의 퍼스낼리티에 의해, 보건휴양의 효과나 매력은 크게 달라지며, 경우에 따라서는 손해를 입을 수 있다. 각 지역에 있어서 「급조 삼림보양지」가 만약 경영면에서 어려움을 겪는 일이 있으면 그 인재의 퍼스낼리티에 하나의 요인이 있는 것은 아닐까? 형태뿐인 자격자를 갖추는 것은 실제의 보건휴양과 잘 맞지 않는 것이다.

12.3.3 테스트, 분석기기

조사·연구의 수법, 기기, 테스트는 그 시대의 기술이 반영되어 있다. 바이러스가 과거의 광학현미경으로는 파악하지 못해 전자현미경의 시대가 되어 그 모습을 파악할 수 있게 된 것처럼 보건휴양 분야에 있어서도 사실은 현재의 테스트로는 파악할 수 없는 사상, 물질, 기구가 속성으로 있을 가능성도 있다. 먼저 학회 세션에 있어서 다면적, 다각적인 접근에 대해 말했지만, 한편 무관계처럼 보이는 의외의 현상이 결부되어 어떤 현상을 끄집어 내는 경우도 있고, 이를 위해서는 다양한 전문성으로부터 접근을 실시하는 시점과 자세가 필요하다. 또한, 일반적 혹은 그 분야에서는 상식적으로 동떨어진 것처럼 보이는 분야나 사상으로부터의 포착이 없으면 문제의 본질에 도달하지 않는 경우도 많다.

12.3.4 독특한 단면

「페르마의 정리(Fermat's principle)」라는 유명한 수학의 문제가 있다. 초등학생도 이해할 수 있고 대처할 수 있는 문제이지만 그 증명은 매우 곤란하며 실로 350년 이상에 걸쳐서 미해결된 어려운 문제이었다. 그러나 그 정리의 증명에는 아무런 관계도 없을 것이라고 생각된 다른 미해결 문제를 푸는 과정에서 해결로 연결되게 되었다. 삼림의 보건휴양의 연구에 대해서도 독특한 발상의 다른 단면의 접근이 필요하다.

또한 삼림에 있어서 스트레스 상승 등의 부정적인 영향이 나타나는 경우, 그것은 어떤 요소로부터 그 수치가 도출되었는지를 솔직히 정직한 고찰을 강구하는 자세가 무엇보다 중요하다. 식물 호르몬 등에서도 일정량으로는 플러스 촉진에 작용하는 것이지만 일정 농도를 넘으면 억제하는 마이너스 방향으로 작용하는 경우가 있다. 삼림에 있어서도 30분 정도만 있으면 재충전감을 느껴도 몇 시간 계속 체류하면 폐색감, 피로감, 억울감으로 변하기도 할 것이다.

재차 말할 것도 없이 「이렇게 될 것이다」 라고 하는 선입견에 사로 잡히는 일 없이 그 때에 얻은 데이터로부터 있는 그대로 솔직하게 겸허하게 고찰하는 것이 이 분야에 있어도 기본이다.

12.4 최근의 학설과 보건휴양에 이바지하는 삼림의 의의

일반적으로 사람은 숲에서 태어났다고 하는 설이다. 숲이 원숭이를 낳았고, 사람을 낳았다는 설이다. 그러나 현재는 사람은 숲과 평원의 경계(marginal)에서 태어나 발달했다는 설도 있고, 사바나와 같은 환경이 사람에 있어서 적절한 장소(light place)이었다고 하는 설도 있다. 확실히 삼림이 인간의 고향이며, 그곳이 지내기 좋은 쾌적한 장소라면 오늘날의 삼림공원 등에서도 사람들은 잔디밭보다도 나무가 번창한 환경을 가장 선호하며, 그곳에서 가장 많이 살고 있을 것 같지만, 실제로는 넓게 전망이 좋은 녹지를 선택하여 보내는 사람이 가장 많은 것은 아닐까. 사진 12.5는 사이타마현(埼玉県)에 있는 한 삼림공원의 사진이지만, 공원 내의 수림 안에서 보내는 사람은 거의 없으며 나무와 잔디 경계 상에서 지내는 사람이 많다. 이러한 사람들의 선택적 행동 모습에서는 삼림의 숲 속 공간은 본능적인 외공감, 경계감, 폐색감을 비롯하여 음영, 충류 등 항상 쾌적하게 보낼 수 있는 장소가 아님을 엿볼 수 있다.

또한 호모 사피엔스는 '대략 20만년 전에 사하라 이남의 아프리카에서 탄생해 6만년정도 전에 세계로 퍼진 것으로 밝혀졌다'라고 보고되고 있다(篠田(2016)). 제127회 일본 삼림학회의 세션에서도「인류의 500만년의 역사 중 99.99%는 삼림 속에서의 생활이었다. 그 때문에 삼림욕은 삼림에서의 생활 역사가 긴 인류에게 있어서 지금도 효과가 있다」라고 하는 발표도 있었지만 최근의 DNA 해석의 진보한 연구에서는 그 종래의 논거를 크게 바꾸게 될 것이다.

하지만 삼림에는 분명히 보건휴양의 환경요소가 많아 해변, 고원 등 다른 자연환경과 마찬가지로 매력적인 장소 중 하나이다.

그러나 더욱 더 한 걸음 사고(思考)를 진행시켜 나가보면,「삼림」이라 하기 보다는 그「공간」,「공간구성」,「생물집합」,「색채」,「향기」,「기온」,「습도」,「풍경인식」 등의 요소가 보건휴양의 인자가 되고 있다는 점, 더욱이 추상적인 고찰을 진행시키면 고층빌딩을 대표로 하는 종횡의 직선이 명확한 도시환경이 아니라 소위「흔들림의 구조」가 삼림환경의 기반으로서 작용하고 있다는 것도 생각할 수 있다. 예를 들면 인공적 공간형태의 하나인 무의미한 감옥(牢獄), 감옥(監獄)이다. 그 공간과 삼림공간을 대비해 보면 그「흔들림」의 고마움은 가장 알기 쉬울 것이다. 사방이 직선의 벽으로 둘러싸인 단조로운 공간의 거주자는 애매하고 다양한 자연 요소나 그 풍치작용, 변화인자가 많은 삼림은 확실히 심신의 감각, 감성에 작용하는 별세계가 된다.

【사진 12.5】 삼림공원에서 큰 나무 수관 하에서 지내는 사람들

초지와의 경계에서 쉬는 사람들이 많고, 삼림 내에서 쉬는 사람은 소수이다(崎玉縣).

12.5 금후 연구의 방향성

삼림의 보건휴양 연구현황에 있어서 또 하나 염려되는 점이 있다. 그것은 지난 몇 년간 사례연구에 대한 보고와 발표가 적었다는 것이다. 일정한 실험 포맷에 의한 조사를 비롯해 실내에서의 사진이나 영상을 사용한 비교실험 등 일정한 피험자수를 확보할 수 있었고, 또한 닫힌 환경에서의 데이터 처리를 하기 쉬운 연구수법에 치우치는 경향이 있었지만 삼림환경에서의 실제 피험자, 대상자를 상대로 한 사례연구에는 큰 의의가 있다.

삼림, 인간 모두가 천차만별이라고 전술했다. 다양한 사물들을 대상으로 한다면 처음부터 일반화하는 것은 일단 제쳐두고 각 사례를 곰곰이 생각해 그 요소와 요인을 고찰하는 것이 중요한 것은 아닐까, 원래부터 일반시민으로부터 실제 요구는 개개의 민원인이 안고 있는 고민의 해소, 경감이 중심이다.

필자 자신은 국내외의 여러 학회에서 몇 몇의 사례들을 발표해 왔다. 장애자, 요양, 재활, 등교하지 않는 사례, 억제되는 경향 등 개개의 사례는 물론 그 활용한 삼림환경도 각각 독립되어 있고 개별적이었다. 그러나 여기서 중요한 것은 「이러한 환경조건, 인적조건 속에서 프로그램, 상담에 의한 결과, 이번 대상자에게는 이런 변화를 보였다」라고 하는 일련의 스토리이다. 그리고 왜 그런 결과를 얻었는가, 그 원인을 곰곰이 생각하고 플러스가 되는 결과이거나 마이너스 결과를 얻게 되는 경우라 하더라도 그 결과를 솔직하게 고찰하는 자세이다. 각각의 사례에 있어서 각각의 스토리는 특별한 것이지만 그 특별한 사례 중에는 공통점, 공통요소가 발견되는 경우도 있고 혹은 반대로 어떻든 공통되지 않는 것도 존재한다. 서두에서 기술하였듯이「삼림에 데리고 가면 건강하게 되는 것이다」라고 하는 일반적인 정식화는 될 수 없는 것이다.

그렇게 애매한 불확실적인 대답 밖에 낼 수 없는 하나의 이유로서 인간은 자연환경과 자신이 만든 인공적 환경의 두 세계 사이를 왔다 갔다 하면서 그 균형을 개별에 가지면서 생활하는 동물이다 것이 생각된다. 이러한 생각은 종래부터 있었으며 신기한 것이 아니다. 하지만 그 자연환경과 인공환경 사이의 균형은 어느 정도이며 어느 정도 개인차이가 있는 것일까. 또한 그 자연환경(삼림환경)의 요구는 평상시의 인공 환경 수준에 따라 어느 정도의 차이나 특징이 있는 것일까. 그것은 역시 개개의 사례연구를 반복하는 것이 중요한 의의를 갖는 것이다.

활발하고 자유로운 분위기 하에서 정식화에 얽매이지 않고 경직화되지 않는 느긋한 학회 활동을 앞으로도 전개해 나가고 싶다.

【사진 12.6】 「치유」적인 삼림의 풍경

다양한 요소로 성립된「흔들림」의 구조를 지닌 세계이다.

12.6 보건휴양 관점의 삼림조성

12.6.1 다양한 삼림조성

「생물다양성」의 중요성이 최근 특히 지적되고 있으며 그 움직임 속에서「다양성」 그 자체 가치의 중요성 또한 지적되고 있다. 삼림·임업계에서도 삼림의「다면적기능」은 무엇보다도 생물다양성의 중요성에 대한 목소리가 높아졌으며 단일적, 획일적이지 않다. 또한 다양한 시점, 수법의 삼림·임업의 중요성이 지적되고 있다.

12.6.2 국민의 삼림에 대한 기대

그림 12.1은 2011년 12월에 임야청·내각부가 실시한 「삼림과 생활에 관한 여론조사」의 결과로부터 작성한 그래프이다. 경관과 풍경을 즐김, 심신의 기분전환, 자연 속에서의 여유로움 등의 응답비율이 과반수를 차지하였으며, 정신적인 기분전환. 릴렉스 등 정적인 생활양식을 하는 국민이 많고 등산, 삼림만들기 봉사 등 동적인 활동으로 지내는 것은 어느 쪽인가 말하면 소수파임을 시사하고 있다. 과거의 등산 붐, 스키 붐 등은 현재 침체되었고 반대로 여유롭게, 느긋하게 보낼 것을 희망하는 국민이 많은 것이 지금 추세인 듯하다.

또한 동 조사에 있어서 국민의 삼림기능에 관한 이미지의 조사결과를 그림 12.2에 나타냈다.

방재, 수원함양, 공기정화 등 환경보전기능을 중시하는 응답이 과반수를 넘고 있다. 이하, 보건휴양, 목재생산, 야생동물의 서식 등이 이어졌으나, 이전에는 산, 삼림이라 하면 목재생산으로서 이미지화 하는 국민이 많았다. 필자도 그 시대의 한 사람이었다. 그러나 현재 그 회답은 전체의 약 9%로 낮고 근소한 차이지만 보건휴양을 기대하는 응답자가 목재생산을 웃돌고 있다. 앞에서 서술한 그림 12.1의 회답 결과를 배경으로 현재는 삼림에서의 보건휴양의 중요성이 높다는 것을 알 수 있다. 방재나 수원함양, 목재생산을 목표로 한 조림, 삼림생산이 있듯이 보건휴양을 목적으로 한 삼림만들기의 기본방향도 검토, 시행해 나가야 하는 중요성이 있다고 말할 수 있을 것이다.

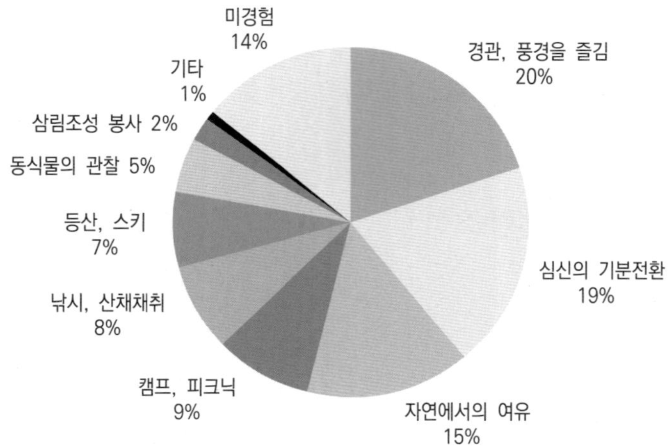

【그림 12.1】 국민의 삼림에 대한 기대

임야청, 내각부(2012) 「삼림과 생활에 관한 여론조사」 의해 작성

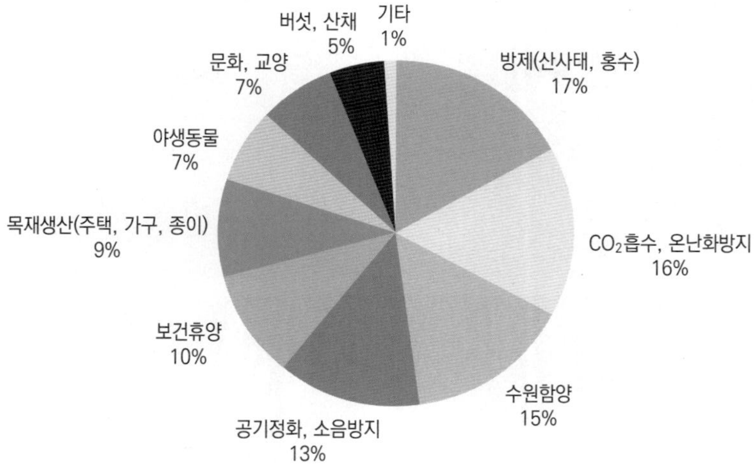

【그림 12.2】 삼림기능에 관한 국민의 이미지

임야청, 내각부(2012) 「삼림과 생활에 관한 여론조사」 의해 작성

12.6.3 보건휴양을 위한 삼림조성의 실천 : 각 지역에서의 워크숍

다른 장에서는 각 지역의 사회복지시설이나 지역병원에서 할 수 있는 요양, 치료, 재활치료 등을 위한 삼림정비 사례에 대해 설명하였는데, 이 항에서는 각 지역에서 필자가 힘쓰고 있는 보건휴양을 위한 숲 만들기의 워크숍에 대해 소개하고 싶다.

전국에는 관리되지 않은 채 절반은 방치된 「방치림」이 있다. 그러한 방치림을 보건휴양의 장으로서 활용할 수 없는가 하는 요구가 각지에서 전해지고 있다. 필자는 물론 삼림 보건휴양은 「삼림과 인간이 모두 건강해지는 것」을 모토로 하고 있음을 말해 왔다.

인간의 이기적인 속셈, 기도에 따라 삼림으로부터 착취한다고 하는 일방적인 영리 활동이 아니라 인간과 같이 「병든 삼림」이 만약 그 지역에 있으면 그 삼림의 건강 회복을 도모하고 동시에 그 건강 회복을 위한 삼림작업이 작업 요법이나 재활 요법이 된다. 게다가 돈을 들이지 않고도 가능한 곳이지만 그 삼림에 있어서 보건휴양의 특징적인 컨셉이기 때문이다. 결국 방치림은 실은 보건휴양 모습의 필드 중 하나라고 할 수 있다.

여기에서는 각 지역에서 행하고 있는 방치림 활용의 취급이나 「워크숍」을 단계적으로 소개해 본다.

사진 12.7은 필자가 자주 나가는 전형적인 방치림(인공림)의 케이스이다. 우선은 의뢰를 받은 삼나무나 편백나무의 방치림이다. 대부분이 전후 확대조림에 의한 것이고 임령은

【사진 12.7】 각지에서 방치림 활용

각 지역에 방치림(인공림)이 있다(A). 매목조사, 답사를 하고 임분상황을 파악한다(B). 간벌율을 결정하고, 간벌을 실시한다(C). 벌채, 자른 나무를 손으로 전달하여 반출한다(D). 전망이 좋아진 임간, 임상은 불안감을 저하시킨다. 또한 벌채한 입목은 휴양공간으로 이용한다(E, F). 여분의 목재 이용(G), 코스터나 입욕제 선물이 된다(H).

30~50년생 전후이다. 우선은 매목조사(수고, 흉고직경)를 실시하고 임분밀도, 임분재적을 구하며, 그 결과로부터 임분밀도 관리도를 사용해 간벌율을 구한다. 간벌율은 본수간벌율로 20~40% 전후이다. 간벌 대상목은 경우에 따라서는 고사목, 결손목, 불량목 만으로 하여도 좋다. 그 다음 간벌을 실시하되 가장 위험한 벌도작업은 필자 혹은 현지의 작업자 분들과 한다. 원목작업부터 참가자 분들을 받아들여 벌채 된 통나무는 참가자의 릴레이로 반출한다. 또한 통나무, 지엽은 차받침(코스터)이나 입욕제가 되는 단재를 만들어 선물로 가지고 돌아가도록 한다. 과정은 이러한 흐름과 같다.

다음으로 사진 12.8은 휴양 공간을 만드는 워크숍의 케이스이다. 임내의 복잡한 장소를 하나 골라 그곳을 워크숍의 장으로 한다. 참가자에게 이 땅에 보양, 휴게 공간을 만드는 것을 설명해 준다. 참가자는 4인 내외로 1개의 그룹을 형성해 각각 임간에 들어가 하층목의 제벌작업을 행하도록 한다. 면적은 25~64㎡ 이다(최저 1평 정도도 좋다). 작업 후에 각각의 그룹이 만든 보양, 휴게공간을 둘러보고 긍정적으로 평가하며 그 장소에 있어서 셰어링(나눔)을 실시한다.

【사진 12.8】 휴양공간을 만드는 워크숍

보양공간설치 예정지(A). 참가자 그룹별로 제벌작업을 실시한다. 면적은 25~64㎡ 전후(B, C). 개관도 상쾌하게, 보양·휴게공간이 된 임상(D). 각각 만든 보양공간을 서로 나눈다(E, F).

비록 변화가 없는 삼림공간이라도 평상시, 삼림과 인연이 먼 사람일수록 자신이 관여를 하였다 그 점에 의해 그 삼림공간이 「걸림의 장소」가 되는 것이 많이 있다. 자신의 보건휴양의 장을 만드는 것이 즉 스스로의 보건 활동도 되는 것이다(上原(2017b, c)).

12.7 요약

「보건휴양을 위한 삼림정비, 공간 조성」이라는 명제를 가지면 자칫 어깨에 힘이 들어가며, 그것도 「방치림」을 정비한다고 하면 「이것은 큰일이다」, 「이 초라한 임분을 도대체 어떻게 보건휴양의 장으로?」라고 의문을 갖는 것은 당연하다. 그렇지만 이 항에서도 소개한 바와 같이 갑자기 멋지게 정비를 하는 것이 아니라 아주 작은 한 평 정도 소면적의 앉을 장소 만들기부터 시작하여 그 정비를 꾸준히 자기가 가능한 속도로 계속해 나가는 것이 중요한 포인트이다. 급경사나 붕괴지, 암석이 있는 방치림에서는 물론 곤란한 경우도 있지만, 대부분의 방치림에서는 정비를 통해 환경측면은 물론 심신에 대한 피드백을 할 수 있다.

숲 가꾸기의 다양성 중에서 「보건휴양을 위한 숲 가꾸기」, 그 보건휴양을 위한 숲 가꾸기 다양성의 씨뿌리기, 꽃을 앞으로도 계속해서 살려나가고 싶다(上原(2016d)).

(上原 蔵)

과제

(1) 삼림의 보건휴양효과에 대한 연구에서 현재의 과제, 문제에는 어떠한 것이 있는가? 또한, 그 해결책에는 어떤 방법을 생각할 수 있는가?

(2) 삼림 어메니티는 금후, 어떤 발전성, 방향성을 가지고 있는가?

参 考 文 献

アイヌ文化振興・研究推進機構ほか (2004) 先住民 アイヌ民族, 平凡社.

五十嵐類. 太田 第, 山住正己, 堀尾輝久羅 (1984) 岩波教育小辞典, 岩波書店.

井川原弘一 (2000) 日本の代表的森林タイプにおけるアメニティの比較考察, ランドスケープ研究, **63**(5), 583-586.

石亀泰郎 (1999) さあ森のようちえんへ, ぱるす出版.

伊藤精晤 (2013) 恩師からのバトン 戦後の森林美学から森林風致計画への過程と展望, ランドスケープ研究, **77**(3), 268-271.

伊那谷自然友の会 (1990) 野山の薬草. 農文協.

今泉宜子 (2013) 明治神宮「伝統」を創った大プロジェクト, 新潮社.

今村隆男 (2007) : ピクチャレスクの変遷 : ギルピン『ワイ川紀行』と『ニューフォレスト森林風景』, 滋賀大学彦根論議. **364**, 17-33.

岩下豊彦 (1983) SD法によるイメージの測定－その理解と実施の手引－, 川島書店.

巌谷國士 (2011) 森と芸術, 平凡社.

R. F. ヴァイス (1991) 植物療法, 八坂書房.

E. 0. ウィルソン (2008) バイオフィリア 人間と生物の絆, 筑摩書房.

上田裕文, 高山範理 (2011) 森林浴イメージを構成する空間条件に関する研究, ランドスケープ研究(オンライン論文集, **4**, 1-6.

上原 巌 (1995) 奥信濃・内山和紙について, 森林技術, 1995年 8月号, 29-31.

上原 巌 (1996a) 療育活動としての森林作業の試み, レジャー・レクリエーション研究, **38**, 47-54.

上原 巌 (1996b) 自然散策とカウンセリング (Ⅰ), 日本カウンセリング学会第29回大会発表論文集, 234-235.

上原 巌 (1996c) 奥信濃・内山和紙について, 林業技術, 1996年 7月号.

上原 議 (1997a) 自然散策とカウンセリング(Ⅱ), 日本カウンセリング学会第30回大会発表論文集, 62-63.

上原 巌 (1997b) 自然散策が医療・保養に取り込まれているドイツのクナイプ療法,森林科学, **19**, 84-87.

上原 巌 (1998a) TEACCH プログラムによる自閉症者の野外体験療育, 日本環境教育学会第9回大会研究発表要旨集. **39**.

上原 巌 (1998b) 新設された精神薄弱者更生施設における野外療育活動の試み, 平成 10年度日本造園学会関東支部大会研究・報告発表要旨, 1-2.

上原 議 (1998c) 自閉症者との多角的アプローチによるカウンセリング, 日本カウンセリング学会第31回大会発表論文集, 172-173.

上原 議 (1998d) ドイツ・バート・ウエーリスホーフェン市における森林レクリエーション, 日本林学会論文集 **109**, 223-226.

上原 議 (1999a) 地域の自然環境を生かした知的障害者の療育活動, 日本環境教育学会第10回大会研究発表要旨集, **182**.

上原 議 (1999b) 森林療育活動の意義と効果, 森林科学, **28**, 52-54.

上原 巌 (1999c) 森林療法の構築をめざして, 第110回日本林学会大会学術講演集, 406-407.

上原 巌 (2000) 知的障害者療育における野外活動の意義に関する考察, 環境教育, **9**(2), 4-33.

上原 巌 (2001a) 知的障害者の療育における野外活動の効果に関する考察, 信州大学農学部演習林報告, **37**, 31-162.

上原 巌 (2001b) ドイツ・バート・ウエーリスホーフェン市における保養地形成過程 ランドスケープ研究, **64**(5), 493-496.

上原 巌 (2003a) 森林療法序説－森の癒しことはじめ, 全国林業改良普及協会.

上原 巌 (2003b) 高等学校教職員の森林保健休養に関する意識－長野県佐久地域を対象として－, 中部森林研究 **51**, 141-144.

上原 景 (2003e) 市民グループにおける森林療法研究の試み, 中部森林研究, **51**, 137-140.

上原 巌 (2004) 森林内におけるセルフカウンセリングの効果, 中部森林研究, **52**, 127-129.

上原 巌編 (2005a) 事例に学ぶ森林療法のすすめ方, 全国林業改良普及協会.

上原 巌 (2005b) 身近な森林環境を利用したトラウマ関連疾患治療の試み－浜北市天竜病院の森林療法プロジェクト, 第116回日本森林学会学術講演集 (CD-R).

上原 巌 (2005c) 子どものための森林療法の可能性, 子どもの健康科学, **6**(1), 36-39.

上原 巌 (2006a) 住宅地における里山の再生と福祉利用の試み, 第117回日本森林学会学術講演集 (CD-R).

上原 巌 (2006b) 住宅地の二次林再生と森林療法の融合の試み－神戸市北区の社会福祉施設の事例, 第57回日本森林学会関西支部大会発表要旨集.

上原 巌 (2006c) 森林の持つ保健休養機能の新たな活用の方向性－「森林療法」の可能性を考える, 結林科学, **48**, 4-8.

上原 巌 (2007a) 森林療法のてびき, 全国林業改良普及協会.

上原 巌 (2007b) 著名人の森林保養, 森林散策の事例－夏目漱石, 神谷美恵子, ベートーベンの事例から－, 中部森林研究, **55**, 225-226.

上原 巌 (2007c) 森林環境の持つ保健休養の解明アプローチとその活用, 森林技術, 2007年 5月号, 22-23.

上原 巌 (2007d) ドイツの自然保護地ゲーレン, 現代林業, 2007年 7月号, 1-6.

上原 巌 (2007e) 森林療法を中心とした地域コミュニティ創造の可能性, 環境情報科学, **35**(4), 20-25.

上原 巌 (2008a) 教員のための森林療法, 現代林業, 2008年 9月号, 38-41.

上原 巌 (2008b) 森林療法あらかると, 201-234, 全国林業改良普及協会.

上原 巌 (2008c) 森林療法とアートとの融合, 現代林業, 2008年 10月号, 36-39.

上原 巌 (2008d) 森林ワークショップにおける心理, 生理変化 －東京都分収林を利用しての事例－, 中部森林研究, **56**, 181-185.

上原 巌 (2008e) 森林公園を利用した森林療法ワークショップの事例 －都市部ビジネスマンを対象として－, 中部森林研究, **56**, 186-189.

上原 巌 (2009a) 実践 上原 巌が行く森林療法最前線, 全国林業改良普及協会.

上原 巌 (2009b) 教員対象の森林療法ワークショップの試み, 中部森林研究, **57**, 101-105.

上原 巌 (2009c) 山林作業と森林療法の融合の可能性, 関東森林研究, **60**, 257-260.

上原 巌 (2010a) 山村の植物の薬用利用（Ⅰ）－長野県の木本植物を中心として－, 中部森林研究, **58**, 131-136.

上原 巌 (2010b) 樹木のヒーリング（Ⅰ）－樹木を活用したヒーリングの概要－, 中部線科研究, **58**, 137-138.

上原 巌 (2010c) 森林の保健休養効果評価の一モデル, 日本森林学会関東支部大会学術講演集.

上原 巌 (2010d) 森林療法とは何か, 森林技術, **819**, 2-9, 日本森林技術協会.

上原 巌 (2010e) 森林環境における保健休養および医療福祉利用, 森林技術, 2010年 5月号, 20-21.

上原 巌 (2010f) 放置林を活用した森林療法ワークショップの事例, 関東森林研究, **61**, 233-236.

上原 巌 (2011a) 樹木のヒーリング（Ⅱ）－ドイツにおける樹木を活用したヒーリングの概要－, 中部森林研究, **59**, 149-152.

上原 巌 (2011b) 地域の公立森林公園を活用した障がい者施設の森林療法の1事例, 中部森林研究, **59**, 153-156.

上原 巌 (2011c) 森林を活用した保健休養－森林療法の事例と課題－, 山林, 2011年 4月号, 2-11.

上原 巌 (2011d) 樹木のヒーリング（Ⅱ), 中部森林研究, **59**, 145-148.

上原 巌 (2011e) 山村の植物の薬用利用（Ⅱ）－長野県の木本植物を中心として－, 中部森林研究, **59**, 143-148.

上原 巌 (2011f) 森林と人間相互の健康を目指して 日本森林保健学会の活動, 現代林業, 2011年 11月号, 2-6.

上原 巌 (2012a) 森林を活用した保健休養－森林療法の事例と課題－, 山林, **1523**, 2-11.

上原 巌 (2012b) 英国の BTCVおよびグリーンジムの活動について, 山林, **1540**, 44-49.

上原 巌 (2013) 森林の保健休養機能の1モデル, 山林, **1552**, 38-44.

上原 巌 (2015) 関西の地域病院における森林療法の導入, 第126回日本森林学会大会学術講演集 (CD-R).

上原 巌 (2016a) 海外における森林での保健休養の取り組み, 現代林業, 2016年 1月号, 1-6.

上原 巌 (2016b) 森林環境の持つ保健休養機能の基礎的研究と応用研究, 森林科学, **77**, 43-46.

上原 巌 (2016c) “癒しの場” としての都市近郊林の利用の現状と実態－各地における都市近郊林を活用した保健休養の事例－, 環境情報科学, **45**(2), 9-14.

上原 巌 (2016d) 森林保健研究の概況と今後の展望, 森林保健研究, **1**, 3-5.

上原 巌 (2017a) 里山林を活用した保健休養の可能性, 里山林の持続的利用を通じた再生手法に関する調査, 18-24, 日本林業協会.

上原 巌 (2017b) 保健休養の視点からの森づくり, 華林技術, **900**, 28-31.

上原 巌 (2017c) 保健休養のための森づくりの実践 : 各地におけるワークショップ, 森林技術, **903**, 22-25.

上原 巌, 瀧澤紫織, 菊池知子, 草苅 健 (2012) 北海道の病院における広葉樹二次林を活用した森林療法の事例, 関東森林研究, **63**(1), 127-130.

上原 巌, 瀧澤紫織, 高井義文, 藤田 梓, 藤田隼人, 五條智久 (2012) 病院隣接の公立森林公園を活用した森林療法の事例, 関東森林研究, **63**(1), 131-134.

上原 巌, 瀧澤紫織, 前田 哲, 岩崎善輝, 山中良介, 現王園公臣, 新谷久美子, 田中祐介, 出水 毅 (2012) 九州の病院におけるスギ・ヒノキ放置林を活用した森林療法の事例, 関東森林研究, **63**(1), 123-125.

上原 巌, 竹内啓蒙恵 (2012) 埼玉県秩父市役所職員を対象とした森林療法ワークショップの事例, 関東森林研究, **63**(2), 153-157.

上原 巌, モニ・ホッペンターラー (2001) ドイツにおけるヴァルト・キンダーガルテンについて－自然・森林環境を利用した幼児教育の事例－, 中部森林研究, **49**, 112-113.

上原 巌, ゲアハルト・リンマー (2001) ドイツ・クナイプ保養地バート・ウエーリスホーフェン市の緑地環境形成, 中部森林研究, **49**, 109-110.

上原 巌監修, NPO 法人日本森林療法協会編 (2008) 森林療法あらかると, 全国林業改良普及協会.

遠藤ケイ (2006) 熊を殺すと雨が降る 失われゆく山の民俗, 筑摩書房.

大井 玄, 宮崎良文, 平野秀樹編 (2009) 森林医学Ⅱ, 朝倉書店.

大石康彦, 金濱聖子, 比屋根哲, 田口春孝 (2003) 森林空間が人に与えるイメージと気分の比較－POMSおよびSD法を用いた森林環境評価, 日本森林学会誌, **85**(1), 70-77.

大石康彦, 比屋根哲, 田口春孝, 村井 宏 (1994) 森林環境下における心理構造の解析 - 保健休養機能試験林における SD 法の適用, 森林計画学会誌, **23**, 33-44.

大塚晃志郎 (1999) ヒポクラテスの医学とストレス, 河野友信・久保千春編, ストレス研究と臨床の軌跡と展望, 214-221. 至文堂.

大平辰朗 (2007) 森林大気中のフィトンチッド, 農林水産技術研究ジャーナル, **30**(7), 24-29.

大平英樹, 高本静香, 増井香織, 大石麻由子, 小幡亜希子 (1999) 森林浴と健康に関する精神神経免疫学的研究, 東海女子大学紀要, **19**, 217-232.

岡崎文彬 (1973) 風致林施業の歴史と今後の技術的課題, 林業技術, **375**, 7-10.

小笠原道雄 (2000) フレーベル, 清水書院.

岡田一郎 (2010) リゾート法と地域社会, 東京成徳大学研究紀要, **17**, 135-143.

奥 敬一, 田中伸彦 (1999) 森林景観－もつれた糸をほどくには, 森林科学, **27**, 2-9.

尾崎勝彦, 藤田綾子 (2008) 日本語版注意回復尺度の開発, 大阪大学大学院人間科学研究科紀要, **34**, 145-164.

科学技術庁資源調査会 (1966) 自然休養地としての森林の保全開発に関する勧告, 科学技術庁資源調査会勧告, 第19号.

加藤誠平 (1947) レクリエーションと森林, 山林, **766**, 2-5.

綛谷球美, 奥村 憲, 吉田祥子, 高山範理, 香川隆英 (2007) 様々な里山景観での散策による生理的・心理的効果の差異, ランドスケープ研究, **70**(5), 569-574.

綛谷珠美, 高山範理, 朴 範鎭, 古谷勝則, 香川隆英, 宮崎良文 (2008) 森林散策路の光・温熱環境と森林浴における主観評価との関係, ランドスケープ研究, **71**(5), 713-716.

狩野 誠 (1979) クスリになる野菜と野草と, 健康生活舎.

刈米達夫 (1936) 原色薬用植物図譜, 三省堂.

関西地区林業試験研究機関連絡協議会育苗部会 (1980) 樹木のふやし方, 農林出版.

北川フラム (2015) ひらく美術－地域と人間のつながりを取り戻す－, 筑摩書房.

ジェーン・ギフォード (2003) ケルトの木の知恵, 東京書籍.

久保道徳・福田真三・勝城忠久 (1980) 薬草入門, 保育社.

ジェイムズ・グリック (1991) カオス－新しい科学をつくる－, 新潮社.

グロッセ世津子 (1993) 園芸療法, 日本地域社会研究所.

厚生労働省 (2013) 平成25年版 障害者白書, 厚生労働省.

國分康孝編 (2001) 現代カウンセリング事典, 金子書房.

小杉正太郎編著 (2002) ストレス心理学－個人差のプロセスとコーピング, 川島書店.

小林 正 (2006) 景観法－特に農業・林業地域の景観保全・形成に留意して－, 国立国会図書館調査及び立法考査局レファレンス, **56**(10), 5-17.

齋藤 馨, 本條 毅, 熊谷洋一, 藤原章雄 (2000) 森林環境情報の可視化手法に関する研究, 環境情報科学学術論文集, **14**, 289-294.

坂野雄二 (1989) 一般性セルフ・エフィカシー尺度の妥当性の検討, 早稲田大学人間科学研究, **2**, 91-98.

坂野雄二, 福井知美, 熊野宏昭, 堀江はるみ, 川原健資, 山本晴義, 野村 忍, 末松弘行 (1994) 新しい気分調査票の開発とその信頼性・妥当性の検討, 心身医学, **34**, 629-636.

佐古和廣, 白井和歌子, 徳光直樹, 相沢 希 (2008) 北海道北部における脳出血の実態調査－道北脳卒中共同研究4年間のデーターより－, 脳卒中, **30**(3), 484-489.

佐々木正美 (1992) 自閉症のトータルケア, ぶどう社.

佐藤潤平 (1965) 家庭で使える薬になる植物, 創元社.

佐藤 穂, 安田朝子 (2001) 日本語版PANASの作成, 性格心理学研究, **9**(2), 38-39.

讃井純一郎, 乾 正雄 (1986) レパートリグリッド発展手法による住環境評価構造の抽出, 認知心理学に基づく住環境評価に関する研究 (1), 日本建築学会計画系論文報告集, **367**, 15-21.

塩田敏志 (1883) 環境情報処理と造園計画：景観デザインにおける電算機適用の展望, 造園雑誌, **46**(4), 270-277.

塩野谷博山 (1985) 野生木芸の創造－塩野谷博山の世界－創樹社美術出版.

信濃生薬研究会 (1979) 信州の薬草, 信濃毎日新聞社.

信濃生薬研究会 (1983) 信州薬草百科, 信濃毎日新聞社.

信濃生薬研究会 (1995) 信州 身近な薬草, 信濃毎日新聞社.

篠田謙一 (2016) 人類史とゲノムが示唆する相互理解への道, 科学, **86**(4), 295.

芝田征司, 畑 倫子, 三輪佳子 (2007) 日本語版Perceived Restorativeness Scale (PRS) の作成とその妥当性の検討, 人間・環境学会誌, **21**, 1-10.

清水裕子, 川崎圭造, 伊藤精晤 (2003) 人工林の風致間伐による林相変換の可能性 (平成15年度日本造園学会全国大会 研究発表論文集 (21)), ランドスケープ研究, **66**(5), 517-520.

清水裕子, 美馬菜穂子, 澤畠拓夫, 小林 元, 伊藤精略 (2008) 林相の異なるアカマツ－ヒノキ二段林における林分構造, 林内環境と快適性の関係, ランドスケープ研究, **71**(5), 921-928.

下村彰男 (1998) 農とレクリエーションの特集にあたって, レジャー・レクリエーション研究, **38**, 25.

白藤清伸, 比屋根哲, 園崎貴嗣, 大石康彦 (2002) 写真と現地における森林景観のイメージの相違, 森林計画学会誌, **36**, 1-9.

サイモン・シン (2006) フェルマーの最終定理, 新潮社.

菅原明子 (2003) マイナスイオンの秘密－心を癒し健康をつくる, PHP 研究所.

祐宗省三 (2007) S-H 式レジリエンス検査手引書, 竹井機器工業株式會社.

住友和弘, 前田玲子, 土屋里美, 猪苅冬樹, 茨木康彦, 長谷部直幸, 菊池健次郎 (2006) 森林療法は高血圧治療代替療法となりうるか, 森林科学, **48**, 21-25.

ジョエル・スワードロウ (2000) 世界に広がる薬用植物, ナショナルジオグラフィック日本版 2000年 4月号, 128-147, 日経ナショナルジオグラフィック社.

全国林業改良普及協会編 (2002) 森と健康, 30-31, 全国林業改良普及協会.

荘司雅子 (1975) フレーベルの生涯と思想, 玉川大学出版部.

総理府 (1996) 平成10年度版障害者白書.

高山範理 (2002) 生活域周辺の自然環境と自然眺望景観の認知・評価構造との関連についての考察, ランドスケープ研究, **65**(5), 627-632.

高山範理 (2007) 森林セラピ一ロードを構成する環境要因の特徴, 農林水産技術研究ジャーナル, **30**(7), 30-33.

高山範理 (2012a) エビデンスからみた森林浴のストレス低減効果と今後の展開－心身健康医学の視点から－, 新製医学出版社.

高山範理 (2012b) 森林環境の回復効果に関する国内研究の動向, 人間・環境学会誌, **15**(2), 8-12.

高山範理 (2013) 成人を対象とした森林管理活動による関心度および自然観の変化, 関東森林研究, **64**(1), 105-106.

高山範理 (2015) 日本語版活力感指標 (SVS-J) の開発と検証, 環境情報科学学術研究論文集, **29**, 33-36.

高山範理 (2017) : 中期滞在の都市近郊林滞在におけるストレスコーピング・レジリエンス・気分の変化, 日本森林学会大会発表データベース, **128**.

高山範理, 香川隆英, 朴 龍鎮 (2009b) 森林浴がセルフ・エフィカシー (自己効力) 尺度に与える影響, 関東森林研究, **60**, 85-86.

高山範理, 川口哲也, 霊谷珠美, 朴 範鎮. 香川隆英 (2009a) オンサイトにおける森林環境の評価因子の抽出と環境要因との関係, ランドスケープ研究, **72**(5), 669-672.

高山範理, 喜多 明・香川隆英 (2007) 生活域の自然環境が身近な森林に対するふれあい活動・管理活動に与える影響, ランドスケープ研究, **70**(5), 585-590.

高山龍理. 斎藤 馨 (2016) 4泊5日の都市近郊林滞在における QOL. と気分の経時的変化, 日本森林学会大会発表データベース, **127**, 773.

識　邦雄 (1997) 精神薄弱者施設における固芸作業等の現状調査結果・その2. グリーンエージ, **288**, 27-33.

瀧澤紫織 (2005) 森にはぐくまれる「生きる力」, (上東 畦編著「事例に学ぶ森林離法のすすめ方」) 46-56, 全国林業改良普及協会.

瀧澤紫織 (2006) 認知療法の場としての森林療法, 森林科学, **48**, 13-16.

竹中明夫 (1997) 植物は形で勝負する－光資意獲得のための形－, 科学, **67**(8), 616-63.

田崎美也子, 中根允文 (2007) WHOQOL26 手引き (改訂版), 金子書房.

ブランチェスカ・タタレッタ (2014) 環境アートの新しい発見, BNN新社.

谷口幸男, 福島正純, 福居和彦 (1981a) ヨーロッパの森から ドイツ民帯誌, 日本放送協会.

谷口幸男, 福島正純, 福居和彦 (1981b) 図説 ドイツ民審学, 同学社.

穂光直樹, 自井和歌子, 相澤 希, 佐古和廣 (2006) 北海道・道北地域における脳卒中症例の検討 道北脳卒中共同研究3年間のデータより, 脳卒中, **28**(4), 554-559.

中川重年 (1998) 福祉施設における森林総合利用の取り組み 2, 日本環境教育学会第9回大会研究発表要旨集, **81**.

中沢新一 (1992) 森の思想 南方熊楠コレクションV, 河出書房新社.

中島一徳 (2006) 教員のメンタルヘルス Q&A, ぎょうせい.

難波恒雄, 久保道徳 (1972) 薬になる植物, 保育社.

難波恒魔, 御影雅幸 (1982) 身近な薬用植物, 保育社.

新島善直, 村山醸造 (1918) 森林美学, 成美堂.

日本健康心理学研究所 (2007) ストレスコーピングインベントリー&自我態度スケール一実施法と評価法 (共通マニュアル), 実務教育出版.

日本高血圧学会高血圧治療ガイドライン作成委員会編 (2014) 高血圧治療ガイドライン 2014. 日本高血圧学会.

日本自閉症者協会 (1993) 自閉症の手引き.

日本森林保健学会 (2012) 回復の森一人・地域・森を回復させる森林保健活動, 川辺書林.

日本専門医機構, 総合診療専門研修プログラム整備基準.
http://www.japan-senmon-ijp/program/doc/comprehensivel70707rev2.pdf

林 進 (1988) 森林資源の新しい管理方式に関する試論 −森林のレクリエーション利用に対応して−, 岐阜大学農学部研究報告, **53**, 15-24.

朴 範鎮, 平野秀樹, 香川隆英, 宮崎良文 (2007) 森林セラピーの生理的効果−全国24箇所の森林セラピー実験から, 日本衛生學雑誌, **62**(2), 277-280.

服部雅史, 小島治幸, 北神慎司 (2015) 基礎から学ぶ認知心理学一人間の認識の不思議, 有斐閣.

半田良一 (1990) 林政学, 文永堂出版.

アルバート・バンデューラ, 重久 剛駅 (1985) 自己効力 (セルフ・エフイカシー) の探究, 社会的学習理論の新展開 (祐宗省三, 原野広太郎, 柏木恵子, 春木 豊編), 103-141, 金子書房.

美術手帖 (1979) 特集 現代美術の部屋, 1979年 4月号, 美術出版社.

ヒポクラテス (1963) 古い医術について, 岩波書店.

ルーカス・フォグリア (2016) 自然に癒される. ナショナルジオグラフィック日本版, 28-49. 日経ナショナルジオグラフィック社.

藤澤 翠, 高山範理, 小山泰弘, 加藤正人 (2008) 針葉樹人工林を対象とした林内照度のゆらぎと男子学生の心理的評価との関係, ランドスケープ研究, **71**(5), 709-712.

藤澤 翠, 高山範理 (2014) 日本語版回復感指標 (ROS-J) の開発とオフサイト森林浴の心理的効果の測定, 環境情報科学学術研究論文集, **28**, 316-366.

パト リス・ブーシャルドン (1999) 本のヒーリング, 産講出版.

ギーゼラ・プロイショフ (2000) 木の癒し, 飛鳥新社.

ペーター・ヘフナー (2009) ドイツの自然・森の幼稚園, 公人社.

ヨースト・ヘルマント, 山縣光晶訳 (1999) 森なしには生きられない－ヨーロッパ・自然美とエコロジーの文化史, 築地書館. [Hermand, J. (1993) Mit den Bäumen sterben die Menschen Zur Kulturgeschichte der Ökalogie, Böhlau-Verlag GmbH]

本郷高徳 (1921) 明治神宮境内林苑計画, 明治神宮造営局.

前田 哲 (2010) 森林療法に期待する老人・認知症医療の効果, 第121回日本森林学会学術講演集 (CD-R).

増田和夫 (2006) 自分で採れる薬になる植物図鑑, 柏書房.

ゲルハルト・マダウス (1974) ドイツの植物療法, 日本古医学資料センター.

松居竜五 (2007) クマグスの森 南方熊楠の見た宇宙, 新潮社.

溝口周道, 熊谷洋一 (1987) 森林立地・林況情報を活用した保健休養機能評価, 造園雑誌, **50**(5), 215-220.

武者利光 (1998) ゆらぎの発想, NHK ライブラリー, 日本放送出版協会.

村尾行一 (2017) 森林業 (ドイツの森と日本林業), 築地書館.

アルフレート・メーラー, 山畑一善訳 (1984) 恒続林思想, 都市文化社, [Möller, A. (1922) Der Dauerwaldgedanke-Sein sinn und seine bedeutung, J. Springer]

茂木俊彦 (1990) 障害児と教育, 岩波書店.

本明 寛, 野口京子監訳 (1997) 激動社会の中の自己効力, 金子書房, [Bandura, A. (1997) Self-Eificacy in Changing Societies, Cambridge University Press]

森本兼曩, 宮崎良文, 平野秀樹編著 (2006) 森林医学, 朝倉書店.

文部科学省 (2007) 公立学校教職員の人事行政の状況調査について.

谷田貝光克 (2005) フィトンチッドってなに?－植物の知られざる働き, 第一プランニングセンター.

矢野憲一 (1995) 伊勢神宮とヒノキ 花と樹木ものしり百科, 241-251. 新人物往茅社.

山岡貞夫 (1992) 自律神経 森林浴の生理的意義~ヒトの免疫能に及ぼす作用~, Aromatopia, **1**(1), 10-15.

山口昭彦 (1987) 健康づくりの効果も抜群の身近な薬草－効能・見つけ方から料理法まで, 婦人生活社.

山崎晃資ほか (1988) 自閉症詳説, 安田生命社会事業団編.

山根 寛 (2004) 精神障害と作業療法, 三輪書店.

山根 寛 (2010) 精神障害と作業療法 (第3版), 三輪書店.

山本 聰, 長谷川紀子, 藤原道郎, 岩崎 寛 (2006) 地域景観保全の観点から捉えた牧草地の認識特性, ランドスケープ研究, **69**(5), 695-698.

山本 聰, 前中久行 (2003) 視線解析装置を用いた棚田景観の視認特性に関する研究, ランドスケープ研究, **66**(5), 675-678.

養父志乃夫 (1990) 野生草花による林床景観の育成・管理に関する生態学的研究, 造園雑誌 **54**(1). 35-42.

横山和仁 (2006) POMS 短縮版－手引と事例解説. 金子書房.

吉岡太郎 (1994) 日本画の手法を用いたコンピューターグラフィックスによる森林風景の再現. 造園雑誌, **57**(5), 265-270.

吉岡徳仁, 篠田太郎, 栗林 隆 (2010) ネイチャーセンス, 平凡社.

スザンネ・フィッシャー・リチィ (1992) 樹 バウム, あむすく.

林業土木コンサルタンツ (2001) 生活環境保全林整備事業第1号工事報告書, 長野県上伊那郡南箕輪村.

林政総合協議会 (1980) 日本の造林百年史, 日本林業調査会.

林野庁 (2004) 平成15年度森林の健康と癒し効果に関する科学的実証調査報告書.

林野庁, 内閣府 (2012) 森林と生活に関する世論調査.

リチャード・ルーブ (2006) あなたの子どもには自然が足りない, 早川書房.

アルブレヒト・レーマン (2005) 森のフォークロア ドイツ人の自然観と森林文化, 法政大学出版局.

労務行政研究所 (2006) メンタルヘルス対策の最新実態.

アレッサンドロ・ロッカ (2008) ナチュラルアーキテクチャー, BNN 新社.

アンドルー・ワイル (1990) ナチュラルメディスン, 春秋社.

Bjerke, T., Kaltenborn, B. P. (1999) The relationship of ecocentric and anthropocentric motives to attitudes toward large carnivores, *Journal of Environmental Psychology*, **19**, 415-421.

Brüggemann, W. (1972) Kneipp-therapy in prevention of vascular diseases, *Pharmazie in Unserer zeit*, **1**(4), 109-115.

Carter, M. J. (1995) Therapeutic recreation, Waveland Press.

Chang, C. (1998) Effects of landscape on psychological and physical responses, *Journal of Therapeutic Horticulture*, **9**, 73-76.

Food and Agriculture Organization of the United Nations (2011) Yearbook of forests products 2011.

Froehlich, H. J. (2005) Alte Liebenswerte Baeume in Deutschland, Nikol Verlagsgesellschaft mbH & Co. KG.

Gilder, S.S.B. (1987) Kneipp therapy is alive and well and living in Germany, *South African Medical Journal*, **71**(6), 345.

Häfner, P. (2002) Natur-und Waldkindergarten in Deutschland -eine Alternative zum Regelkindergarten inder vorschulischen Erziehung, Doktor. Disertation Uni. von Heidelberg.

Hammock, R. G., Schroeder, S. R., Levine, W. R. (1995), The effect of veozapline on self-injurious behavior, *Journal of Autism and Developmental Disorders*, **25**(6), 611-639.

Harting, T., *et al.* (1997) Further development of a measure of perceived environmental restorativeness (working paper No. 5), Uppsala University.

Hippocrates (1923) HIPPOCRATES VOLUME 1, Loeb Classical Library, Harvard University Press.

Hippokrates (1994) Ausgewaehlte Schriften, Philipp Reclam.

Hollis, F. F. (1982) 心身障害児の体育・スポーツ, ぎょうせい.

Hoster, H., *et al.* (2010) Bewegungsspass mit Wirkung! −Erfahrungen und Perspektiven der psychomotorrischen Foerderung−, Foederverein Psychomotorik Bonne.

Intersalt Cooperative Research Group, (1988) Intersalt an international study of electrolyte excretion and blood pressure. Results for 24 hour urinary sodium and potassium excretion, *The British Medical Journal*, **297**, 319-328.

Kaltenborn, B. P., Bjerke, T. (2002) Associations between environmental value orientations and landscape preferences, *Landscape and Urban Planning*, **59**, 1-11.

Kaplan, H. Sadock, B. (1996) Pocket handbook of clinical psychiatry, Williams & Wilkins.

Kaplan, R. (1993) The role of nature in the context of the workplace, *Landscape and Urban Planning*. **26**, 193-201.

Kaplan, R., Kaplan, S. (1989) The experience of nature－A psychological perspective－, Cambridge University Press.

Kirsten, B. (2001) Der Waldkindergarten, NordenMedia.

Korpela, K. M. *et al.* (2008) Determinants of resorative experiences in everyday favorite places, *Health and Place*, **14**, 636-652.

Korpela, K. M. *et al.* (2010) Favorite green, waterside and urban environments, restorative experiences and perceived health in Finland, *Health Promotion International*, **25**, 200-209.

Laudert, D. (2004) Mythos Baum.

Li Q., *et al.* (2007) Forest bathing enhances human natural killer activity and expression of anti-cancer proteins, *International Journal of Immunopathology and Pharmacology*, **20**, 3-8.

Li Q., *et al.* (2008) Visiting a forest, but not a city, increases human natural killer activity and expression of anti-cancer proteins, *International Journal of Immunopathology and Pharmacology*, **21**, 117-127.

Li Q. (2010) Effect of forest bathing trips on human immune function, *Environmental Health and Preventive Medicine*, **15**, 9-17.

Louv, R. (2005) Last child in the woods, Algonquin Paperbacks.

McGimsey, J. F., Favell, J. E., (1998) The effects of increased physical exercise on disruptive behavior in retarded persons, *Journal of Autism and Developmental Disorders*, **18**(2), 167-179.

McNair, D. M. *et al.* (1964) An analysis of mood in neurotics, *Journal of Abnormal and Social Psychology*, **69**(6), 620-627.

McNair, D. M., *et al.* (1971) Manual for the profile of mood states, Educational and Industrial Testing Services.

Miklitz, I. (2000) Der Waldkindergarten－Dimensionen eines paedagogischen Ansatzes－, Luchterhand.

Nilsson, K., *et al.* (2010) Forests, trees, and human health, Springer Verlag.

Pflanz, M., Brüggemann, W. (1972) Kneipp studies on the prevention of coronary diseases. Results and problems of preliminary studies in 226 subjects, *Munchener Medizinische Wochenschrift*, **114**(11), 491-496.

Portmann, R. (2006) Froehlich, stark und ganz sie selbst－wie erziehung gelingt－. Don bosco.

Reimann, H. J., Brock, F. E. (1991) So hilft Kneipp bei Stress－Ruhig und ausgeglichen durch einfache Wasseranwendungen, Verlag Orac.

Ryan, R. M., Frederick, C. M. (1997) On energy, personality and health－Subjective vitality as a dynamic reflection of well-being, *Journal of Personality*, **65**, 529-565.

von Salisch, H., Cook Jr, W.L. and Wehlau D., Trans. (2008) Forest Aesthetics, Forest History Society. [von Salisch, H. (1885) Forstästhetik, J. Springer].

Schultz, P. W. Zelezny, L. (1999) Values as predictors of environmental attitudes? – Evidence for consistency across 14 countries, *Journal of Environmental Psychology*, **19**, 255-265.

Sumitomo, K., *et al.* (2015), *Mass Spectrom (Tokyo)*, **4**(1), A0042.

Takayama, N., *et al.* (2014) Emotional, restorative and vitalizing effects of forest and urban environments at four sites in Japan, *International Journal of Environmental Research and Public Health*, **11**, 7207-7230.

Taylor, 1. M. Lonsdale, C. (2010) Cultural differences in the relationships among autonomy support, psychological need satisfaction, subjective vitality, and effort in British and Chinese physical education, *Journal of Sport and Exercise Psychology*, **32**(5). 655-673.

Thompson, S. C. G. Barton, M. A. (1994) Ecocentric and anthropocentric attitudes toward the environment, *Journal of Environmental Psychology*, **14**, 149-157.

Uehara, I. (1999) An attempt of multiple counseling approaches to a client with autistic disabilities, カウンセリング研究, **32**(3), 301-310.

Uehara, I. (2006) Effects of structured group encounter (SGE) on outdoor treatment activities of developmental disabilities by utilizing community forests, 景観園芸研究, **7**, 95-104.

Uehara, I. (2008) Effects of counseling workshops utilizing familiar woodland. Proceedings of the 8th International People-Plant Symposium on Exploring Therapeutic Powers of Flowers, Greenery and Nature International Society for Horticultural Science, 283-288.

Uehara, I. (2014) Healing effects of urban green environment, 中部森林研究, **62**, 163-164.

Uehara, I., Gabriel, M. (2000) Instructing staff's estimation about outdoor activities at a treatment institution for developmental disabilities-A case study of a rural institution in Nagano Prefecture, 中部森林研究, **48**, 89-92.

Uehara, I., Itoh, S. (2000) Importance of multiple outdoor activities for persons with mental disabilities, *Journal of Therapeutic Horticulture*, **10**, 22-27.

Uehara, L., Sasaki, K. (1999) The possibility of forest activities in the autistic disabilities treatment by utilizing the rural forest, レジャーレクリエーション研究, **40**, 59-67.

Uehara, L., Sasaki, Y., Yamada, C. (1999) Effects of forest recreations in the treatment of mental disabilities, 中部森林研究, **47**, 167-170.

Bezdek, U., Bezdek, M., Bezdek, P. (2001) Herbst mit kindern durchs jahr, Bosco, D.

Van Bourgondien, M. E., Reichle, N. C. (1993) An example of the TEACCH approach to residential and vocational training for adults with autism, Division TEACCH of University of North Carolina at Chapel Hill.

Watson, D., *et al.* (1988a) Positive and negative affectivity and their relation to anxiety and depressive disorders, *Journal of Abnormal Psychology*, **97**, 346-353.

Watson, D., *et al.* (1988b) Development and validation of brief measures of positive and negative affect－The PANAS Scales, *Journal of Personality and Social Psychology*, **47**, 1063-1070.

Werke, K. (1997) Wegweiser zu den KNEIPP Mitteln. Sebastian Kneipp Gesundheitsmittel-Verlag GmbH.

Wermer, W. (1985) Leben in der Landschaft Zur Gesundheit und Gesunderhaltung des Menschen, Einhorn-Presse Verlag.

円空, http://www.ablecomputer.co.jp/enque/

Gap Light Analyzer, http://www.caryinstitute.org/science-program/our-scientists/dr-charles-d-canham/gap-light-analyzer-gla

森林 어메니티학
-숲과 인간의 건강과학-

인　쇄　2019년 2월 22일
발　행　2019년 2월 27일

저　자　上原 巖 · 淸水 裕子 · 住友 和弘 · 高山 範理
역　자　안기완 · 백을선 · 김은일 · 김민희
발행인　정병석
발행처　전남대학교출판문화원

등　록　1981. 5. 21. 제53호
주　소　61186 광주광역시 북구 용봉로 77
전　화　(062) 530-0571~2 마케팅 530-0573
팩　스　(062) 530-0579
홈페이지　http://www.cnup.co.kr
이메일　cnup0571@hanmail.net

값 20,000원

ISBN　978-89-6849-617-2 (93520)

이 도서의 국립중앙도서관 출판예정도서목록(CIP)은
서지정보유통지원시스템 홈페이지(http://seoji.nl.go.kr)와
국가자료종합목록시스템(http://www.nl.go.kr/kolisnet)에서 이용하실 수 있습니다.
(CIP제어번호 : CIP2019007140)